企业安全生产标准化建设系列手册

工贸企业安全生产标准化建设手册

企业安全生产标准化建设系列手册编委会　编

本书主编　曹炳文

中国劳动社会保障出版社

图书在版编目(CIP)数据

工贸企业安全生产标准化建设手册/企业安全生产标准化建设系列手册编委会编. —北京：中国劳动社会保障出版社，2014

(企业安全生产标准化建设系列手册)

ISBN 978-7-5167-1124-8

Ⅰ.①工… Ⅱ.①企… Ⅲ.①企业管理-安全生产-标准化-手册 Ⅳ.①X931-65

中国版本图书馆 CIP 数据核字(2014)第 107516 号

中国劳动社会保障出版社出版发行

(北京市惠新东街 1 号 邮政编码：100029)

*

三河市华骏印务包装有限公司印刷装订 新华书店经销

787 毫米×1092 毫米 16 开本 21.25 印张 413 千字

2014 年 6 月第 1 版 2014 年 6 月第 1 次印刷

定价：49.00 元

读者服务部电话：(010) 64929211/64921644/84643933

发行部电话：(010) 64961894

出版社网址：http://www.class.com.cn

编委会名单

（排名不分先后）

本书主编　曹炳文

内 容 简 介

安全生产标准化建设是各类企业安全生产工作的重点之一，企业管理人员与各类从业人员应对相关知识了解并能熟练运用。本书以企业安全生产标准化建设的法律、法规和相关政策为基础，详细介绍了工贸企业安全生产标准化建设达标考核标准和建设实施指南等相关知识。本书主要内容包括：安全生产标准化概述，企业安全生产标准化建设基本规范，工贸企业安全生产标准化建设评审，工贸企业安全生产标准化建设达标和工贸企业安全生产标准化实施指南。

本书紧扣相关法律、法规与行业标准，内容全面、实用，对工贸企业安全生产标准化建设有指导性作用，同时对安全生产管理和安全生产标准化基础知识进行了详细地讲解，适合企业管理人员、安全生产管理人员以及其他技术人员阅读使用，还可用于对广大从业人员安全生产宣传、教育与培训。

前言

我国已经进入以重工业快速发展为特征的工业化中期，能源、制造和运输等工业高速增长，同时也加大了企业的事故风险，处于生产安全事故易发期，安全生产工作的压力很大。如何采取适合我国经济发展现状和企业实际的安全生产监督管理方法和手段，使企业安全生产状况得以有效控制并稳定好转，是当前安全生产工作的重要内容之一。安全生产标准化体现了“安全第一，预防为主，综合治理”的方针和“以人为本”的科学发展观，代表了现代安全生产管理的发展方向，是先进安全生产管理思想与我国传统安全生产管理方法、企业具体实际的有机结合。开展安全生产标准化活动，将能进一步落实企业安全生产主体责任，改善安全生产条件，提高管理水平，预防事故，对保障生命财产安全有着重大意义。

开展安全生产标准化活动，就是要引导和促进企业在全面贯彻现行的落实国家、地区、行业安全生产法律、法规、规程、规章和标准的同时，修订和完善原有的相关标准，建立全新的安全生产标准，形成较为完整的安全生产标准体系。把企业的安全生产工作全部纳入安全生产标准化的轨道，让企业的每个员工从事的每项工作都按安全生产标准和制度办事，从而促进企业工作规范、管理规范、操作规范、行为规范、技术规范，全面改进和加强企业内部的安全生产管理，不断改善安全生产条件，提高企业本质安全程度和水平，进而达到消除隐患，控制好危险源，消灭事故的目的。为了贯彻落实《国务院关于进一步加强企业安全生产工作的通知》和《国务院办公厅关于继续深入扎实开展“安全生产年”活动的通知》，国务院安全生产委员会下发了《关于深入开展企业安全生产标准化建设的指导意见》，明确了我国安全生产标准化工作的总体要求、目标和任务。长期以来，国家安全生产监督管理总局将企业安全生产标准化作为重点工作之一，为了全面推进全国各类行业企业的安全生产标准化达标做出了不懈的努力，相关规章制度体系已经初步成熟，企业安全生产标准化建设取得了可喜的成绩。

为了配合国家安全生产标准化工作的宣传教育工作，指引各行业、企业安全生产标准化的建设和顺利达标，便于从事企业安全生产工作的专业技术人员查询和使用安全生产标准化相关法规、建设规范、考核标准以及实施指南，促进广大企业干部职工学习安全生产标准化工作中的责任和岗位要求，我们组织了安全生产研究机构专家、高校相关教师和企业中有丰富安全生产管理经验的技术人员，编写了企业安全生产标准化建设系列手册，包括《冶金企业安全生产标准化建设手册》《工贸企业安全生产标准化建设手册》《危险化学品企业安全生产标准化建设手册》《非煤矿山企业安全生产标准化建设手册》《烟花爆竹企业安全生产标准化建设手册》《电力企业安全生产标准化建设手册》《交通运输企业安全生产标准化建设手册》，共7种，涵盖企业安全生产标准化建设工作的行业重点，内容涉及企业安全生产标准化建设的基础知识、通用建设规范解读、各行业领域建设规范、各行业及其生产单元的考核标准和企业安全生产标准化建设实施指南等，力争使每本书成为行业、企业安全生产标准化建设的实用手册，同时满足企业安全生产教育和培训的工作需求。手册书注重知识性与实用性，紧扣政策、法规解读和规范性建设指南两个关键点。政策、法规解读是指以准确精练、通俗易懂的语言，讲解企业安全生产标准化建设实际工作中应了解和掌握的相关的、基本的安全生产法规、标准、基础理论和建设要求；规范性建设指南是在企业安全生产标准化建设考核标准的基础上，通过建设实施指南的讲解，促进企业快速、顺利地达标。

系列手册可作为从事企业安全生产标准化建设相关的管理人员、技术人员、科研人员的工作查询手册，也可供提升企业广大从业人员安全生产素质和能力的教育培训使用。由于时间仓促和能力所限，书中难免有疏忽和错误之处，敬请广大读者批评指正。

企业安全生产标准化建设系列手册编写委员会

2012年10月

目 录

第一章　安全生产标准化概述

第一节　企业安全生产标准化及其相关概念

一、标准化与安全生产标准

1. 标准

标准是对重复性事物和概念所做的统一规定。它以科学、技术和实践经验的综合成果为基础，经有关方面协商一致，由主管机构批准，以特定形式发布，作为共同遵守的准则和依据。

标准的定义包含以下几个方面的含义：

（1）标准的本质属性是一种“统一规定”

这种统一规定是作为有关各方“共同遵守的准则和依据”。根据《中华人民共和国标准化法》（以下简称《标准化法》）的规定，我国的标准分为强制性标准和推荐性标准两类。强制性标准必须严格执行，做到全国范围内统一。推荐性标准国家鼓励企业自愿采用。但推荐性标准如经协商，并计入经济合同或企业向用户作出明示担保，有关各方则必须严格执行，做到统一。

（2）标准制定的对象是重复性事物和概念

这里讲的“重复性”指的是同一事物或概念反复多次出现的性质。例如：批量生产的产品在生产过程中的重复投入，重复加工，重复检验；同一类技术管理活动中反复出现同一概念的术语、符号、代号等被反复利用等。只有当事物或概念具有重复出现的特性并处于相对稳定时才有制定标准的必要，使标准作为今后实践的依据，以最大限度地减少不必要的重复劳动，又能扩大“标准”重复利用的范围。

（3）标准产生的客观基础是“科学、技术和实践经验的综合成果”

这就是说标准既是科学技术成果，又是实践经验的总结，并且这些成果和经验都是经过分析、比较、综合和验证的，在此基础上，加之规范化。只有这样制定出来的标准才能具有科学性。

（4）制定标准过程要“经有关方面协商一致”

制定标准要发扬技术民主，与有关方面协商一致，做到“三稿定标”，即征求意见 稿——送审稿——报批稿。如制定产品标准不仅要有生产部门参加，还应当有用户、科研、检验等部门参加共同讨论研究，“协商一致”，这样制定出来的标准才具有权威性、科学性和适用性。

（5）标准文件有其自己一套特定格式和制定、颁布的程序

标准的编写、印刷、幅面格式和编号、发布的统一，既可保证标准的质量，又便于资料管理，体现了标准文件的严肃性。所以，标准必须“由主管机构批准，以特定形式发布”。标准从制定到批准发布的一整套工作程序和审批制度，是使标准本身具有法规特性的表现。

2. 标准化

标准化是指在经济、技术、科学及管理等社会实践中，对重复性事物和概念通过制定、发布和实施标准，达到统一，以获得最佳秩序和社会效益。

标准化的定义包含以下几个方面含义：

（1）标准化是一项活动过程

这个过程是由三个关联的环节组成，即标准的制定、发布和实施。三个环节的过程已作为标准化工作的任务列入《标准化法》的条文中。《标准化法》第三条规定：“标准化工作的任务是制定标准、组织实施标准和对标准的实施进行监督。”这是对标准化定义内涵的全面而清晰的概括。

（2）标准化活动过程在深度上是一个永无止境的循环上升过程

循环上升过程是指制定标准，实施标准，在实施中随着科学技术进步对原标准适时进行总结、修订，再实施。每循环一周，标准就上升到一个新的水平，充实新的内容，产生新的效果。

（3）标准化活动过程在广度上是一个不断扩展的过程

例如：过去只制定产品标准、技术标准，现在又要制定管理标准、工作标准；过去标准化工作主要在工农业生产领域，现在已扩展到安全生产、卫生、环境保护、交通运输、行政管理、信息代码等。标准化正随着社会科学技术进步而不断地扩展和深化自己的工作领域。

（4）标准化的目的是“获得最佳秩序和社会效益”

最佳秩序和社会效益可以体现在多方面。例如：在生产技术管理和各项管理工作中，按照 GB/T 19000 建立质量保证体系，可以保证和提高产品质量，保护消费者和社会公共利益；简化设计，完善工艺，提高生产效率；扩大通用化程度，方便使用和维修；消除贸易壁垒，扩大国际贸易和交流等。

应该说明，标准化定义中的“最佳”是从整个国家和整个社会利益来衡量，而不仅仅是从一个部门、一个地区、一个单位、一个企业来考虑的。尤其是环境保护标准化和安全卫生

标准化，则主要是从国计民生的长远利益来考虑。在开展标准化的工作过程中，可能会遇到贯彻一项具体标准对整个国家会产生很大的经济效益或社会效益，而对某一个具体单位、具体企业在一段时间内可能会受到一定的经济损失。但为了整个国家和社会的长远经济利益或社会效益，则应该充分理解和正确对待“最佳”的要求。

实施标准化，对于国家进步和企业发展具有重要的作用，主要表现在以下几个方面：

（1）标准化是组织现代化生产的手段，是实施科学管理的基础

随着科学技术的发展和生产的社会化、现代化，生产规模越来越大，分工越来越细，生产协作越来越广泛，许多产品和工程建设，往往涉及几十个、几百个甚至上千个企业，协作点遍布在全国各地甚至跨国。这样广泛、复杂的生产组合，需要在技术上保持高度的统一和协作一致。要达到这一点，就必须制定和执行一系列的统一标准，使得各个生产部门和生产环节在技术上有机地联系起来，保证生产有条不紊地进行。要实施科学管理，必须做到：管理机构高效化，管理工作计划化，管理技术现代化，建立符合生产活动规律的生产管理、技术管理、物资管理、劳动管理、质量管理、安全生产管理等一整套科学管理制度，制定一系列工作标准和管理标准，实现管理工作规范化。因此，标准化又是实施科学管理的基础。

（2）标准化是不断提高产品质量的重要保证

1）产品质量合格与否，这个“格”就是标准。标准不仅对产品的性能和规格作了具体规定，而且对产品的检验方法、包装、标志、运输、储存也作了相应规定。严格按标准组织生产，按标准检验和包装，产品质量就能得到可靠地保证。

2）随着科学技术的发展，标准需要适时地进行复审和修订。特别是企业产品标准，企业应根据市场变化和用户要求及时进行修订，不断满足用户要求，才能保持自己产品在市场中的竞争力。

3）不仅产品本身要有标准，而且生产产品所用的原料、材料、零部件、半成品以及生产工艺、工装等都应制定相互适应、相互配套的标准，只有这样才能保证企业有序地组织生产，保证产品质量。

4）标准不仅是生产企业组织生产的依据，也是国家及社会对产品进行监督检查的依据。《中华人民共和国产品质量法》（以下简称《产品质量法》）第十五条规定：“国家对产品质量实行以抽查为主要方式的监督检查制度”。监督检查的主要依据就是产品标准。通过国家组织的产品质量监督检查，不仅促进产品质量提高，反过来对标准本身的质量完善也是一种促进。

（3）标准化是合理简化品种、组织专业化生产的前提

目前，我国部分企业仍然存在生产品种多，批量小，质量差，管理混乱，劳动生产效率不高，经济效益差等问题。要改变这种落后状况，主要途径就是要广泛组织专业化生产，而

标准化正是组织专业化生产的重要前提。标准化活动一项重要内容是“合理简化品种”，提高生产原材料“通用化”程度，变品种多、批量小为品种少，批量大，有利于组织专业化生产，有利于采用先进技术装备，实现优质、高产、低耗、低成本、高效率的效果。

（4）标准化有利于合理利用国家资源、节约能源、节约原材料

标准化对合理利用国家资源有重要的作用。例如：我国制定以及修订的水泥国家标准，由于合理地规定了氧化镁的含量，可使一些石灰石矿山资源延长开采期10年以上；再如发达国家木材利用率达95%，我国只有50%～60%；能源有效利用率日本达57%，美国是51%，西欧国家在40%以上，而我国只有30%。世界各国都把节约能源、节约资源作为今后标准化工作的中心任务之一，我国在这方面的任务尤其艰巨，标准化工作可谓任重而道远。

（5）标准化可以保障人体健康和人身、财产安全，保护环境

《标准化法》第七条规定：“国家标准、行业标准分为强制性标准和推荐性标准。保障人体健康，人身、财产安全的标准和法律、行政法规规定强制执行的标准是强制性标准，其他标准是推荐性标准。”

根据《中华人民共和国标准化法实施条例》，强制性标准包括：

1）药品标准，食品卫生标准，兽药标准；

2）产品及产品生产、储运和使用中的安全、卫生标准，劳动安全、卫生标准，运输安全标准；

3）工程建设的质量、安全、卫生标准及国家需要控制的其他工程建设标准；

4）环境保护的污染物排放标准和环境质量标准；

5）重要的通用技术术语、符号和制图方法；

6）通用的试验、检验方法标准；

7）互换配合标准；

8）国家需要控制的重要产品质量标准。

强制性标准的广泛制定和实施，对保障人体健康和人身、财产安全，保护环境起到重要作用。根据《标准化法》和《产品质量法》的规定，不符合强制性标准的产品应责令停止生产、销售，并处以罚款，情节严重的可以追究刑事责任。

（6）标准化是推广应用科研成果和新技术的桥梁

标准化是科研、生产和使用三者之间的桥梁。一项科研成果，包括新产品、新工艺、新材料和新技术，开始只能在小范围内试验和试制。只有在试验成功，并经过技术鉴定，纳入相应标准之后，才能得到推广和应用。

此外，标准化还可以消除贸易技术壁垒，促进国际贸易的发展，提高我国产品在国际市

场上的竞争能力。例如，积极采用国际标准和国外先进标准，使产品质量达到国际水平，能够促进产品出口；积极开展产品质量认证，包括取得进口国或第三方权威机构的质量认证或安全认证，能够提高我国产品在国际市场竞争能力。

3. 国家标准体系

《标准化法》将中国标准分为国家标准、行业标准、地方标准、企业标准四级。

（1）国家标准

国家标准是指对全国经济技术发展有重大意义，需要在全国范围内统一的技术要求所制定的标准。国家标准在全国范围内适用，其他各级标准不得与之相抵触。国家标准是四级标准体系中的主体。

1）国家标准由国务院标准化行政主管部门编制计划，组织草拟，统一审批、编号、发布。

2）国家标准制定的对象：对需要在全国范围内统一的技术要求应当制定国家标准。

3）国家标准主要有：①互换配合、通用技术语言要求；②保障人体健康和人身、财产安全的技术要求；③基本原料、燃料、材料的技术要求；④通用基础件的技术要求；⑤通用的试验、检验方法；⑥通用的管理技术要求；⑦工程建设的重要技术要求；⑧国家需要控制的其他重要产品的技术要求。

（2）行业标准

行业标准是指对没有国家标准而又需要在全国某个行业范围内统一的技术要求，所制定的标准。行业标准是对国家标准的补充，是专业性、技术性较强的标准。行业标准的制定不得与国家标准相抵触，相应的国家标准公布实施后，行业标准自行废止。

1）行业标准由国务院有关行政主管部门负责制定和审批，并报国务院标准化行政主管部门备案。

2）行业标准制定对象：对没有国家标准又需要在行业范围内统一的下列技术要求可以制定行业标准。

3）行业标准不得与国家标准相抵触。在相应国家标准批准实施之后，该项行业标准自行废止。

（3）地方标准

地方标准是指对没有国家标准和行业标准而又需要在省、自治区、直辖市范围内统一工业产品的安全、卫生要求所制定的标准，地方标准在本行政区域内适用，不得与国家标准和标业标准相抵触。国家标准、行业标准公布实施后，相应的地方标准自行废止。

1）地方标准由省、自治区、直辖市人民政府标准化行政主管部门编制计划，组织草拟，统一审批编号、发布，并报国务院标准化行政主管部门和国务院有关行政主管部门备案。在相应国家标准或行业标准批准实施之后，该项地方标准自行废止。

2）地方标准制定对象：对没有国家标准和行业标准而又需要在省、自治区、直辖市范围内统一的技术要求，可以制定地方标准。

国家标准行业标准分为强制性国家标准和推荐性国家标准。

强制性标准是指国家通过法律的形式明确要求对于一些标准所规定的技术内容和要求必须执行，不允许以任何理由或方式加以违反、变更，包括强制性的国家标准、行业标准和地方标准。对违反强制性标准的国家将依法追究当事人法律责任。

推荐性标准是指国家鼓励自愿采用的具有指导作用而又不宜强制执行的标准，即标准所规定的技术内容和要求具有普遍的指导作用，允许使用单位结合自己的实际情况，灵活加以选用。

国家标准的编号由国家标准的代号、国家标准发布的顺序号和国家标准发布的年号构成。

（4）企业标准

企业标准是指企业所制定的产品标准和在企业内需要协调、统一的技术要求和管理、工作要求所制定的标准。企业标准是企业组织生产、经营活动的依据。

企业标准有以下几种：

1）企业生产的产品，没有国家标准、行业标准和地方标准的，应当制定的企业产品标准；

2）为提高产品质量和促进技术进步制定严于国家标准、行业标准或地方标准的企业产品标准；

3）对国家标准、行业标准的选择或补充的标准；

4）工艺、工装、半成品等方面的技术标准；

5）生产、经营活动中的管理标准和工作标准。

企业产品标准应在批准发布30日内向当地标准化行政主管部门和有关行政主管部门备案。

4. 安全生产标准

安全生产标准是指：在生产工作场所或者领域，为改善劳动条件和设施，规范生产作业行为，保护劳动者免受各种伤害，保障劳动者人身安全健康，实现安全生产的准则和依据。安全生产标准主要指国家标准和行业标准，大部分是强制性标准。我国安全生产标准涉及面广，从大的方面看，包括矿山安全（含煤矿和非煤矿山）、粉尘防爆、电气及防爆、带电作业、危险化学品、民爆物品、烟花爆竹、涂装作业安全、交通运输安全、机械安全、消防安全、建筑安全、职业健康安全、个体防护装备（原劳动防护用品）、特种设备安全等各个方面。

多年来，在国务院各有关部门以及各标准化技术委员会的共同努力下，制定了一大批涉及安全生产方面的国家标准和行业标准。据初步统计，我国现有的有关安全生产的国家标准涉及设计、管理、方法、技术、检测检验、职业健康和个体防护用品等多个方面，有近1 500项。除国家标准外，国家安全生产监督管理、公安、交通、建设等有关部门还制定了大量有关安全生产的行业标准，有近3 000项。

安全生产标准的作用，主要体现在以下几个方面：

(1) 安全生产标准是安全生产法律体系的重要组成部分

从广义上讲，我国的安全生产法律体系，是由宪法、国家法律、国务院法规、地方性法规，以及标准、规章、规程和规范性文件等所构成的。在这个体系中，标准处于十分重要的位置，具有技术性法律规定的作用，是法律的延伸。与安全生产相关的技术性规定，通常体现为国家标准和行业标准。

根据世界贸易组织协议，我国的强制性标准与国外的技术法规具有同样的法律效力。现行法律、法规也就此做出了明确规定。《中华人民共和国安全生产法》(以下简称《安全生产法》) 规定："生产经营单位应当具备本法和有关法律、行政法规和国家标准或者行业标准规定的安全生产条件。《安全生产许可证条例》中，把厂房、作业场所和安全设施、设备、工艺符合安全生产法律、法规、标准和规定的要求，作为企业取得安全生产许可证应当具备的基本条件。

标准所具有的法律地位及其法律效力，决定了安全生产标准一旦制定和发布，就必须得到严格遵守，必须认真贯彻实施。任何忽视安全生产标准、违背安全生产标准的现象，都是对安全生产法律的破坏和违反，都必须立即纠正，情节严重的要依法追究当事人的法律责任。

(2) 安全生产标准是保障企业安全生产的重要技术规范

安全生产标准是社会化大生产的要求，是社会生产力发展水平的反映。优秀企业要出名牌、出人才、出效益，就必须严格执行国家标准、行业标准，产品进入国际市场就要执行国际标准。有条件、有实力的优秀企业自定的企业标准，甚至高于国家标准、行业标准。而不执行法定标准的企业，不仅市场竞争力无从谈起，而且违法生产经营，丧失诚信准则，甚至会导致重特大事故发生。一些企业安全生产管理滑坡，伤亡事故多发，重要原因之一就是不遵守相应的安全生产标准。有的企业标准意识淡漠，执行标准不严；有的企业有标不循，不按标准办事；有的企业根本没有执行安全生产标准，不知道有标准。因此，迫切需要通过加强安全生产标准化工作，规范企业及其经营管理、从业人员的安全生产行为，实现生产安全。

（3）安全生产标准是安全监管、监察和依法行政的重要依据

安全生产标准是保护从业人员生命和健康的准则，凝聚了血的教训。安全监管、监察部门在行政执法中，对违法违规行为的认定评判，除了要依据法律、法规，还需要依据国家标准和行业标准。如重大危险源的识别、重大隐患的排查、安全生产条件的认定、事故原因的分析判断等，都需要以标准为依据。细节反映真实，细节决定成效，相对于法律、法规，标准更细致，更周密。安全监管监察部门依据标准实施行政执法，安全生产监管工作才能真正落实到位。

（4）安全生产标准是规范市场准入的必要条件

发展不能以破坏资源、污染环境为代价，更不能以牺牲人的生命和健康为代价。与资源、环保一样，安全生产是市场准入的必要条件。标准是严格市场准入的尺度和手段，国家标准、行业标准所规定的安全生产条件，就是市场准入必须具备的资格，是必须严格把住的关口，是不可降低的门槛。降低安全生产标准，难免要付出血的代价。同时，安全生产标准是规范安全中介服务的依据。

5. 安全生产标准的范围

安全生产方面的标准，主要由国家安全生产监督管理总局负责，具体包括以下几方面：

（1）劳动防护用品和矿山安全仪器仪表的品种、规格、质量、等级及劳动防护用品的设计、生产、检验、包装、储存、运输、使用的安全要求；

（2）为实施矿山、危险化学品、烟花爆竹等行业安全生产管理而规定的有关技术术语、符号、代号、代码、文件格式、制图方法等通用技术语言和安全技术要求；

（3）生产、经营、储存、运输、使用、检测、检验、废弃等方面的安全技术要求；

（4）工、矿、商贸安全生产规程；

（5）生产经营单位的安全生产条件；

（6）应急救援的规则、规程、标准等技术规范；

（7）安全评价、评估、培训考核的标准、通则、导则、规则等技术规范；

（8）安全生产中介机构的服务规范与规则、标准；

（9）规范安全生产监管、监察和行政执法的技术管理要求；

（10）规范安全生产行政许可和市场准入的技术管理要求。

6. 安全生产标准的种类

安全生产标准分为：基础标准、管理标准、技术标准、方法标准和产品标准五类：

（1）基础标准

基础标准主要指在安全生产领域的不同范围内，对普遍的、广泛通用的共性认识所作的统一规定，是在一定范围内作为制定其他安全生产标准的依据和共同遵守的准则。其内容包

括：制定安全生产标准所必须遵循的基本原则、要求、术语、符号；各项应用标准、综合标准赖以制定的技术规定基础；物质的危险性和有害性的基本规定；材料的安全基本性质以及基本检测方法等。

（2）管理标准

管理标准是指通过计划、组织、控制、监督、检查、评价与考核等管理活动的内容、程序、方式，使生产过程中人、物、环境各个因素处于安全受控状态，直接服务于生产经营科学管理的准则和规定。

安全生产方面的管理标准主要包括安全生产教育、培训和考核等标准，重大事故隐患评价方法及分级等标准，事故统计、分析等标准，安全系统工程标准，人机工程标准以及有关激励与惩处标准等。

（3）技术标准

技术标准是指对于生产过程中的设计、施工、操作、安装等具体技术要求及实施程序中设立的必须符合一定安全要求以及能达到此要求的实施技术和规范的总称。

这类标准有金属非金属矿山安全规程、石油化工企业设计防火规范、烟花爆竹工厂设计安全规范、民用爆破器材工厂设计安全规范、建筑设计防火规范等。

（4）方法标准

方法标准是对各项生产过程中技术活动的方法所规定的标准。安全生产方面的方法标准主要包括两类：一类以试验、检查、分析、抽样、统计、计算、测定、作业等方法为对象制定的标准。例如：试验方法、检查方法、分析方法、测定方法、抽样方法、设计规范、计算方法、工艺规程、作业指导书、生产方法、操作方法等。另一类是为合理生产优质产品，并在生产、作业、试验、业务处理等方面为提高效率而制定的标准。

这类标准有安全帽测试方法、防护服装机械性能材料抗刺穿性及动态撕裂性的试验方法、安全评价通则、安全预评价导则、安全验收评价导则、安全现状评价导则等。

（5）产品标准

产品标准是对某一具体设备、装置、防护用品的安全要求作出规定或者对其试验方法、检测检验规则、标志、包装、运输、储存等方面所做的技术规定。它是在一定时期和一定范围内具有约束力的技术准则，是产品生产、检验、验收、使用、维护和贸易洽谈的重要技术依据，对于保障安全、提高生产和使用效率具有重要意义。产品标准的主要内容包括：①产品的适用范围；②产品的品种、规格和结构形式；③产品的主要性能；④产品的试验、检验方法和验收规则；⑤产品的包装、储存和运输等方面的要求。

这类标准主要是对某类产品及其安全要求作出的规定，如煤矿安全监控系统、煤矿用隔离式自救器等。

2006年9月26日，国家安全生产监督管理总局局长办公会议审议通过《安全生产标准制修订工作细则》，自2006年11月1日起施行。

《安全生产标准制修订工作细则》（以下简称《细则》）分为七章三十条，各章内容为：第一章总则，第二章立项和计划，第三章起草，第四章征求意见，第五章审查和报批，第六章发布和备案，第七章附则。制定该《细则》的目的，是根据《标准化法》、《标准化法实施条例》、《安全生产行业标准管理规定》和《全国安全生产标准化技术委员会章程》等有关规定，规范安全生产标准制修订工作。

《细则》第二条规定：本细则所称的安全生产标准包括安全生产方面的国家标准（GB）、行业标准（AQ）。

第三条规定：国家安全生产监督管理总局、国家标准化管理委员会对安全生产标准制修订工作实施管理。全国安全生产标准化技术委员会负责安全生产标准制修订工作。全国安全生产标准化技术委员会的煤矿安全、非煤矿山安全、化学品安全、烟花爆竹安全、粉尘防爆、涂装作业、防尘防毒等分技术委员会负责其职责范围内的安全生产标准制修订工作。

第四条规定：国家安全生产监督管理总局根据安全生产工作的需要，组织制定安全生产标准工作规划和年度计划。国家标准计划项目由国家标准化管理委员会下达和公布，行业标准计划项目由国家安全生产监督管理总局下达和公布。

第二十四条规定：国家标准由国家标准化管理委员会统一编号、发布。行业标准由国家安全生产监督管理总局统一编号、发布。

二、安全生产标准化

1. 企业标准化

企业标准一般分为三大类：技术标准、管理标准、工作标准。

技术标准是指对标准化领域中需要协调、统一的技术事项所制定的标准。

管理标准是指对企业标准化领域中需要协调、统一的管理事项所制定的标准。

工作标准是指对企业标准化领域中需要协调、统一的工作事项所制定的标准。

在管理标准中，“管理事项”主要指在企业管理活动中，所涉及的经营管理、设计开发与创新管理、质量管理、设备与基础设施管理、人力资源管理、安全生产管理、职业健康管理、环境管理、信息管理等与技术标准相关联的重复性事物和概念。

在工作标准中，“工作事项”主要指在执行相应管理标准和技术标准时与工作岗位的职责、岗位人员基本技能、工作内容、要求与方法、检查与考核等有关的重复性事物和概念。

企业标准化是为了在企业的生产、经营、管理范围内获得最佳秩序，对实际的或潜在的问题制定共同的和重复使用的规则的活动。

在企业标准化的建立与实施过程中，即这一活动中，包括建立和实施企业标准体系，制定、发布企业标准和贯彻实施各级标准的过程。实施企业标准化显著好处是改进产品、生产过程和服务的适用性，使企业获得更大的成功。

企业标准化的一般概念应把握其是以企业获得最佳秩序和效益为目的，以企业生产、经营、管理等大量出现的重复性事物和概念为对象，以先进的科学、技术和生产实践经验的综合成果为基础，以制定和组织实施标准体系及相关标准为主要内容的有组织的系统活动。

企业开展标准化活动的主要内容是：

（1）建立、完善和实施标准体系；

（2）制定、发布企业标准；

（3）组织实施企业标准体系内的有关国家标准、行业标准和企业标准；

（4）对标准体系的实施进行监督、检查并分析改进。

2. 实施企业标准化的主要作用

20 世纪 90 年代开始，经济发达国家从生产、经营、管理的实践中，认识到标准化对企业来说已经不是一个单纯的技术问题，而成为一个重要的经济战略问题。它不仅与企业的生产经营密切相关，同时还与市场开拓、新产品开发与销售、企业的竞争力、赢利能力和成功率密切相关。要在市场竞争中取胜，获得客户或顾客的广泛认同，就必须是符合规定标准的产品。因此，不仅标准变得越来越重要，同时，企业的标准化也越来越重要，因为只有企业实施标准化，才能保证企业连续不断地生产出来符合标准要求的产品，提供符合要求的服务。

实施企业标准化的作用，主要体现在以下几个方面：

（1）企业标准化是组织生产的重要手段，是科学管理的基础

现代化生产是建立在先进的科学技术和管理方法基础上的。技术要求高、分工细，生产协作广泛，需要制定一系列的标准，使之在技术上保持统一协调，使企业的各个生产部门和生产环节有机地联系起来，保证生产有条不紊地进行。企业为了实行科学管理，改变凭行政命令、个人意志进行企业管理的办法，使千百万件日常工作，都有人各负其责地去处理，必须制定生产管理、技术管理、物资和人员管理等科学管理标准，使管理机构高效化，管理工作制度化，保证步调一致，减少工作中的失误。使企业领导者能从日常繁忙的事务中解放出来，集中精力抓重大问题的决策和全局性的工作，以保证企业获得最佳秩序和最佳效益。

（2）企业标准化是提高产品质量的保证

“产品不合格不准出厂”，这个“格”就是产品标准。只有严格按照标准进行生产、检验、包装和储运，产品质量才能得到可靠的保证。有高水平的标准，才能有高质量的产品。标准不是一成不变的，随着生产技术水平的提高，标准要及时进行修订，并要积极采用国际

标准，使我国标准同国际标准接轨，保证产品符合国际贸易和交流的需要，提高我国产品在国际市场的竞争能力。

（3）企业标准化是企业质量管理的基础

在标准化发展的进程中，质量管理是较早涉及的一个领域。早在质量管理的萌芽阶段，标准化就渗透到质量管理领域之中。20 世纪初期，美国工程师泰勒就是以标准化、计划化和控制化为基础，提出了“科学管理”原理，从而摆脱了单凭管理者个人经验进行的管理，逐步走上了科学管理的道路。我国引进“全面质量管理”的管理模式始于 20 世纪 70 年代末，这种管理模式是由企业全体人员参加，从产品的设计、生产、销售、服务全过程进行质量控制，最终目标是使产品质量达到技术标准要求。企业要进行全面质量管理，就需要实施相应的技术标准和管理标准。管理以标准为依据，将生产过程中的设计、生产、销售、服务等各个环节制定出技术标准和管理标准，即为质量的全过程提供控制依据，使产品质量得到稳定和提高。目前世界上已有几十个国家开展了质量管理标准化工作，值得注意的是，国际标准化组织（ISO）以及一些国家，都在对标准化在质量管理中的应用问题进行新的研究和探讨，为标准化在更高基础上的普及和发展，为质量管理打下更好的基础，开辟新的前景。

（4）企业标准化是提高企业经济效益的一个重要工具

企业标准化对提高经济效益有着重要作用。通过标准化，可以增加生产批量，使企业采用高效率的专用设备生产，大大提高劳动生产率；通过标准化使产品品种规格化、零部件通用化，可以大大缩短产品的设计周期；通过标准化，合理地选择和使用材料，简化原材料的供应品种，还可以大大节省原材料消耗，减少物资的采购量和储备量，加速流动资金的周转等。

3. 企业标准体系

企业标准体系是企业内的标准按其内在联系形成的科学有机整体，是由标准组成的系统。企业标准体系是以技术标准为主体，包括管理标准和工作标准。

标准体系包括现有标准和预计应发展标准。现有标准体系反映出当前的生产、科技水平，生产社会化、专业化和现代化程度，经济效益，产业和产品结构，经济政策，市场需求，资源条件等。标准体系中也展示出规划应制定标准的发展蓝图。

企业标准体系具有以下五项基本特征：

（1）目的性

企业标准体系的建立必须有明确的目的，例如为了发展产品品种、服务项目、提高产品质量或服务质量、提高生产效率、降低资源消耗、确保生产安全和职业健康、保护环境等，或兼而有之。企业标准体系的目标应是具体的和可测量的，即为企业的生产、服务、经营、管理提供全面系统的作业依据和技术基础，从而在实践中可以真实地评价和有效地控制其是否达到预期的目的。

（2）集成性

现代标准体系是以相互管理、相互作用的标准的集成为特征。随着生产和服务提供的社会化、规模化程度的不断提高，任何一个单独的标准都难以独立发挥其效能，只有若干相互关联、相互作用的标准综合集成为一个标准体系，才能大大提高标准的综合性和集成性，而系统目标的优化程度以及其实现的可能性又和标准的集成程度和集成作用水平直接相关。企业标准体系的目的性和集成性是相互联系和相互制约的。如为企业实现其总的生产经营方针和目标，加强企业的管理工作必须以技术标准体系为主，包括有管理标准体系、工作标准体系的集成。

（3）层次性

企业标准体系是一个典型的复杂系统，由许许多多的单项标准集成，它们的结构关系都要根据各项标准的内在联系、集合而构成有机整体。因此，标准体系是有序而分层次的。如我国的标准体系分为国家标准、行业标准、地方标准和企业标准四个层次。

企业标准体系的结构层次是由系统中各要素之间的相互关系、作用方式以及系统运动规律等因素决定的，一般是高层次对低一级的结构层次有制约作用，而低层次又是高层次的基础，也可以是低层次的诸单项标准中共同的要求上升为高层次中的单项标准。如技术标准体系中的技术基础标准和管理标准体系中的管理基础标准都对下一层的技术标准和管理标准有约束作用，而且一般是下层技术标准和管理标准的共同项。

（4）动态性

任何一个系统都不可能是静止的、孤立的、封闭的，它总是处于更大的系统环境之内。任何系统总是要与外部存在的大系统的环境有关要素相互作用，进行信息交流，并处于不断的运动之中。如企业标准体系客观存在于企业生产经营的大系统网络之中，始终受到诸如企业的总方针目标所制约，总方针目标的任何变化都直接影响企业标准体系的完善和实施。同时，系统的不断优化要求，也要不断持续淘汰那些不适用的、功能低劣或重复的要素，及时补充的新的要素，对那些影响企业标准体系不能满足生产、经营、管理要求的项目采取纠正措施或预防措施，以保证企业标准体系的动态的持续地改进。

（5）阶段性

企业标准体系的动态特性，大大提高了企业标准体系与外界系统环境的适应能力，从而推动了企业标准体系随着科学技术的不断发展和生产经验总结成果的提高而持续改进和发展。但企业标准体系的发展是有阶段性的，因为标准化的效能发挥要求体系必须处于稳定状态，这是标准化的基本特征所决定的。这样的稳态、非稳态再到高一级的稳态促使标准化的进步发展体现了企业标准体系阶段性发展的特征。但是，也要认识到企业标准体系是一个人为的体系，因此它的阶段性受人为地控制，它的发展阶段可能出现不适应的滞后于客观实际的状态，这就需要及时地通过测量和数据分析，人为地控制企业标准化的过程，通过评审，不断持续地改进企业标准体系。

4. 企业标准化和安全生产管理

在安全生产管理中，技术标准是安全生产法规的技术基础，管理标准是安全生产管理的系统化措施，工作标准是消除不安全行为的手段。所以标准化是安全生产管理的基础。

（1）技术标准是安全生产法规的技术基础

安全生产标准是我国标准化的重点领域。由于安全生产问题所涉及的范围很广，而且每个行业和专业又都有各自的特殊性，所以，安全生产标准中既有横跨各专业的共性标准，也有各专业领域特定的安全生产标准，更多地是以安全生产条款或安全生产要求的形式存在于有关产品标准和其他标准中（如食品标准、工具标准、设备标准等）。

安全生产标准的种类很多，主要有：

1）劳动安全卫生标准。它是以创造安全的作业环境，保护劳动者安全健康为目的而制定的标准。例如，为防止职业性危害因素和职业病而对作业环境质量（如有毒有害物质、粉尘浓度）、作业设备等所制定的标准。

2）特种设备安全标准。除锅炉、高压容器之外，还有高压管道、输送设备（如皮带运输机、登山索道、电梯）、大型游艺机（如过山车）等。

3）电气安全标准。许多国家还实施了安全性产品质量认证制度，只有经检验符合安全生产法规或标准的产品，才赋予安全标志，准许进入流通。

4）公共安全标准。如交通安全、金融安全、通信安全、医药安全、国防安全、核安全等。

5）消费品安全标准。这类产品是人民群众日常生活的必需品，同群众的切身利益直接相关。广大消费者有了标准这个武器，既可用以识别产品（如食品标签等），提高安全自卫能力，又可在人身安全、健康受到损害时，维护自身的合法权益。

此外还有大量的安全测试方法和测试技术标准、安全基础标准（如采光、照明、人机设计等工效学标准）、安全标志和图形符号标准以及重要工艺（如焊接）和建筑施工安全生产标准都是安全生产标准体系的组成部分。

（2）管理标准是安全生产管理的系统化措施

我国于2001年颁布了GB/T28001《职业健康安全管理体系规范》。通过实施这个管理标准，在组织内建立起一个具有自我约束、自我完善并能持续改进的管理体系，使企业找到了对安全生产问题进行规范化控制的方法和系统的管理模式。

（3）工作标准是消除不安全行为的手段

工作标准的对象是人在特定岗位所从事的工作或作业。任何一个组织的生产和服务活动，都是利用一定的设备或设施，通过人的劳动（脑力的和体力的），把原材料加工成产品的活动。这三要素（再加上信息）的有机结合，便是推动社会进步的生产力。

在生产力诸要素中，劳动者是首要的、能动的要素。通过这一要素与其他要素结合起来以充分发挥作用。劳动者的状态如何，对三要素的结合程度有直接的影响。在有人参与的生产过程中，劳动者居于特别重要的地位。就企业管理来说，最重要也最难管理的要素是人所从事的工作。人的要素与其他要素的区别，除了人是有思想的生命物体这一点之外，还因为人的生产作业活动有着与机器设备截然不同的特点。主要是：

1）个体差别。这是指从事同种工作的人之间在体力、劳动技能、动作速度、注意力、理解力、耐力以及应变能力等方面互有差别，有时这种差别很大。而设备则不然，同类机器设备之间有可能做到各项工况参数相对一致。在生产过程中，机器体系越庞大、越复杂，参与的劳动者越多，人的个体差别对生产系统的影响越大，不安全因素越多。

2）可变性。这是指工人之间不仅互有差别，而且同一个工人的作业参数（行走速度、搬运的重量、动作的幅度、作业的效率）以及注意力、反应能力等是可变的，在很大程度上随劳动时间、疲劳程度、操作的熟练程度、对环境的适应能力而发生变化。而机器设备却能做到运转速度始终一致，功率均衡输出，节奏均匀不变。人与机器体系之间的这种差异是一种潜在的危险，许多不安全行为和事故原因都与此有关。

3）随意性。这是指作业者按自己的意愿和理解操作，尤其是在紧急情况下不按科学方法和科学规则行事，常常是酿成安全生产事故的原因。由于恶性人身伤害事故通常是小概率事件，一次、两次、甚至多次不安全行为都可能未造成伤害，从而助长了劳动者侥幸心理、图省事的惰性心理、乃至非理智的逞能行为。在缺乏制度约束的环境下，极易滋生随意性。

4）可靠性。这是指人的操作动作的准确性、精确性、重复性、稳定性，受健康状况、疲劳程度、心理状态、有无充分准备、熟练程度、责任感、工作热情以及紧急情况下的敏感、反应及处置能力的影响。这种人的因素的可靠性是可变的，难以预测、难以控制，随机性很大，差异也很大。

由于人的作业活动有上述的一些特点，同物的因素相比，人的不安全因素是比较难控制的。所以，对人的因素的管理是安全生产管理的重点，尤其在那些无章可循、管理混乱、随意操作的单位更是如此。在工作现场，人和物是结合的，抓人的管理的同时，对物的管理也包含在其中。

研究和实践都已证明，作业人员对某项作业或操作是否已经形成习惯，其动作的熟练程度和可靠性也大不相同。习惯是怎样形成的呢？一般来说，同一件事按同一程序重复多次，就可能变成习惯。倘若通过分析研究，设计出科学合理的工作流程和作业方法，将其制定为标准，用以约束同一工种的所有工人遵照执行，这样不仅可以加速个人习惯的形成，而且是形成群体习惯的有效方法。所以，工作（作业）标准化的过程是形成群体习惯和群体行为准则的过程，是缩小个体差别、提高整体素质的过程。它不仅能有效地消除不必要的、不合理的作业程序、作业方法和作业动作，而且能促使工人克服已形成的不合理的、随意性的操作习惯，防止个体差别和可变因素影响的扩大，增进人的作业的可靠性，从而克服和降低人的因素对安全系统的负作用。

通过标准的贯彻实施，与安全生产有关的岗位上，每个操作者都按标准规定的程序、方法和动作重复地操作，这种重复的结果必能使作业者的动作达到熟练并最终形成习惯，人在作业中的随意性和各种不安全行为就不易发生。工作标准化既可控制人的安全因素，又能控制和优化物的安全因素，是实施安全生产管理，保证生产系统安全、高效运行的基础工作。

5. 什么是安全生产标准化

安全生产标准化是指通过建立安全生产责任制，制定安全管理制度和操作规程，排查、治理隐患和监控重大危险源，建立预防机制，规范生产行为，使各生产环节符合有关安全生产法律、法规和标准规范的要求，人、机、环境处于良好的生产状态，并持续改进，不断加强企业安全生产规范化建设。

安全生产标准化的定义涵盖了企业安全生产工作的全局，是企业开展安全生产工作的基本要求和衡量尺度，也是企业加强安全生产管理的重要方法和手段。而《标准化法》中的“标准化”，主要是通过制定、实施国家、行业等标准，来规范各种生产行为，以获得最佳生产秩序和社会效益的过程，二者有所不同。

企业标准化工作就是在企业生产经营和全部活动中，全面贯彻执行国家、行业颁发的各项法律、规程、规章、标准，按标准组织生产经营活动，按标准从事各项管理工作，按标准进行作业和工作，按标准对企业各个环节进行持续改进和自我完善。同时，要依据这些标准，结合企业实际、建立起科学严格的企业内部技术标准、质量标准、工作标准、管理标准、作业标准及其他各项基础管理制度等，使企业的各项活动、作业工序、环节、岗位都有标准可供遵循，都在标准的指导和约束下进行，从而提高企业的工作质量、产品质量、服务质量，降低成本、提高效率、增加效益，进而增强市场竞争能力。

而安全生产标准化，就是将标准化工作引入和延伸到安全生产工作中来，它是企业全部标准化工作中最重要的组成部分之一。其内涵就是企业在生产经营和全部管理过程中，要自觉贯彻执行国家和地区、部门的安全生产法律、法规、规程、规章和标准，并将这些内容细化，依据这些法律、法规、规程、规章和标准制定本企业安全生产方面的规章、制度、规程、标准、办法，并在企业生产经营管理工作的全过程、全方位、全员、全天候地切实得到贯彻实施，使企业的安全生产工作得到不断加强并持续改进，使企业的本质安全水平不断得到提升，使企业的人、机、环境始终处于和谐和保持在最好的安全状态下运行，进而保证和促进企业在安全的前提下健康、快速地发展。

第二节 我国企业安全生产标准化建设

一、企业安全生产标准化建设历程

2004 年，原国家安全生产监督管理局下发了《关于开展安全质量标准化活动的指导意见》（安监管政法字〔2004〕62 号），煤矿、非煤矿山、危险化学品、烟花爆竹、冶金、机械等行业相继展开了安全质量标准化活动。近年来，由于国家重视和安全生产工作的进展，通过国家安全生产监督管理总局公告的安全生产标准化一级企业逐年增多，企业安全生产标准化建设取得了瞩目的成绩。

我国安全生产标准化工作的开展，大致经历了三个阶段：

1. 第一阶段——“煤矿质量标准化”

第一阶段是从 1964 年开始。原煤炭工业部张霖之部长首先提出了“煤矿质量标准化”的概念，重点是要抓好煤炭采掘工程质量。20 世纪 80 年代初期，煤炭行业事故持续上升，为此，原煤炭工业部于 1986 年在全国煤矿开展“质量标准化、安全创水平”活动，目的是通过质量标准化促进安全生产。有色、建材、电力、黄金等多个行业也相继开展了质量标准化创建活动，用以提高企业安全生产水平。

2. 第二阶段——安全质量标准化

第二阶段是从 2003 年 10 月开始。原国家安全生产监督管理局和中国煤炭工业协会在黑龙江省七台河市召开了全国煤矿安全质量标准化现场会，提出了新形势下煤矿安全质量标准化的内容，会后出台的《关于在全国煤矿深入开展安全质量标准化活动的指导意见》（煤安监办字〔2003〕96 号），提出了安全质量标准化的概念。

3. 第三阶段——安全生产标准化

20 世纪 80 年代，冶金、机械、采矿等领域率先开展了企业安全生产标准化活动，先后推行了设备设施标准化、作业现场标准化和行为标准化。随着人们对安全生产标准化认识的提高，特别是在 20 世纪末，职业安全健康管理体系引入我国，风险管理的方法逐渐被部分企业所接受，从此使安全生产标准化不仅停留在包括设备设施维护标准化、作业现场标准化、行为动作标准化，也开始了安全生产管理活动的标准化。

第三阶段是从 2004 年开始。这一年发布的《国务院关于进一步加强安全生产工作的决定》（国发〔2004〕2 号）提出了在全国所有的工矿、商贸、交通、建筑施工等企业普遍开展安全质量标准化活动的要求。原国家安全生产监督管理局印发了《关于开展安全质量标准化活动的指导意见》，煤矿、非煤矿山、危险化学品、烟花爆竹、冶金、机械等行业、领域均开展了安全质量标准化创建工作。随后，除煤炭行业强调了煤矿安全生产状况与质量管理相结合外，其他多数行业逐步弱化了质量的内容，提出了安全生产标准化的概念。

《国务院关于进一步加强安全生产工作的决定》进一步明确了安全生产工作的指导思想和目标，为加强和改善安全生产工作指明了方向。在安全生产工作措施中明确指出：要通过制定和颁布重点行业、领域安全生产技术规范和安全生产工作标准，在所有工矿等企业普遍开展安全质量标准化活动，使企业的生产经营活动和行为，符合安全生产有关法律、法规和安全生产技术规范的要求，做到规范化和标准化。按照这个精神，原国家安全生产监督管理局制定下发了《关于开展安全质量标准化活动的指导意见》，在此基础上，2005—2011 年国家安全生产监督管理总局和有关部门先后在非煤矿山、危险化学品、冶金、电力、机械、道路和水上交通运输、建筑、旅游、烟花爆竹等领域修订完善了开展安全生产标准化工作的标准、规范、评分办法等一系列指导性文件，指导企业开展安全标准化建设的考评工作。

二、企业安全生产标准化建设的法规基础

1.《国务院关于进一步加强企业安全生产工作的通知》相关要求

2010 年 7 月 19 日，国务院下发了《国务院关于进一步加强企业安全生产工作的通知》（国发〔2010〕23 号），明确要求：

（1）全面开展安全达标

深入开展以岗位达标、专业达标和企业达标为内容的安全生产标准化建设，凡在规定时间内未实现达标的企业要依法暂扣其生产许可证、安全生产许可证，责令停产整顿；对整改逾期未达标的，地方政府要依法予以关闭。

（2）强化企业安全生产属地管理

安全生产监管监察部门、负有安全生产监管职责的有关部门和行业管理部门要按职责分工，对当地企业包括中央、省属企业实行严格的安全生产监督检查和管理，组织对企业安全生产状况进行安全标准化分级考核评价，评价结果向社会公开，并向银行业、证券业、保险业、担保业等主管部门通报，作为企业信用评级的重要参考依据。

（3）加快完善安全生产技术标准

各行业管理部门和负有安全生产监管职责的有关部门要根据行业技术进步和产业升级的要求，加快制定、修订生产、安全技术标准，制定和实施高危行业从业人员资格标准。对实施许可证管理制度的危险性作业要制定落实专项安全技术作业规程和岗位安全操作规程。

（4）严格安全生产准入前置条件

把符合安全生产标准作为高危行业企业准入的前置条件，实行严格的安全标准核准制度。矿山建设项目和用于生产、储存危险物品的建设项目，应当分别按照国家有关规定进行安全条件论证和安全评价，严把安全生产准入关。凡不符合安全生产条件违规建设的，要立即停止建设，情节严重的由本级人民政府或主管部门实施关闭取缔。降低标准造成隐患的，要追究相关人员和负责人的责任。

2.《国务院办公厅关于继续深化“安全生产年”活动的通知》相关要求

2011 年 3 月 2 日，国务院办公厅下发了《国务院办公厅关于继续深化“安全生产年”活动的通知》(国办发〔2011〕11 号)，明确要求：

有序推进企业安全标准化达标升级。在工矿商贸和交通运输企业广泛开展以“企业达标升级”为主要内容的安全生产标准化创建活动，着力推进岗位达标、专业达标和企业达标。组织对企业安全生产状况进行安全标准化分级考核评价，评价结果向社会公开，并向银行业、证券业、保险业、担保业等主管部门通报，作为企业信用评级的重要参考依据。各有关部门要加快制定完善有关标准，分类指导，分步实施，促进企业安全基础不断强化。

3.《国务院办公厅关于继续深入扎实开展“安全生产年”活动的通知》相关要求

2012 年 2 月 14 日，国务院办公厅下发了《国务院办公厅关于继续深入扎实开展“安全生产年”活动的通知》(国办发〔2012〕14 号)，明确要求：

着力推进企业安全生产达标创建。加快制定和完善重点行业领域、重点企业安全生产的标准规范，以工矿、商贸和交通运输行业领域为主攻方向，全面推进安全生产标准化达标工程建设。对一级企业要重点抓巩固、二级企业着力抓提升、三级企业督促抓改进，对不达标的企业要限期抓整顿，经整改仍不达标的要责令关闭退出，促进企业安全条件明显改善、管理水平明显提高。

4.《关于深入开展企业安全生产标准化建设的指导意见》相关要求

2011 年 5 月 3 日，国务院安全生产委员会下发了《关于深入开展企业安全生产标准化建设的指导意见》(安委〔2011〕4 号)，对深入开展企业安全生产标准化建设提出了指导意见，并对工作的开展提出了具体要求：

(1) 加强领导，落实责任

按照属地管理和“谁主管、谁负责”的原则，企业安全生产标准化建设工作由地方各级人民政府统一领导，明确相关部门负责组织实施。国家有关部门负责指导和推动本行业（领域）企业安全生产标准化建设，制定实施方案和达标细则。企业是安全生产标准化建设工作的责任主体，要坚持高标准、严要求，全面落实安全生产法律、法规和标准规范，加大投入，规范管理，加快实现企业高标准达标。

(2) 分类指导，重点推进

对于尚未制定企业安全生产标准化评定标准和考评办法的行业（领域），要抓紧制定；已经制定的，要按照《企业安全生产标准化基本规范》（AQ/T 9006—2010）和相关规定进行修改完善，规范已达标企业的等级认定。要针对不同行业（领域）的特点，加强工作指导，把影响安全生产的重大隐患排查治理、重大危险源监控、安全生产系统改造、产业技术升级、应急能力提升、消防安全保障等作为重点，在达标建设过程中切实做到“六个结合”，即与深入开展执法行动相结合，依法严厉打击各类非法违法生产经营建设行为；与安全专项整治相结合，深化重点行业（领域）隐患排查治理；与推进落实企业安全生产主体责任相结合，强化安全生产基层和基础建设；与促进提高安全生产保障能力相结合，着力提高先进安全技术装备和物联网技术应用等信息化水平；与加强职业安全健康工作相结合，改善从业人员的作业环境和条件；与完善安全生产应急救援体系相结合，加快救援基地和相关专业队伍标准化建设，切实提高实战救援能力。

（3）严抓整改，规范管理

严格安全生产行政许可制度，促进隐患整改。对达标的企业，要深入分析二级与一级、三级与二级之间的差距，找准薄弱点，完善工作措施，推进达标升级；对未达标的企业，要盯住抓紧，督促加强整改，限期达标。通过安全生产标准化建设，实现“四个一批”：对在规定期限内仍达不到最低标准、不具备安全生产条件、不符合国家产业政策、破坏环境、浪费资源，以及发生各类非法违法生产经营建设行为的企业，要依法关闭取缔一批；对在规定时间内未实现达标的，要依法暂扣其生产许可证、安全生产许可证，责令停产整顿一批；对具备基本达标条件，但安全技术装备相对落后的，要促进达标升级，改造提升一批；对在本行业（领域）具有示范带动作用的企业，要加大支持力度，巩固发展一批。

（4）创新机制，注重实效

各地区、各有关部门要加强协调联动，建立推进安全生产标准化建设工作机制，及时发现解决建设过程中出现的突出矛盾和问题，对重大问题要组织相关部门开展联合执法，切实把安全生产标准化建设工作作为促进落实和完善安全生产法规规章、推广应用先进技术装备、强化先进安全理念、提高企业安全管理水平的重要途径，作为落实安全生产企业主体责任、部门监管责任、属地管理责任的重要手段，作为调整产业结构、加快转变经济发展方式的重要方式，扎实推进。要把安全生产标准化建设纳入安全生产“十二五”规划及有关行业（领域）发展规划。要积极研究采取相关激励政策措施，将达标结果向银行、证券、保险、担保等主管部门通报，作为企业绩效考核、信用评级、投融资和评先推优等的重要参考依据，促进提高达标建设的质量和水平。

（5）严格监督，加强宣传

各地区、各有关部门要分行业（领域）、分阶段组织实施，加强对安全生产标准化建设工作的督促检查，严格对有关评审和咨询单位进行规范管理。要深入基层、企业，加强对重点地区和重点企业的专题服务指导。加强安全专题教育，提高企业安全管理人员和从业人员的技能素质。充分利用各类舆论媒体，积极宣传安全生产标准化建设的重要意义和具体标准要求，营造安全生产标准化建设的浓厚社会氛围。国务院安全生产委员会办公室以及各地区、各有关部门要建立公告制度，定期发布安全生产标准化建设进展情况和达标企业、关闭取缔企业名单；及时总结推广有关地区、有关部门和企业的经验做法，培育典型，示范引导，推进安全生产标准化建设工作广泛深入、扎实有效开展。

5.《关于进一步加强企业安全生产规范化建设　严格落实企业安全生产主体责任的指导意见》相关要求

2010 年 8 月 20 日，国家安全生产监督管理总局发布了《关于进一步加强企业安全生产规范化建设　严格落实企业安全生产主体责任的指导意见》（安监总办〔2010〕139 号），其中对企业安全生产标准化提出了进一步的要求：

深入贯彻落实科学发展观，坚持安全发展理念，指导督促企业完善安全生产责任体系，建立健全安全生产管理制度，加大安全基础投入，加强教育培训，推进企业全员、全过程、全方位安全生产管理，全面实施安全生产标准化，夯实安全生产基层基础工作，提升安全生产管理工作的规范化、科学化水平，有效遏制重、特大事故发生，为实现安全生产提供基础保障。

提高企业安全生产标准化水平。企业要严格执行安全生产法律、法规和行业规程标准，按照《企业安全生产标准化基本规范》的要求，加大安全生产标准化建设投入，积极组织开展岗位达标、专业达标和企业达标的建设活动，并持续巩固达标成果，实现全面达标、本质达标和动态达标。

6.《安全生产标准化基本规范》发布

2010 年 4 月 15 日，国家安全生产监督管理总局第 9 号公告发布了安全生产行业标准《安全生产标准化基本规范》（AQ/T 9006—2010），自 2010 年 6 月 1 日起实施。

《安全生产标准化基本规范》对各行业已经开展的安全生产标准化工作，在形式要求、基本内容、考评办法等方面作出了相对一致的规定，以进一步规范各项工作的开展。同时，《安全生产标准化基本规范》为调动企业开展安全生产标准化工作的积极性和主动性，结合企业安全生产工作的共性特点，制定出了操作性较强的安全生产工作规范，并以行业标准的形式予以发布。

第三节　企业安全生产标准化建设的目标和重要意义

一、企业安全生产标准化建设的目标

开展安全生产标准化活动，就是要引导和促进企业在全面贯彻落实现行的国家、地区、行业安全生产法律、法规、规程、规章和标准的同时，修订原有的相关标准、完善原有的相关标准、建立全新的安全生产标准，形成较为完整的安全生产标准体系。

在此基础上，认真贯彻安全生产标准，执行安全生产标准，落实安全生产标准和其他各项规章制度，把企业的安全生产工作全部纳入安全生产标准化的轨道，让企业的每个员工从事的每项工作都按安全生产标准和制度办事，从而促进企业工作规范、管理规范、操作规范、行为规范、技术规范，全面改进和加强企业内部的安全管理，全面开展达标活动，在全面按标准办事，加强安全基础管理，落实责任、落实任务、落实措施，提高安全工作质量、安全管理质量的同时，尽快淘汰危及安全的落后技术、工艺和装备，广泛采用新技术、新设备、新材料、新工艺，提高安全装备和设施质量，不断改善安全生产条件，提高企业本质安全程度和水平，进而达到消除隐患，控制好危险源，消灭事故的目的。

根据《国务院安全生产委员会关于深入开展企业安全生产标准化建设的指导意见》（安委〔2011〕4号），我国企业安全生产标准化的总体要求和目标任务是：

1. 总体要求

深入贯彻落实科学发展观，坚持“安全第一，预防为主，综合治理”的方针，牢固树立以人为本、安全发展理念，全面落实《国务院关于进一步加强企业安全生产工作的通知》和《国务院办公厅关于继续深入扎实开展“安全生产年”活动的通知》精神，按照《企业安全生产标准化基本规范》和相关规定，制定完善安全生产标准和制度规范。严格落实企业安全生产责任制，加强安全科学管理，实现企业安全管理的规范化。加强安全教育培训，强化安全意识、技术操作和防范技能，杜绝“三违”。加大安全投入，提高专业技术装备水平，深化隐患排查治理，改进现场作业条件。通过安全生产标准化建设，实现岗位达标、专业达标和企业达标，各行业（领域）企业的安全生产水平明显提高，安全管理和事故防范能力明显增强。

2. 目标任务

在工矿、商贸和交通运输行业（领域）深入开展安全生产标准化建设，重点突出煤矿、非煤矿山、交通运输、建筑施工、危险化学品、烟花爆竹、民用爆炸物品、冶金等行业（领域），并要求按照时间阶段性完成各项任务。要建立健全各行业（领域）企业安全生产标准化评定标准和考评体系；进一步加强企业安全生产规范化管理，推进全员、全方位、全过程安全管理；加强安全生产科技装备，提高安全保障能力；严格把关，分行业（领域）开展达标考评验收；不断完善工作机制，将安全生产标准化建设纳入企业生产经营全过程，促进安全生产标准化建设的动态化、规范化和制度化，有效提高企业本质安全水平。

二、企业安全生产标准化建设的重要意义

目前，我国进入以重工业快速发展为特征的工业化中期，工业高速增长，加剧了煤、电、油、运等紧张的状况，加大了事故风险，处于事故易发期，安全生产工作的压力很大。如何采取适合我国经济发展现状和企业实际的安全监管方法和手段，使企业安全生产状况得以有效控制并稳定好转，是当前安全生产工作的重要内容之一。安全生产标准化体现了“安全第一，预防为主，综合治理”的方针和“以人为本”的科学发展观，代表了现代安全管理的发展方向，是先进安全生产管理思想与我国传统安全生产管理方法、企业具体实际的有机结合。开展安全生产标准化活动，将能进一步落实企业安全生产主体责任，改善安全生产条件，提高管理水平，预防事故，对保障生命财产安全有着重大意义。

实施安全生产标准化的重要意义，主要体现在以下几个方面：

1. 落实安全生产主体责任的基本手段

各行业安全生产标准化考评标准，无论从管理要素，还是设备设施要求、现场条件等，均体现了法律、法规、标准、规程的具体要求，以管理标准化、操作标准化、现场标准化为核心，制定符合自身特点的各岗位、工种的安全生产规章制度和操作规程，形成安全生产管理有章可循、有据可依、照章办事的良好局面，规范和提高从业人员的安全操作技能。通过建立、健全企业主要负责人、管理人员、从业人员的安全生产责任制，将安全生产责任从企业法人落实到每个从业人员、操作岗位，强调了全员参与的重要意义，进行全员、全过程、全方位的梳理工作，全面细致地查找各种事故隐患和问题，以及与考评标准规定不符合的地方，制订切实可行的整改计划，落实各项整改措施，从而将安全生产的主体责任落实到位，促使企业安全生产状况持续好转。

2. 建立安全生产长效机制的有效途径

开展安全生产标准化活动重在基础、重在基层、重在落实、重在治本。安全生产标准化要求企业各个工作部门、生产岗位、作业环节的安全生产管理、规章制度和各种设备设施、作业环境，必须符合法律、法规、标准、规程等要求，是一项系统、全面、基础和长期的工作，克服了工作的随意性、临时性和阶段性，做到用法规抓安全，用制度保安全，实现企业安全生产工作规范化、科学化。同时，安全生产标准化比传统的质量标准化具有更先进的理念和方法，比国外引进的职业安全健康管理体系有更具体的实际内容，是现代安全生产管理

思想和科学方法的中国化，有利于形成和促进企业安全文化建设，促进安全生产管理水平的不断提升。

3. 提高安全生产监管水平的有力抓手

开展安全生产标准化工作，对于实行安全许可的矿山、危化品、烟花爆竹等行业，可以全面满足安全许可制度的要求，保证安全许可制度的有效实施，最终能够达到强化源头管理的目的；对于冶金、有色、机械等无行政许可的行业，完善了监管手段，在一定程度上解决了监管缺乏手段的问题，提高了监管力度和监管水平。同时，实施安全生产标准化建设考评，将企业划分为不同等级，能够客观真实地反映出各地区企业安全生产状况和不同安全生产水平的企业数量，为加强安全监管提供有效的基础数据，为政府实施安全生产分类指导、分级监管提供重要依据。

4. 防范和降低生产安全事故发生的有效办法

我国是世界制造大国，行业门类全、企业多，企业规模、装备水平、管理能力差异很大，特别是中小型企业的安全生产管理基础薄弱，生产工艺和装备水平较低，作业环境相对较差，事故隐患较多，伤亡事故时有发生。安全生产事故多发的原因之一就是安全生产责任不到位，基础工作薄弱，管理混乱，“三违”现象不断发生。安全生产标准化是以隐患排查治理为基础，强调任何事故都是可以预防的理念，将传统的事后处理，转变为事前预防。开展安全生产标准化工作，就是要求企业加强安全生产基础工作，建立严密、完整、有序的安全生产管理体系和规章制度，完善安全生产技术规范，使安全生产工作经常化、规范化和标准化。要求企业建立、健全岗位标准，严格执行岗位标准，杜绝违章指挥、违章作业和违反劳动纪律现象，切实保障广大人民群众生命财产安全。

第四节　企业安全生产标准化工作原则

一、推进安全生产标准化工作的重点

安全生产标准化工作是由国务院总体部署，国家安全生产监督管理总局指导推动的一项重要工作。《国务院关于进一步加强安全生产工作的决定》对安全生产标准工作作出了总体部署，要求“制定和颁布重点行业、领域安全生产技术规范和安全生产质量工作标准。企业生产流程各环节、各岗位要建立严格的安全生产质量责任制。生产经营活动和行为，必须符合安全生产有关法律法规和安全生产技术规范的要求，做到规范化和标准化。”

为推进安全生产标准化工作，原国家安全生产监督管理局印发了《关于开展安全质量标准化活动的指导意见》，还组织召开了各省级安全监管部门和中央企业安全管理部门参加的

安全生产标准化宣贯会议，并多次在创建、运行安全生产标准化成效显著的企业召开安全生产标准化工作现场会，介绍地方安全生产监督管理部门推动及企业创建安全生产标准化的经验，用事实、成果和经验推动安全生产标准化工作。

推进安全标准化的几项重点工作主要有：

1. 针对行业特点，加强制度建设

国家安全生产监督管理总局组织力量，制定了煤矿、金属非金属矿山、危险化学品、烟花爆竹、冶金、机械等行业的考核标准和考评办法，初步形成了覆盖主要行业的安全生产标准化考核标准和评分办法。煤矿考核评级办法分为采煤、掘进、机电、运输、通风、地测防治水 6 个专业，同时要求满足矿井百万吨死亡率、采掘关系、资源利用、风量及制定并执行安全质量标准化检查评比及奖惩制度等方面的规定；金属非金属矿山通过国际合作，借鉴南非的经验，围绕建设安全生产标准化的 14 个核心要素制定了金属非金属地下矿山、露天矿山、尾矿库、小型露天采石场安全生产标准化评分办法；危险化学品采用了计划（P）、实施（D）、检查（C）、改进（A）动态循环、持续改进的管理模式；烟花爆竹分为生产企业和经营企业两部分，制定了考核标准和评分办法；冶金行业制定了炼铁、炼钢单元的考评标准，并起草了烧结、焦化、轧钢等主要工艺单元的考评标准；机械制造企业分为基础管理考评、设备设施安全考评、作业环境与职业健康考评。有色、水泥、烟草等行业的考评标准也逐步完善。

2. 摸索经验，积极推动

为提高企业开展安全生产标准化工作的积极性，各地在推进安全生产标准化过程中，摸索出了一些行之有效的经验和办法。部分地区出台了有利于推动安全生产标准化发展的奖惩规定，如取得安全生产标准化证书的企业在安全生产许可证有效期届满时，可以不再进行安全评价，直接办理延期手续；在安全生产责任保险中，其存保额可按下限缴纳；在安全生产评优、奖励、政策扶持等方面优先考虑。

二、安全生产标准化工作的部署

1. 统一规范管理

根据国家安全生产监督管理总局要求，出台《安全生产标准化通用规范》明确安全生产标准化的总体原则、管理模式和要求。加强对安全生产标准化工作的统一组织领导，做好不同行业、领域安全生产标准化的协调工作，研究制定安全生产标准化的整体工作方案，统一等级设置、评审程序、公告发牌等要求；制定安全生产标准化的通用规范，完善与之配套的行业考核标准和考评办法，形成一套完整的标准化工作文件，健康、有序地推进安全生产标准化工作。

2. 加快相关配套措施出台

应充分利用政策措施和经济杠杆的推动力和拉动力，把安全生产标准化与行政许可、监管监察执法、评优评先、保险费率等有机结合起来，制定相应的优惠激励政策，调动企业开展创建工作的积极性，推动安全生产标准化的广泛实施。如安全生产许可证到期时，对处于安全生产标准化达标有效期内的企业，可以取消安全评价、现场审查等条件；安全生产标准化等级与风险抵押金缴纳、工伤保险费率、安全生产责任险费率、融资贷款等挂钩；把安全生产标准化工作作为表彰奖励的条件，在目标考核中增加安全生产标准化落实情况的内容；对达标企业进行行政处罚时取下限，对未达标企业处罚取上限等。

3. 加强舆论宣传力度

充分利用各种条件，采取各种形式，加大安全生产标准化工作宣传力度，同时大力宣传各地的典型经验，不断提高社会各方面对安全生产标准化重要性的认识，实现从“要我达标”到“我要达标”的转变。

4. 对各地标准化工作进行量化考核

国家安全生产监督管理总局对各地安全生产标准化工作进行全面部署，加大工作力度。如在年度安全生产标准化工作的基础上，数量提高多少比例，总量达到多少等。从而扩大安全生产标准化的工作面和影响力，增加标准化企业的数量，同时提高标准化的质量和水平。

三、实施企业安全生产标准化的要素

安全生产标准化的具体实施有四大要素，即安全生产管理标准化、安全生产现场标准化、岗位安全操作标准化和过程控制标准化。

1. 安全生产管理标准化

通过制定科学的管理标准来规范人的思想、行为，确定组织成员必须遵守的行为准则，要求生产经营单位的每一环节，都必须按一定的方法和标准来运行，实现管理的规范化。其内容主要包括：安全生产责任制，纵向到底，横向到边，不留死角；安全生产规章制度；安全生产管理网络，安全操作规程；建立安全生产培训教育、安全生产活动，安全检查，隐患整改指令台账及安全生产例会等各种会议记录；应急救援与伤亡事故调查处理等。

2. 安全生产现场标准化

通过生产现场标准化的实施，来实现人、机、环境的合理匹配，使安全生产管理达到最佳状态。其内容主要包括：生产现场安全装备系列化；生产场所安全化；管线吊装艺术化；现场定置科学化；作业牌板、安全标志规范化；文明生产管理标准化；要害部位管理标准化；现场应急处置标准化等。

3. 岗位安全操作标准化

一是指人的安全操作规程、保证人在生产操作中不受伤害；二是作业姿势、作业方法要符合人的身体健康；三是在作业环境中存在各种有毒有害因素时，作业者必须穿戴的防护用具用品以及处置办法。岗位安全操作标准化内容主要包括：现场作业人、岗、证“三对口”；现场作业反“三违”；正确使用安全设备、个人防护用具；特殊作业管理；岗位作业标准等。

4. 过程控制标准化

从安全角度看，过程控制的核心是控制人的不安全行为和物的不安全状态，其控制方式可以分为：预防控制、更正性控制、行为过程控制和事故控制。其主要内容包括：一是过程的确认。首先应分析、确认过程中有没有危险或有害因素，应当采取怎样的措施。确认的内容一般应包括：作业准备的确认、作业方法的确认、设备运行的确认、关闭设备的确认、多人作业的确认等。确认的方法，一般采用检查表、流程图、监护指挥、模拟操作等确认法。二是程序的制定。过程控制必须通过程序来完成，如设计程序、项目审批程序、检查程序、监护程序、隐患查处程序、救护应急程序等。

第五节　企业安全生产标准化建设实施

一、企业安全生产标准化建设流程

企业安全生产标准化建设流程包括策划准备及制定目标、教育培训、现状梳理、管理文件制修订、实施运行及整改、企业自评、评审申请、外部评审 8 个阶段。

1. 策划准备及制定目标

策划准备阶段首先要成立领导小组，由企业主要负责人担任领导小组组长，所有相关的职能部门的主要负责人作为成员，确保安全生产标准化建设组织保障；成立执行小组，由各部门负责人、工作人员共同组成，负责安全生产标准化建设过程中的具体问题。

制定安全生产标准化建设目标，并根据目标来制定推进方案，分解落实达标建设责任，确保各部门在安全生产标准化建设过程中任务分工明确，顺利完成各阶段工作目标。

2. 教育培训

安全生产标准化建设需要全员参与。教育培训首先要解决企业领导层对安全生产标准化建设工作重要性的认识，加强其对安全生产标准化工作的理解，从而使企业领导层重视该项工作，加大推动力度，监督检查执行进度；其次要解决执行部门、人员操作的问题，培训评定标准的具体条款要求是什么，本部门、本岗位、相关人员应该做哪些工作，如何将安全生产标准化建设和企业日常安全管理工作相结合。

同时，要加大安全生产标准化工作的宣传力度，充分利用企业内部资源广泛宣传安全生产标准化的相关文件和知识，加强全员参与度，解决安全生产标准化建设的思想认识和关键问题。

3. 现状梳理

对照相应专业评定标准（或评分细则），对企业各职能部门及下属各单位安全生产管理情况、现场设备设施状况进行现状摸底，摸清各单位存在的问题和缺陷；对于发现的问题，定责任部门、定措施、定时间、定资金，及时进行整改并验证整改效果。现状摸底的结果作为企业安全生产标准化建设各阶段进度任务的针对性依据。

企业要根据自身经营规模、行业地位、工艺特点及现状摸底结果等因素及时调整达标目标，注重建设过程，真实有效可靠，不可盲目一味追求达标等级。

4. 管理文件制修订

安全生产标准化对安全生产管理制度、操作规程等要求，核心在其内容的符合性和有效性，而不是对其名称和格式的要求。企业要对照评定标准，对主要安全生产管理文件进行梳理，结合现状摸底所发现的问题，准确判断管理文件亟待加强和改进的薄弱环节，提出有关文件的制、修订计划；以各部门为主，自行对相关文件进行制修订，由标准化执行小组对管理文件进行把关。

5. 实施运行及整改

根据制修订后的安全生产管理文件，企业要在日常工作中进行实际运行。根据运行情况，对照评定标准的条款，按照有关程序，将发现的问题及时进行整改及完善。

6. 企业自评

企业在安全生产标准化系统运行一段时间后，依据评定标准，由标准化执行小组组织相关人员，开展自主评定工作。

企业对自主评定中发现的问题进行整改，整改完毕后，着手准备安全生产标准化评审申请材料。

7. 评审申请

企业要与相关安全生产监督管理部门或评审组织单位联系，严格按照相关行业规定的评审管理办法，完成评审申请工作。企业在自评材料中，应当将每项考评内容的得分及扣分原因进行详细描述，要通过申请材料反映企业工艺及安全生产管理情况；根据自评结果确定拟申请的等级，按相关规定到属地或上级安全生产监督管理部门办理外部评审推荐手续后，正式向相应的评审组织单位（承担评审组织职能的有关部门）递交评审申请。

8. 外部评审

接受外部评审单位的正式评审，在外部评审过程中，积极主动配合，由参与安全生产标准化建设执行部门的有关人员参加外部评审工作。企业应对评审报告中列举的全部问题，形成整改计划，及时进行整改，并配合评审单位上报有关评审材料。外部评审时，可邀请属地安全生产监督管理部门派员参加，便于安全生产监督管理部门监督评审工作，掌握评审情况，督促企业整改评审过程中发现的问题和隐患。

二、企业安全生产标准化建设的法律责任

《国务院关于进一步加强企业安全生产工作的通知》（国发〔2010〕23号）要求：凡在规定时间内未实现安全生产标准化达标的企业要依法暂扣其生产许可证、安全生产许可证，责令停产整顿；对整改逾期未达标的，地方政府要依法予以关闭；安全标准化分级考核评价结果向社会公开，并向银行业、证券业、保险业、担保业等主管部门通报，作为企业信用评级的重要参考依据。

国务院安全生产委员会《关于深入开展企业安全生产标准化建设的指导意见》（安委〔2011〕4号）要求：对在规定期限内仍达不到最低标准、不具备安全生产条件、不符合国家产业政策、破坏环境、浪费资源，以及发生各类非法违法生产经营建设行为的企业，要依法关闭取缔一批；对在规定时间内未实现达标的，要依法暂扣其生产许可证、安全生产许可证，责令停产整顿一批；对具备基本达标条件，但安全技术装备相对落后的，要促进达标升级，改造提升一批；对在本行业（领域）具有示范带动作用的企业，要加大支持力度，巩固发展一批。企业安全生产标准化达标结果向银行、证券、保险、担保等主管部门通报，作为企业绩效考核、信用评级、投融资和评先推优等的重要参考依据，促进提高达标建设的质量和水平。

煤矿、非煤矿山、交通运输、建筑施工、危险化学品、烟花爆竹、民用爆炸物品、冶金等行业（领域）分别对安全标准化建设工作提出了具体要求，如：非煤矿山行业，国务院安全生产委员会办公室《关于贯彻落实〈国务院关于进一步加强企业安全生产工作的通知〉精神进一步加强非煤矿山安全生产工作的实施意见》（安委办〔2010〕17号）要求在规定时间内未达到安全标准化最低等级的，要依法吊销其安全生产许可证，提请县级以上地方政府依法予以关闭。2011年1月1日以后换发安全生产许可证的，必须达到安全标准化最低等级，否则不予办理延期换证手续。

第二章 企业安全生产标准化建设基本规范

第一节 《企业安全生产标准化建设基本规范》概况

一、《企业安全生产标准化基本规范》及其特点

2010年4月15日，国家安全生产监督管理总局发布了《企业安全生产标准化基本规范》（以下简称《基本规范》）安全生产行业标准，标准编号为AQ/T 9006—2010，自2010年6月1日起实施。

《基本规范》共分为范围、规范性引用文件、术语和定义、一般要求、核心要求五章。在核心要求这一章，对企业安全生产工作的组织机构、安全投入、安全管理制度、人员教育培训、设备设施运行管理、作业安全管理、隐患排查和治理、重大危险源监控、职业健康、应急救援、事故的报告和调查处理、绩效评定和持续改进等方面的内容作了具体规定。

《基本规范》的特点主要有以下三个方面：

（1）采用了国际通用的策划（P. Plan）、实施（D. Do）、检查（C. Check）、改进（A. Act）动态循环的PDCA现代安全生产管理模式。通过企业自我检查、自我纠正、自我完善这一动态循环的管理模式，能够更好地促进企业安全生产绩效的持续改进和安全生产长效机制的建立。

（2）对各行业、各领域具有广泛适用性。《基本规范》总结归纳了煤矿、危险化学品、金属非金属矿山、烟花爆竹、冶金、机械等已经颁布的行业安全生产标准化标准中的共性内容，提出了企业安全生产管理的共性基本要求，既适应各行业安全生产工作的开展，又避免了自成体系的局面。

（3）体现了企业主体责任与外部监督相结合的思想。《基本规范》要求企业对安全生产标准化工作进行自主评定，自主评定后申请外部评审定级，并由安全生产监督管理部门对评审定级进行监督。

二、《企业安全生产标准化基本规范》实施的意义

《基本规范》实施的重要意义主要体现在以下几个方面：

（1）有利于进一步规范企业的安全生产工作

《基本规范》涉及企业安全生产工作的方方面面，提出的要求明确、具体，较好地解决了企业安全生产工作“干什么”和“怎么干”的问题，能够更好地引导企业落实安全生产责任，做好安全生产工作。

（2）有利于进一步维护从业人员的合法权益

安全生产工作的最终目的都是为了保护人民群众的生命财产安全，《基本规范》的各项规定，尤其是关于教育培训和职业健康的规定，可以更好地保障从业人员安全生产方面的合法权益。

（3）有利于进一步促进安全生产法律、法规的贯彻落实

安全生产法律、法规对安全生产工作提出了原则要求，设定了各项法律制度。《基本规范》是对这些相关法律制度内容的具体化和系统化，并通过运行使之成为企业的生产行为规范，从而更好地促进安全生产法律、法规的贯彻落实。

三、《企业安全生产标准化基本规范》的贯彻落实要求

《基本规范》的发布实施是安全生产标准化工作中的大事，是搞好安全生产监督管理工作的有益尝试。《基本规范》能否取得预期的效果，关键在落实。

（1）组织制定相关配套规定

企业安全生产标准化是一项系统工程，涉及各行业的各个生产环节。《基本规范》的全面贯彻落实，需要配套的制度规定。各地区应根据《基本规范》的相关规定，结合本地实际，对近年已经开展的安全生产标准化工作进行梳理，积极研究制定、修订有关企业安全生产标准化的配套规定，尤其要针对不同行业、不同规模的企业制定更加具体的规定，加强《基本规范》适用的针对性。

（2）加强与安全生产有关工作的衔接

在煤矿、非煤矿山、危险化学品、烟花爆竹等高危行业，《基本规范》的实施与安全生产许可证工作相结合。各安全生产许可证颁发管理机关在安全生产许可证发证和延期审查时，应严格依据《安全生产许可证条例》及其有关配套规章的规定，结合《基本规范》的有关内容，并综合考量企业安全生产标准化自主评定和外部评审的结果后，再作出是否同意的决定。

（3）搞好《基本规范》实施的监督检查

安全生产监督管理部门应结合年度的行政执法计划，深入开展《基本规范》实施的监督检查，督促企业根据《基本规范》的要求，完善相应的安全生产管理制度，并针对当前安全生产管理中存在的问题和薄弱环节，完善工作机制，健全规章制度，切实提高安全生产管理

水平。同时，应以《基本规范》发布实施为契机，进一步规范安全生产行政执法行为，提升安全生产监督管理和监察水平，使政府的安全生产监督管理与企业的安全管理形成良性互动。通过学习宣传贯彻《基本规范》，加强企业安全生产规范化建设，提高企业安全生产管理能力，可使各行业逐步实现岗位达标、专业达标和企业达标，进一步促进全国安全生产形势的稳定好转。

四、《企业安全生产标准化基本规范》的范围和一般要求

企业安全生产标准化基本目标是：企业根据自身安全生产实际，制定总体和年度安全生产目标；按照所属基层单位和部门在生产经营中的职能，制定安全生产指标和考核办法。

1. 范围

《基本规范》适用于工矿企业开展安全生产标准化工作以及对标准化工作的咨询、服务和评审；其他企业和生产经营单位可参照执行。

有关行业制定安全生产标准化标准应满足《基本规范》的要求；已经制定行业安全生产标准化标准的，优先适用行业安全生产标准化标准。

2. 标准中适用的术语和定义

（1）安全生产标准化

通过建立安全生产责任制，制定安全生产管理制度和操作规程，排查治理隐患和监控重大危险源，建立预防机制，规范生产行为，使各生产环节符合有关安全生产法律、法规和标准规范的要求，人、机、环处于良好的生产状态，并持续改进，不断加强企业安全生产规范化建设。

（2）安全绩效

根据安全生产目标，在安全生产工作方面取得的可测量结果。

（3）相关方

与企业的安全绩效相关联或受其影响的团体或个人。

（4）资源

实施安全生产标准化所需的人员、资金、设施、材料、技术和方法等。

3. 一般要求

（1）原则

企业开展安全生产标准化工作，遵循“安全第一，预防为主，综合治理”的方针，以隐患排查治理为基础，提高安全生产水平，减少事故发生，保障人身安全健康，保证生产经营活动的顺利进行。

（2）建立和保持

企业安全生产标准化工作采用“策划、实施、检查、改进”动态循环的模式，依据《基本规范》的要求，结合自身特点，建立并保持安全生产标准化系统；通过自我检查、自我纠正和自我完善，建立安全绩效持续改进的安全生产长效机制。

(3) 评定和监督

企业安全生产标准化工作实行企业自主评定、外部评审的方式。

企业应当根据《基本规范》和有关评分细则，对本企业开展安全生产标准化工作情况进行评定；自主评定后申请外部评审定级。

安全生产标准化评审分为一级、二级、三级，一级为最高，各行业领域可根据实际情况需要，制定相关评审等级。

安全生产监督管理部门对评审定级进行监督管理。

第二节　《企业安全生产标准化建设基本规范》通用条款释义

一、安全生产目标

1. 目标

企业的安全生产目标管理是指企业在一个时期内，根据国家等有关要求，结合自身实际，制定安全生产目标、层层分解，明确责任、落实措施；定期考核、奖惩兑现，达到现代化安全生产目的的科学管理方法。因此，企业应制定对安全生产目标的管理制度，从制度层面规定其从制定、分解到实施、考核等所有环节的要求，保证目标执行的闭环管理。其范围应包括企业的所有部门、所属单位和全体员工。该制度可以单独建立，也可以和其他目标的制度融合在一起。通过职业健康安全管理体系认证的企业，有《方针和目标控制程序》的程序文件，一般要求比较抽象，不具体，操作性不强，不能满足环节内容的要求，需要修订。

企业应按照安全生产目标管理制度的要求，制定具体的年度安全生产目标。各企业具体的目标不尽相同，但应该是合理的，可以实现的。目标制定的主要原则有：

(1) 符合原则：符合有关法规标准和上级要求；

(2) 持续进步原则：比以前的稍高一点，“跳起来，够得着”，实现得了；

(3) “三全”原则：覆盖全员、全过程、全方位；

(4) 可测量原则：可以量化测量，否则无法考核兑现绩效；

(5) 重点原则：突出重点、难点工作。

2. 监测与考核

企业应根据所属基层单位和所有的部门在安全生产中的职能以及可能面临的风险大小，

将安全生产目标进行分解。原则上应包括所有的单位和职能部门，如安全生产管理部门、生产部门、设备部门、人力资源部门、财务部门、党群部门等。如果企业管理层级较多，各所属单位可以逐级承接分解细化企业总的年度安全生产目标，实现所有的单位、所有的部门、所有的人员都有安全目标要求。为了保障年度安全生产目标与指标的完成，要针对各项目标，制订具体的实施计划和考核办法。

主管部门应在目标实施计划的执行过程中，按照规定的检查周期和关键节点，对目标进行监测检查、有效监督，发现问题及时解决。同时保存有关监测检查的记录资料，以便提供考核依据。

年度各项安全生产目标的完成情况如何，需要进行定期的总结评估分析。评估分析后，如发现企业当前的目标完成情况与设定的目标计划不符合时，应对目标进行必要的调整，并修订实施计划。总结评估分析的周期应和考核的周期频次保持一致，原则上应由月度、季度、半年度的总结评估分析和考核。总结评估分析的内容应全面、实事求是，充分肯定成绩的同时，认真查找需要改进提高的方面。

二、组织机构和职责

1. 生产经营单位安全生产管理机构

生产经营单位的安全生产管理必须有组织上的保障，否则就无法真正有效地抓安全生产管理工作。在生产经营单位内部，安全生产管理上的组织保障主要包含了两层意思：一是安全生产管理机构的保障；二是安全生产管理人员的保障。

安全生产管理机构是指生产经营单位中专门负责安全生产监督管理的内设机构。安全生产管理人员是指生产经营单位从事安全生产管理工作的专职或者兼职人员。在生产经营单位专门从事安全生产管理工作的人员就是专职的安全生产管理人员；在生产经营单位既承担其他工作职责、工作任务，同时又承担安全生产管理职责的人员则为兼职安全生产管理人员。安全生产机构和安全生产管理人员的作用是落实国家有关安全生产的法律、法规，组织生产经营单位内部各种安全生产检查活动，负责日常安全生产检查，及时整改各种事故隐患，监督安全生产责任制的落实等。

2. 生产经营单位安全生产管理机构和人员的设置配备要求

根据《安全生产法》的规定，生产经营单位安全生产管理机构的设置应满足如下要求：

矿山、建筑施工单位和危险物品的生产、经营、储存单位，以及从业人员超过 300 人的其他生产经营单位，应当设置安全生产管理机构或者配备专职安全生产管理人员。具体是否设置安全生产管理机构或者配备多少专职安全生产管理人员，则应根据生产经营单位危险性的大小、从业人员的多少、生产经营规模的大小等因素确定。

除从事矿山开采、建筑施工和危险物品生产、经营、储存活动的生产经营单位外，其他生产经营单位是否设立安全生产管理机构以及是否配备专职安全生产管理人员，则要根据其从业人员的规模来确定。

除矿山、建筑施工单位和危险物品的生产、经营、储存单位之外的生产经营单位，从业人员不超过300人的，可以设置安全生产管理机构或者配备专职安全生产管理人员，或者委托具有国家规定的相关专业技术资格的工程技术人员提供安全生产管理服务。生产经营单位依照规定委托工程技术人员提供安全生产管理服务的，保证安全生产的责任仍由本单位负责。

生产经营单位配备的安全生产管理人员素质要求：生产经营单位的安全生产管理人员必须具备与本单位所从事的生产经营活动相应的安全生产知识和管理能力。危险物品的生产、经营、储存单位以及矿山、建筑施工单位的安全生产管理人员，应当由有关主管部门对其安全生产知识和管理能力考核合格后方可任职。

3. 安全生产责任制

（1）什么是安全生产责任制

什么是安全生产责任制？安全生产责任制是根据我国的安全生产方针“安全第一，预防为主”和安全生产法规以及“管生产的同时必须管安全”这一原则，建立的各级领导、职能部门、工程技术人员、岗位操作人员在劳动生产过程中对安全生产层层负责的制度，是将以上所列的各级负责人员、各职能部门及其工作人员和各岗位生产人员在安全生产方面应做的事情和应负的责任加以明确规定的一种制度。安全生产责任制是企业岗位责任制的一个组成部分，是企业中最基本的一项安全生产制度，也是企业安全生产、劳动保护管理制度的核心。实践证明，凡是建立、健全了安全生产责任制的企业，各级领导重视安全生产、劳动保护工作，切实贯彻执行党的安全生产、劳动保护方针、政策和国家的安全生产、劳动保护法规，在认真负责地组织生产的同时，积极采取措施，改善劳动条件，安全生产事故和职业性疾病就会减少。反之，就会职责不清，相互推诿，从而使安全生产、劳动保护工作无人负责，无法进行，安全生产事故与职业病就会不断发生。

（2）安全生产责任制的主要内容

安全生产责任制纵向方面，即从上到下所有类型人员都有相应的安全生产职责。在建立责任制时，可首先将本单位从主要负责人一直到岗位工人分成相应的层级；然后结合本单位的实际工作，对不同层级的人员在安全生产中应承担的职责做出规定。横向方面，即各职能部门（包括党、政、工、团）都有相应的安全生产职责。在建立责任制时，可按照本单位职能部门的设置（如安全生产、设备、计划、技术、生产、基建、人事、财务、设计、档案、培训、党办、宣传、工会、团委等部门），分别对其在安全生产中应承担的职责作出规定。

生产经营单位在建立安全生产责任制时，在纵向方面至少应包括下列几类人员：

1）生产经营单位主要负责人。生产经营单位的主要负责人是本单位安全生产的第一责任者，对安全生产工作全面负责。生产经营单位的主要负责人的安全生产职责有：①建立、健全本单位安全生产责任制。组织制定本单位安全生产规章制度和操作规程。②保证本单位安全生产投入的有效实施。③督促、检查本单位的安全生产工作，及时消除生产安全事故隐患。④组织制定并实施本单位的生产安全事故应急救援预案。⑤及时、如实报告生产安全事故。具体可根据上述内容，并结合本单位的实际情况对主要负责人的职责作出具体规定。

2）生产经营单位其他负责人。生产经营单位其他负责人的职责是协助主要负责人搞好安全生产工作。不同的负责人管的工作不同，应根据其具体分管工作，对其在安全生产方面应承担的具体职责作出规定。

3）生产经营单位职能管理机构负责人及其工作人员。各职能部门都会涉及安全生产职责，需根据各部门职责分工作出具体规定。各职能部门负责人的职责是按照本部门的安全生产职责，组织有关人员做好本部门安全生产责任制的落实，并对本部门职责范围内的安全生产工作负责；各职能部门的工作人员则是在其职责范围内做好有关安全生产工作，并对自己职责范围内的安全生产工作负责。

4）班组长。班组安全生产是搞好企业安全生产工作的关键。班组长全面负责本班组的安全生产，是安全生产法律、法规和规章制度的直接执行者。班组长的主要职责是贯彻执行本单位对安全生产的规定和要求，督促本班组的工人遵守有关安全生产规章制度和安全操作规程，切实做到不违章指挥，不违章作业，遵守劳动纪律。

5）岗位工人。岗位工人对本岗位的安全生产负直接责任。岗位工人要接受安全生产教育和培训，遵守有关安全生产规章和安全操作规程，不违章作业，遵守劳动纪律。特种作业人员必须接受专门的培训，经考试合格取得安全操作资格证书后，方可上岗作业。

三、安全生产投入

1. 安全生产投入的要求

保证必要的安全生产投入是实现安全生产目标的重要基础。《安全生产法》规定，生产经营单位应当具备安全生产条件所必需的资金投入。生产经营单位必须安排适当的资金，用于改善安全生产设施，进行安全生产教育培训，更新安全生产技术装备、器材、仪器、仪表以及其他安全生产设备设施，以保证生产经营单位达到法律、法规、标准规定的安全生产条件，并对由于安全生产所必需的资金投入不足导致的后果承担责任。

安全生产投入资金具体由谁来保证，应根据企业的性质而定。一般来说，股份制企业、合资企业等安全生产投入资金由董事会予以保证；一般国有企业由厂长或者经理予以保证；

个体工商户等个体经济组织由投资人予以保证。上述保证人承担由于安全生产所必需的资金投入不足而导致事故后果的法律责任。

为了进一步建立和完善安全生产投入的长效机制，在总结经验、广泛调研、征求意见基础上，财政部、国家安全生产监督管理总局对原有的《煤炭生产安全费用提取和使用管理办法》（财建〔2004〕119号）、《关于调整煤炭生产安全费用提取标准、加强煤炭生产安全费用使用管理与监督的通知》（财建〔2005〕168号）、《烟花爆竹生产企业安全费用提取与使用管理办法》（财建〔2006〕180号）和《高危行业企业安全生产费用财务管理暂行办法》（财企〔2006〕478号）进行了整合、修改、补充和完善，形成了统一的《企业安全生产费用提取和使用管理办法》（财企〔2012〕16号），以满足企业安全生产新形势的需求，进一步加强企业安全生产保障能力。管理办法在原有煤矿、非煤矿山、危险品、烟花爆竹、建筑施工、道路交通等行业基础上，进一步扩大了适用范围，从六大行业扩展到九大行业，新增了冶金、机械制造、武器装备研制生产与试验三类行业（企业）。同时，提高了安全生产费用的提取标准，扩展了安全生产费用的使用方向，明确和细化了安全生产费用的使用范围，为企业安全生产提供了更加坚实的资金保障。安全生产费用使用不再局限于安全生产设施，还包括安全生产条件项目及安全生产宣传教育和培训、职业危害预防、井下安全避险、重大危险源监控及隐患治理等预防性投入和减少事故损失的支出，扩展了安全生产费用对企业安全生产保障的空间，对企业安全生产发挥更大的促进作用。

2. 安全生产费用的提取标准

（1）交通运输企业以上年度实际营业收入为计提依据，按照以下标准平均逐月提取：

1）普通货运业务按照1%提取；

2）客运业务、管道运输、危险品等特殊货运业务按照1.5%提取。

（2）冶金企业以上年度实际营业收入为计提依据，采取超额累退方式按照以下标准平均逐月提取：

1）营业收入不超过1 000万元的，按照3%提取；

2）营业收入超过1 000万元至1亿元的部分，按照1.5%提取；

3）营业收入超过1亿元至10亿元的部分，按照0.5%提取；

4）营业收入超过10亿元至50亿元的部分，按照0.2%提取；

5）营业收入超过50亿元至100亿元的部分，按照0.1%提取；

6）营业收入超过100亿元的部分，按照0.05%提取。

（3）机械制造企业以上年度实际营业收入为计提依据，采取超额累退方式按照以下标准平均逐月提取：

1）营业收入不超过1 000万元的，按照2%提取；

2）营业收入超过1 000万元至1亿元的部分，按照1%提取；

3）营业收入超过1亿元至10亿元的部分，按照0.2%提取；

4）营业收入超过10亿元至50亿元的部分，按照0.1%提取；

5）营业收入超过50亿元的部分，按照0.05%提取。

（4）中小微型企业和大型企业上年末安全生产费用结余分别达到本企业上年度营业收入的5%和1.5%时，经当地县级以上安全生产监督管理部门、煤矿安全监察机构商财政部门同意，企业本年度可以缓提或少提安全生产费用。

企业规模划分标准按照工业和信息化部、国家统计局、国家发展和改革委员会、财政部《关于印发中小企业划型标准规定的通知》（工信部联企业〔2011〕300号）规定执行。

（5）企业在上述标准的基础上，根据安全生产实际需要，可适当提高安全生产费用提取标准。

新建企业和投产不足一年的企业以当年实际营业收入为提取依据，按月计提安全生产费用。

混业经营企业，如能按业务类别分别核算的，则以各业务营业收入为计提依据，按上述标准分别提取安全生产费用；如不能分别核算的，则以全部业务收入为计提依据，按主营业务计提标准提取安全生产费用。

3. 安全生产费用的使用

（1）交通运输企业安全生产费用应的使用

1）完善、改造和维护安全防护设施设备支出（不含“三同时”要求初期投入的安全设施），包括道路、水路、铁路、管道运输设施设备和装卸工具安全状况检测及维护系统、运输设施设备和装卸工具附属安全设备等支出；

2）购置、安装和使用具有行驶记录功能的车辆卫星定位装置、船舶通信导航定位和自动识别系统、电子海图等支出；

3）配备、维护、保养应急救援器材、设备支出和应急演练支出；

4）开展重大危险源和事故隐患评估、监控和整改支出；

5）安全生产检查、评价（不包括新建、改建、扩建项目安全评价）、咨询和安全生产标准化建设支出；

6）配备和更新现场作业人员安全防护用品支出；

7）安全生产宣传、教育、培训支出；

8）安全生产适用的新技术、新标准、新工艺、新装备的推广应用支出；

9）安全生产设施及特种设备检测检验支出；

10）其他与安全生产直接相关的支出。

（2）冶金企业安全生产费用的使用

1）完善、改造和维护安全防护设施设备支出（不含“三同时”要求初期投入的安全设施），包括车间、站、库房等作业场所的监控、监测、防火、防爆、防坠落、防尘、防毒、防噪声与振动、防辐射和隔离操作等设施设备支出；

2）配备、维护、保养应急救援器材、设备支出和应急演练支出；

3）开展重大危险源和事故隐患评估、监控和整改支出；

4）安全生产检查、评价（不包括新建、改建、扩建项目安全评价）和咨询及安全生产标准化建设支出；

5）安全生产宣传、教育、培训支出；

6）配备和更新现场作业人员安全防护用品支出；

7）安全生产适用的新技术、新标准、新工艺、新装备的推广应用支出；

8）安全设施及特种设备检测检验支出；

9）其他与安全生产直接相关的支出。

（3）机械制造企业安全生产费用的使用

1）完善、改造和维护安全防护设施设备支出（不含“三同时”要求初期投入的安全设施），包括生产作业场所的防火、防爆、防坠落、防毒、防静电、防腐、防尘、防噪声与振动、防辐射或者隔离操作等设施设备支出，大型起重机械安装安全监控管理系统支出；

2）配备、维护、保养应急救援器材、设备支出和应急演练支出；

3）开展重大危险源和事故隐患评估、监控和整改支出；

4）安全生产检查、评价（不包括新建、改建、扩建项目安全评价）、咨询和安全生产标准化建设支出；

5）安全生产宣传、教育、培训支出；

6）配备和更新现场作业人员安全防护用品支出；

7）安全生产适用的新技术、新标准、新工艺、新装备的推广应用；

8）安全生产设施及特种设备检测检验支出；

9）其他与安全生产直接相关的支出。

在规定的使用范围内，企业应当将安全生产费用优先用于满足安全生产监督管理部门、煤矿安全监察机构以及行业主管部门对企业安全生产提出的整改措施或达到安全生产标准所需的支出。

企业提取的安全生产费用应当专户核算，按规定范围安排使用，不得挤占、挪用。年度结余资金结转下年度使用，当年计提安全生产费用不足的，超出部分按正常成本费用渠道列支。主要承担安全生产管理责任的集团公司经过履行内部决策程序，可以对所属企业提取的安全生产费用按照一定比例集中管理，统筹使用。

企业由于产权转让、公司制改建等变更股权结构或者组织形式的，其结余的安全生产费用应当继续按照规定使用。企业调整业务、终止经营或者依法清算，其结余的安全生产费用应当结转本期收益或者清算收益。

四、安全生产规章制度与操作规程

1. 什么是安全生产规章制度

生产经营单位安全生产规章制度是指生产经营单位依据国家有关法律、法规、国家和行业标准，结合生产、经营的安全生产实际，以生产经营单位名义起草颁发的有关安全生产的规范性文件。一般包括：规程、标准、规定、措施、办法、制度、指导意见等。

安全生产规章制度是生产经营单位贯彻国家有关安全生产法律、法规、国家和行业标准，贯彻国家安全生产方针政策的行动指南，是生产经营单位有效防范生产、经营过程安全生产风险，保障从业人员安全和健康，加强安全生产管理的重要措施。

建立、健全安全生产规章制度是生产经营单位的法定责任。生产经营单位是安全生产的责任主体，国家有关法律、法规对生产经营单位加强安全规章制度建设有明确的要求。《安全生产法》规定：生产经营单位必须遵守本法和其他有关安全生产的法律、法规，加强安全生产管理，建立、健全安全生产责任制度，完善安全生产条件，确保安全生产。

生产经营单位安全生产管理规章制度基本可分为三大类：一类是以生产经营单位安全生产责任制为核心的全单位性安全生产总则；二类是各种单项制度，如安全生产的教育制度、检查制度、安全生产技术措施计划管理制度、特种作业人员培训制度、危险作业审批制度、伤亡事故管理制度、职业卫生管理制度、特种设备安全生产管理制度、电气安全管理制度、消防管理制度等；三类是岗位安全操作规程。

2. 安全生产规章制度建设的原则

（1）主要负责人负责的原则

安全生产规章制度建设，涉及生产经营单位的各个环节和所有人员，只有生产经营单位主要负责人亲自组织，才能有效调动生产经营单位的所有资源，才能协调各个方面的关系。同时，我国安全生产的法律、法规明确规定，建立、健全本单位安全生产责任制，组织制定本单位安全生产规章制度和操作规程，是生产经营单位的主要负责人的职责。

（2）安全第一的原则

“安全第一，预防为主”是我国的安全生产方针，也是安全生产客观规律的具体要求。生产经营单位要实现安全生产，就必须采取综合治理的措施，在事先防范上下功夫。企业在生产经营过程中，必须把安全生产工作放在各项工作的首位，正确处理安全生产和工程进度、经济效益等的关系。只有通过安全生产规章制度建设，才能把这一安全生产客观要求，融入生产经营单位的体制建设、机制建设、生产经营活动组织的各个环节，落实到生产、经营各项工作中去，才能保障安全生产。

（3）系统性原则

风险来自于生产、经营过程之中，只要生产、经营活动在进行，风险就客观存在。因此，要按照安全系统工程的原理，建立涵盖全员、全过程、全方位的安全生产规章制度，即：涵盖生产经营单位每个环节、每个岗位、每个人；涵盖生产经营单位的规划设计、建设安装、生产调试、生产运行、技术改造的全过程；涵盖生产经营全过程的事故预防、应急处置、调查处理等全方位的安全生产规章制度。

（4）规范化和标准化原则

生产经营单位安全生产规章制度的建设应实现规范化和标准化管理，以确保安全生产规章制度建设的严密、完整、有序。建立安全生产规章制度起草、审核、发布、教育培训、修订的严密的组织管理程序，安全生产规章制度编制要做到目的明确，流程清晰，标准明确，具有可操作性，按照系统性原则的要求，建立完整的安全生产规章制度体系。

五、安全生产教育培训

1. 安全生产教育培训的目的

《安全生产法》规定：生产经营单位应当对从业人员进行安全生产教育和培训，保证从业人员具备必要的安全生产知识，熟悉有关的安全生产规章制度和安全操作规程，掌握本岗位的安全操作技能。未经安全生产教育和培训合格的从业人员，不得上岗作业。

安全生产教育培训是企业安全生产工作的重要内容，坚持安全生产教育培训制度，搞好对全体职工的安全生产教育培训，对提高企业安全生产水平具有重要作用。

（1）统一思想，提高认识

通过教育培训，把全厂职工的思想统一到“安全第一，预防为主”的方针上来，使企业的经营管理者和各级领导真正把安全生产摆在“第一”的位置，在从事企业经营管理活动中坚持“五同时”（企业的各级领导或管理者在计划、布置、检查、总结、评比生产的同时要计划、布置、检查、总结、评比安全工作）的基本原则；使广大职工认识安全生产的重要性，从“要我安全”变为“我要安全”“我会安全”，做到“三不伤害”，即“我不伤害自己，我不伤害他人，我不被他人伤害”。提高企业自觉抵制“三违”现象的能力。

（2）提高企业的安全生产管理水平

安全生产管理包括对全体职工的安全生产管理，对设备、设施的安全生产技术管理和对作业环境的劳动卫生管理。通过安全生产教育培训，提高各级领导干部的安全生产政策水平，掌握有关安全生产法规、制度，学习应用先进的安全生产管理方法、手段，提高全体职工在各自工作范围内，对设备、设施和作业环境的安全生产管理能力。

（3）提高全体职工的安全知识水平和安全技能

安全知识包括对生产活动中存在的各类危险因素和危险源的辨识、分析、预防、控制知识。安全生产技能包括安全操作的技巧、紧急状态的应变能力以及事故状态的急救、自救和处理能力。通过安全生产教育培训，使广大职工掌握安全生产知识，提高安全操作水平，发挥自防自控的自我保护及相互保护作用，有效地防止事故。

鉴于企业经济实力和科技水平，设备、设施的安全状态尚未达到本质安全的程度，坚持不断地进行安全生产教育培训，减少和控制人的不安全行为，就显得尤为重要。

2. 安全生产教育培训的内容

安全生产教育培训的内容主要包括思想教育、法制教育、知识教育和技能训练。

（1）思想教育主要是安全生产方针政策教育、形势任务教育和重要意义教育等。通过形式多样、丰富多彩的安全生产教育，使各级领导牢固地树立起“安全第一”的思想，正确处理各自业务范围内的安全与生产、安全与效益的关系，主动采取事故预防措施；通过教育提高全体职工的安全生产意识，激励其安全生产动机，自觉采取安全生产行为。

（2）法制教育主要是法律、法规教育，执法守法教育，权利义务教育等。通过教育，使企业的各级领导和全体职工知法、懂法、守法，以法规为准绳约束自己，履行自己的义务；以法规为武器维护自己的权利。

（3）知识教育主要是安全生产管理、安全生产技术和劳动卫生知识教育。通过教育，使企业的经营管理者和各级领导了解和掌握安全生产规律，熟悉自己业务范围内必需的安全生产管理理论和方法及相关的安全技术、劳动卫生知识，提高安全生产管理水平；使全体职工掌握各自必要的安全生产科学技术，提高企业的整体安全生产素质。

（4）技能训练主要是针对各个不同岗位或工种的工人所必需的安全生产方法和手段的训练，例如安全操作技能训练、危险预知训练、紧急状态事故处理训练、自救互救训练、消防演练、逃生救生训练等。通过训练，使工人掌握必备的安全生产技能与技巧。

3. 对生产经营单位主要负责人的教育培训

（1）基本要求

1）危险物品的生产、经营、储存单位以及矿山、建筑施工单位的主要负责人必须进行安全生产资格培训，经安全生产监督管理部门或法律、法规规定的有关主管部门考核合格并取得安全生产资格证书后方可任职；

2）其他单位主要负责人必须按照国家有关规定进行安全生产培训；

3）所有单位主要负责人每年应进行安全生产再培训。

（2）培训的主要内容

1）国家有关安全生产的方针、政策、法律和法规及有关行业的规章、规程、规范和标准；

2）安全生产管理的基本知识、方法与安全生产技术，有关行业安全生产管理专业知识；

3）重大危险源管理、重大事故防范、应急管理和救援组织以及事故调查处理的有关规定；

4）职业危害及其预防措施；

5）国内外先进的安全生产管理经验；

6）典型事故和应急救援案例分析；

7）其他需要培训的内容。

（3）培训时间

危险物品的生产、经营、储存单位以及矿山、建筑施工单位主要负责人安全生产资格培训时间不得少于48学时；每年再培训时间不得少于16学时。

其他单位主要负责人安全生产管理培训时间不得少于32学时；每年再培训时间不得少于12学时。

（4）再培训的主要内容

再培训的主要内容是新知识、新技术和新本领，包括：

1）有关安全生产的法律、法规、规章、规程、标准和政策；

2）安全生产的新技术、新知识；

3）安全生产管理经验；

4）典型事故案例。

4. 对安全生产管理人员的教育培训

（1）基本要求

1）危险物品的生产、经营、储存单位以及矿山、建筑施工单位的安全生产管理人员必须进行安全生产资格培训，经安全生产监督管理部门或法律、法规规定的有关主管部门考核合格后并取得安全生产资格证书后方可任职；

2）其他单位安全生产管理人员必须按照国家有关规定进行安全生产培训；

3）所有单位安全生产管理人员每年应进行安全生产再培训。

（2）培训的主要内容

1）国家有关安全生产的方针、政策、及有关安全生产的法律、法规、规章及标准；

2）安全生产管理知识、安全生产技术，职业卫生等知识；

3）伤亡事故统计、报告及职业危害的调查处理方法；

4）应急管理、应急预案编制以及应急处置的内容和要求；

5）国内外先进的安全生产管理经验；

6）典型事故和应急救援案例分析；

7）其他需要培训的内容。

（3）培训时间

危险物品的生产、经营、储存单位以及矿山、建筑施工单位安全生产管理人员安全生产资格培训时间不得少于48学时；每年再培训时间不得少于16学时。

其他单位安全生产管理人员安全生产管理培训时间不得少于32学时；每年再培训时间不得少于12学时。

（4）再培训的主要内容

再培训的主要内容是新知识、新技术和新本领，包括：

1）有关安全生产的法律、法规、规章、规程、标准和政策；

2）安全生产的新技术、新知识；

3）安全生产管理经验；

4）典型事故案例。

5. 对特种作业人员的教育培训

特种作业人员上岗前，必须进行专门的安全生产技术和操作技能的教育培训，增强其安全生产意识，获得证书后方可上岗。特种作业人员的培训实行全国统一培训大纲、统一考核教材、统一证件的制度。根据国家特种作业目录，特种作业主要包括电工作业类3种、焊接与热切割作业类3种、高处作业类2种、制冷与空调作业类2种、煤矿安全作业类10种、金属非金属矿山作业类8种、石油天然气安全作业类1种、冶金（有色）生产安全作业类1种、危险化学品安全作业类16种、烟花爆竹安全作业类5种以及由安全生产监督管理总局认定的其他作业。共10大类51个工种。

特种作业人员安全生产技术考核包括安全生产技术理论考试与实际操作技能考核两部分，以实际操作技能考核为主。《特种作业人员操作证》由国家统一印制，地、市级以上行政主管部门负责签发，全国通用。离开特种作业岗位达6个月以上的特种作业人员，应当重新进行实际操作考核，经确认合格后方可上岗作业。取得《特种作业人员操作证》者，每两年进行一次复审。连续从事本工种10年以上的，经用人单位进行知识更新教育后，每4年复审1次。复审的内容包括：健康检查，违章记录，安全新知识和事故案例教育，本工种安全生产知识考试。未按期复审或复审不合格者，其操作证自行失效。

6. 对生产经营单位其他从业人员的教育培训

生产经营单位其他从业人员（简称“从业人员”）是指除主要负责人和安全生产管理人

员以外，该单位从事生产经营活动的所有人员，包括其他负责人、管理人员、技术人员和各岗位的工人，以及临时聘用的人员。

（1）新从业人员

对新从业人员应进行厂（矿）、车间（工段、区、队）、班组三级安全生产教育培训。

1）厂（矿）级安全生产教育培训的内容主要是：安全生产基本知识；本单位安全生产规章制度；劳动纪律；作业场所和工作岗位存在的危险因素、防范措施及事故应急措施；有关事故案例等。

2）车间（工段、区、队）级安全生产教育培训的内容主要是：本车间（工段、区、队）安全生产状况和规章制度；作业场所和工作岗位存在的危险因素、防范措施及事故应急措施；事故案例等。

3）班组级安全生产教育培训的内容主要是：岗位安全操作规程；生产设备、安全装置、劳动防护用品（用具）的正确使用方法；事故案例等。

新从业人员安全生产教育培训时间不得少于24学时，危险性较大的行业和岗位，新从业人员教育培训时间不得少于48学时。

（2）调整工作岗位或离岗1年以上重新上岗的从业人员

从业人员调整工作岗位或离岗1年以上重新上岗时，应进行相应的车间（工段、区、队）级安全生产教育培训。

企业实施新工艺、新技术或使用新设备、新材料时，应对从业人员进行有针对性的安全生产教育培训。

单位要确立终身教育的观念和全员培训的目标，对在岗的从业人员应进行经常性的安全生产教育培训。其内容主要是：安全生产新知识、新技术；安全生产法律、法规；作业场所和工作岗位存在的危险因素、防范措施及事故应急措施；事故案例等。

六、安全生产设备设施

1. 什么是建设项目“三同时”

“三同时”制度是指一切新建、改建、扩建的基本建设项目（工程）、技术改造项目（工程）、引进的建设项目，其职业安全卫生设施必须符合国家规定的标准，必须与主体工程同时设计、同时施工、同时投入生产和使用，一般简称之为“三同时”制度。职业安全卫生设施是指为了防止生产安全事故的发生，而采取的消除职业危害因素的设备、装置、防护用具及其他防范技术措施的总称，主要包括安全、卫生设施、个体防护措施和生产性辅助设施。

2. 建设项目“三同时”的主要内容

建设项目“三同时”制度的实施，要求与建设项目配套的劳动安全卫生设施，从项目的可行性研究到设计、施工、试生产、竣工验收到投入使用都应同步进行，都应按“三同时”的规定进行审查验收，具体包括以下内容：

（1）可行性研究

建设单位或可行性研究承担单位在进行建设项目可行性研究时，应同时进行劳动安全卫生论证，并将其作为专门章节编入建设项目可行性研究报告中。同时，将劳动安全卫生设施所需投资纳入投资计划。

在建设项目可行性研究阶段，应按有关要求实施建设项目劳动安全卫生预评价。

对符合下列情况之一的，由建设单位自主选择并委托本建设项目设计单位以外的、有劳动安全卫生预评价资格的机构进行劳动安全卫生预评价：

1）大中型或限额以上的建设项目；

2）火灾危险性生产类别为甲类的建设项目；

3）爆炸危险场所等级为特别危险场所和高度危险场所的建设项目；

4）大量生产或使用Ⅰ级、Ⅱ级危害程度的职业性接触毒物的建设项目；

5）大量生产或使用石棉粉料或含有10%以上游离二氧化硅粉料的建设项目；

6）安全生产监督管理机构确认的其他危险、危害因素大的建设项目。

建设项目劳动安全卫生评价机构应采用先进、合理的定性、定量评价方法，分析和预测建设项目中潜在的危险、危害因素及其可能造成的后果，提出明确的预防措施，并形成预评价报告。

建设项目劳动安全卫生预评价工作应在建设项目初步设计会审前完成。预评价机构在完成预评价工作并形成预评价报告后，由建设单位将预评价报告交评审单位进行评审后，将预评价报告和评审意见按相关规定一并报送相应级别的安全生产监督管理部门审批。

（2）初步设计

初步设计是说明建设项目的技术经济指标、总图运输、工艺、建筑、采暖通风、给排水、供电、仪表、设备、环境保护、劳动安全卫生、投资概算等设计意图的技术文件（含图样），我国对初步设计的深度有详细规定。

初步设计阶段，设计单位应完成的工作包括以下几项：

1）设计单位在编制初步设计文件时，应严格遵守我国有关劳动安全卫生的法律、法规和标准，并应依据安全生产监督管理机构批复的劳动安全卫生预评价报告中提出的措施建议，同时编制《劳动安全卫生专篇》，完善初步设计。

《劳动安全卫生专篇》的主要内容包括：设计依据；工程概述；建筑及场地布置；生产过程中职业危险、危害因素的分析；劳动安全卫生设计中采用的主要防范措施；劳动安全卫生机构设置及人员配备情况；专用投资概算；建设项目劳动安全卫生预评价的主要结论；预期效果及存在的问题与建议。

2）建设单位在初步设计会审前，应向安全生产监督管理部门报送初步设计文件及图样资料。安全生产监督管理部门根据国家有关法规和标准，审查并批复建设项目初步设计文件中的《劳动安全卫生专篇》。

3）初步设计经安全生产监督管理部门审查批复同意后，建设单位应及时办理《建设项目劳动安全卫生初步设计审批表》。

（3）施工

建设单位对承担施工任务的单位提出落实“三同时”规定的具体要求，并负责提供必需的资料和条件。

施工单位应对建设项目的劳动安全卫生设施的工程质量负责。施工中应严格按照施工图纸和设计要求施工，确实做到劳动安全卫生设施与主体工程同时施工、同时投入生产和使用，并确保工程质量。

（4）试生产

建设单位在试生产设备调试阶段，应同时对劳动安全卫生设施进行调试和考核，对其效果做出评价。在试生产之前，应进行劳动安全卫生培训教育和考核取证，制定完整的劳动安全卫生方面的规章制度及事故预防和应急处理预案。

建设单位在试生产运行正常后，建设项目预验收前，应自主选择、委托安全生产监督管理部门认可的单位进行劳动条件检测、危害程度分级和有关设备的安全卫生检测、检验，并将试运行中劳动安全卫生设备运行情况、措施的效果、检测检验数据、存在的问题以及采取的措施写入劳动安全卫生验收专题报告，报送安全生产监督管理部门审批。

凡是符合需要进行预评价条件的建设项目，还需根据国家有关安全验收评价的法规要求，由建设单位委托具有资质的机构进行安全验收评价，形成安全验收评价报告，并由建设单位将评价报告交由具备评审资质的机构进行评审和出具评审意见。

（5）竣工验收

建设单位在竣工验收之前，应将建设项目劳动安全卫生验收专题报告或验收评价报告及评审意见，按相关规定报送相应级别的安全生产监督管理部门审批。

安全生产监督管理部门根据建设单位报送并审批的建设项目劳动安全卫生验收专题报告或验收评价报告及评审意见，进行预验收或专项审查验收，并提出劳动安全卫生方面的改进意见，直至建设单位按照预验收或专项审查验收改进意见如期整改后，再进行正式竣工验收。

建设项目劳动安全卫生设施和技术措施经安全生产监督管理部门竣工验收通过后，建设单位应及时办理《建设项目劳动安全卫生验收审批表》。

(6) 投产使用

建设项目正式投产使用后，建设单位必须同时将劳动安全卫生设施进行投产使用。不得擅自将劳动安全卫生设施闲置不用或拆除，并需进行日常维护和保养，确保其效果。

3. 安全设施及其分类

安全设施是指企业（单位）在生产经营活动中，将危险、有害因素控制在安全范围内，以及减少、预防和消除危害所配备的装置（设备）和采取的措施。

安全设施主要分为预防事故设施、控制事故设施、减少与消除事故影响设施三类：

(1) 预防事故设施

1）检测、报警设施：压力、温度、液位、流量、组分等报警设施，可燃气体、有毒有害气体、氧气等检测和报警设施，用于安全检查和安全数据分析等检验检测设备、仪器。

2）设备安全防护设施：防护罩、防护屏、负荷限制器、行程限制器，制动、限速、防雷、防潮、防晒、防冻、防腐、防渗漏等设施，传动设备安全锁闭设施，电器过载保护设施，静电接地设施。

3）防爆设施：各种电气、仪表的防爆设施，抑制助燃物品混入（如氮封）、易燃易爆气体和粉尘形成等设施，阻隔防爆器材，防爆工器具。

4）作业场所防护设施：作业场所的防辐射、防静电、防噪声、通风（除尘、排毒）、防护栏（网）、防滑、防灼烫等设施。

5）安全警示标志：包括各种指示、警示作业安全和逃生避难及风向等警示标志。

(2) 控制事故设施

1）泄压和止逆设施：用于泄压的阀门、爆破片、放空管等设施，用于止逆的阀门等设施，真空系统的密封设施。

2）紧急处理设施：紧急备用电源，紧急切断、分流、排放（火炬）、吸收、中和、冷却等设施，通入或者加入惰性气体、反应抑制剂等设施，紧急停车、仪表联锁等设施。

(3) 减少与消除事故影响设施

1）防止火灾蔓延设施：阻火器、安全水封、回火防止器、防油（火）堤，防爆墙、防爆门等隔爆设施，防火墙、防火门、蒸汽幕、水幕等设施，防火材料涂层。

2）灭火设施：水喷淋、惰性气体、蒸汽、泡沫释放等灭火设施，消火栓、高压水枪（炮）、消防车、消防水管网、消防站等。

3）紧急个体处置设施：洗眼器、喷淋器、逃生器、逃生索、应急照明等设施。

4）应急救援设施：堵漏、工程抢险装备和现场受伤人员医疗抢救装备。

5）逃生避难设施：逃生和避难的安全通道（梯）、安全避难所（带空气呼吸系统）、避难信号等。

6）劳动防护用品和装备：包括头部，面部，视觉、呼吸、听觉器官，四肢，躯干等的防火、防毒、防灼烫、防腐蚀、防噪声、防辐射、防高处坠落、防砸击、防刺伤等免受作业场所物理、化学因素伤害的劳动防护用品和装备。

4. 设备设施运行管理

生产设备设施的运行管理是在其建设阶段验收合格的基础上，通过制定生产、安全设备设施管理制度，明确管理部门和责任人及各自工作内容，从而确保生产、安全设备设施在使用、检测、检维修等阶段和环节，都能从整体上保证和提高设施的安全性和可靠性。

生产设备设施的运行管理涉及企业的众多设备设施、众多管理部门、众多安全生产规章制度和操作规程、众多台账和检查、维护保养记录等，运行情况的好坏最能体现企业安全管理生产的能力和水平。

在建设阶段，变更是经常发生的，而生产设备设施的变更往往与工艺的变更、设备变更、产品变更、安装位置的变更等紧密联系在一起。因此企业应制定合理的变更管理制度，按照相关规定和程序来实施变更，控制因变更带来的新危险源和有害因素，甚至影响安全设施“三同时”的监督管理要求。

生产设备设施的变更管理核心和基础是对变更的全过程进行风险辨识、评价和控制。变更过程的风险主要来自变更实施前、实施时及实施后可能对装备的本质安全、工艺安全、操作和管理人员能力要求带来的新风险。变更风险控制主要通过执行变更管理制度，履行变更程序来进行。

变更管理和程序一般包括变更申请、批准、实施、验收等过程，根据变更规模的大小，实施变更还可能涉及可行性研究、设计、施工等过程。

安全设施的检维修应与生产设施检维修等同管理，编制安全设施检维修计划，定期进行。安全设施因检维修拆除的，应采取临时安全措施，弥补因为安全设施拆除而造成的安全防护能力降低的缺陷，检维修完毕后应立即恢复安全性能。

5. 新设备设施验收及旧设备拆除、报废

（1）新设备的验收

设备安装单位必须建立设备安装工程资料档案，并在验收后30日内将有关技术资料移交使用单位，使用单位应将其存入设备的安全技术档案：合同或任务书；设备的安装及验收资料；设备的专项施工方案和技术措施。

设备到货验收时，必须认真检查设备的安全性能是否良好，安全装置是否齐全、有效，还需查验厂家出具的产品质量合格证，设备设计的安全技术规范，安装及使用说明书等资料是否齐全；对于特种施工设备，除具备上述条件外，还必须有国家相关部门出具的检测报告。

各种设备验收，应准备下列技术文件：设备安装、拆卸及试验图示程序和详细说明书；各安全保险装置及限位装置调试和说明书；维修保养及运输说明书；安装操作规程；生产许可证（国家已经实行生产许可的设备）产品鉴定证书、合格证书；配件及配套工具目录；其他注意事项。

设备安装后应能正常使用，符合有关规定的技术要求。

（2）旧设备拆除、报废

《安全生产法》规定：生产、经营、运输、储存、使用危险物品或者处置废弃危险物品的，由有关主管部门依照有关法律、法规的规定和国家标准或者行业标准审批并实施监督管理。生产经营单位生产、经营、运输、储存、使用危险物品或者处置废弃危险物品，必须执行有关法律、法规和国家标准或者行业标准，建立专门的安全管理制度，采取可靠的安全措施，接受有关主管部门依法实施的监督管理。

企业应执行生产设施拆除和报废管理制度，对各类设备设施要根据其磨损或腐蚀情况，确定报废的年限，建立明确的报废规定，对不符合安全条件的设备要及时报废，防止引发生产安全事故。在组织实施生产设备设施拆除施工作业前，要制订拆除计划或方案，办理拆除设施交接手续，并经处理、验收合格。

企业应对拆除工作进行风险评估，针对存在的风险，制定相应防范措施和应急预案；按照生产设施拆除和报废管理制度，制定拆除方案，明确拆除和报废的验收责任部门、责任人及其职责，确定工作程序；施工单位的现场负责人与生产设备设施使用单位进行施工现场交底，在落实具体任务和安全措施、办理相关拆除手续后方可实施拆除。拆除施工中，要对拆除的设备、零件、物品进行妥善放置和处理，确保拆除施工的安全。拆除施工结束后要填写拆除验收记录及报告。

七、作业安全

1. 作业许可管理

对于大部分企业来说，现场最常见的高危作业包括动火作业、受限空间作业、临时用电作业、高处作业等活动，必须在作业前对整个过程的每个环节进行充分的危险因素分析，包括准备过程、作业实施过程、作业后的整理或复位等可能存在的人的不安全行为、物的不安全状态、环境方面的欠缺、管理方面的缺陷等。在此基础上，制定出切实可行的安全控制措施，并在相关作业许可证的审批过程中予以充分把关。

爆破、吊装、进入受限空间等作业一般具有很高的危险性，过程中的一个环节如果没有控制好，就可能会带来严重的后果，所以应安排专人进入现场监护和安全管理，确保遵守相关安全规程，落实安全措施，保证作业安全。爆破、吊装经常会涉及多部门、多工种在现场交叉作业，对整个活动中各环节的安全管理，同样要按上述的要求进行有效的管理和控制，尤其是对部门交叉或空间交叉的环节，更应注意分析与控制，并做好协调工作。参与的每个人能否按规定进行作业、有关规程及制度的落实情况、现场指挥者的指挥与协调能力，是现场管理人员必须全过程加以重点关注的。

2. 反“三违”

（1）什么是“三违”

违章不一定出事（故），出事（故）必是违章。违章是发生事故的起因，事故是违章导致的后果。所谓的“三违”是指：

1）违章指挥：企业负责人和有关管理人员法制观念淡薄，缺乏安全生产知识，思想上存有侥幸心理，对国家、集体的财产和人民群众的生命安全不负责任。明知不符合安全生产有关条件，仍指挥作业人员冒险作业。

2）违章作业：作业人员没有安全生产常识，不懂安全生产规章制度和操作规程，或者在知道基本安全生产知识的情况下。在作业过程中，违反安全生产规章制度和操作规程，不顾国家、集体的财产和他人、自己的生命安全，擅自作业，冒险蛮干。

3）违反劳动纪律：上班时不知道劳动纪律，或者不遵守劳动纪律，违反劳动纪律进行冒险作业，造成不安全因素。

（2）“三违”的常见原因

落实班组生产作业标准化，可以有效防治“三违”，进而控制安全生产事故的发生。生产现场中，“三违”发生的常见原因有以下几种：

1）侥幸心理。有一部分人在几次违章但却没发生事故后，慢慢滋生了侥幸心理，混淆了几次违章没发生事故的偶然性和长期违章迟早要发生事故的必然性。

2）省事心理。人们嫌麻烦、图省事、降成本，总想以最小的代价取得最好的效果，甚至压缩到极限，降低了系统的可靠性。尤其是在生产任务紧迫和眼前既得利益的诱因下，极易产生。

3）自我表现心理（或者叫逞能）。有的人自以为技术好，有经验，常满不在乎，虽说能预见到有危险，但是轻信能避免，用冒险蛮干当作表现自己的技能。有的新人技术差，经验少，但是“初生牛犊不怕虎”，急于表现自己，以自己或他人的痛苦验证安全制度的重要作用，用鲜血和生命证实安全规程的科学性。

4）从众心理。别人做了没事，我“福大命大造化大”，肯定更没事。尤其是一个安全秩序不好，管理混乱的场所，这种心理像瘟疫一样，严重威胁企业的生产安全。

5）逆反心理。在人与人之间关系紧张的时候，人们常常产生这种心理：把同事的善意提醒不当回事，把领导的严格要求口是心非，气大于理，火烧掉情，置安全规章于不顾，以致酿成事故。

（3）反“三违”的常用方法

1）舆论宣传。反“三违”首先要充分发挥舆论工具的作用，广泛开展反“三违”宣传。利用各种宣传工具、方法，大力宣传遵章守纪的必要性和重要性，违章违纪的危害性。表彰安全生产中遵章守纪的好人好事；谴责那些违章违纪给人民生命和国家财产造成严重损害的恶劣行为，并结合典型事故案例进行法制宣传，形成视“三违”如“过街老鼠，人人喊打”的局面。通过宣传，使职工认真贯彻“安全第一，预防为主”的方针，勿忘安全，珍惜生命，自觉遵章守纪。

2）教育培训。职工的安全生产意识、技术素质的高低，防范“三违”的自觉程度和应变能力都与其密切相关。安全生产教育培训要采取多种形式，除经常性的安全生产方针、法律、法规、组织纪律、安全生产知识、工艺规程的教育外，应重点抓好法制教育、主人翁思想教育，特别要注意抓好新干部上岗前、新工人上岗前、工人转换工种（岗位）时的安全规程教育。做到教育培训、考核管理工作制度化、经常化，以提高全体干部职工的安全意识和安全操作技能，增强防范事故的能力，为反“三违”打下坚实的基础。

3）重点人员管理。把下述三方面作为反“三违”的重点，进行重点教育、培训、管理，并分别针对其特点加以引导和采取相应的措施，就可有效控制“三违”行为，降低事故发生率。

①企业领导。开展反“三违”要以领导为龙头，从各级领导抓起。一方面，从提高各级领导自身的安全意识、安全素质入手，针对个别领导容易出现的重生产、重效益，忽视安全的不良倾向，进行灌输宣传，使他们真正树立“安全第一，预防为主”的思想，自觉坚持“管生产必须管安全”的原则，以身作则，做反“三违”的带头人。另一方面，要求各级领导运用现代管理方法，按照“分级管理、分线负责”的原则，对“三违”实行“四全”（全员、全方位、全过程、全天候）综合治理，把反“三违”纳入安全生产责任制之中。做到层层抓、层层落实，并与经济责任制挂钩，使安全生产责任制的约束作用和经济责任制的激励作用有机地结合起来，形成反“三违”的强大推动力，充分发挥领导的龙头作用。

②企业班组。班组是企业的“细胞”，既是安全生产管理的重点，也是反“三违”的主要阵地。一方面抓好日常安全意识教育，针对“违章不一定出事故”的侥幸心理，用正反两方面的典型案例分析其危害性，启发职工自觉遵章守纪，增强自我保护意识。通过自查自纠，自我揭露，同时查纠身边的不安全行为、事故苗子和事故隐患，从“本身无违章”到“身边无事故”。另一方面抓好岗位培训，让职工掌握作业标准、操作技能、设备故障处理技能、消防知识和规章制度，向先进技术水平挑战，做到“不伤害自已，不伤害他人，不被他人伤害”。

③三种人群。班组长：企业生产一线的指挥员，是班组管理的领头羊。班组安全生产工作的好坏主要取决于这些人。班组长敢于抓“三违”，就能带动一批人，管好一个班。特种作业人员：他们都处在关键岗位，或者从事危险性较大的职业和作业，随时有危及自身和他人安全的可能，是事故多发之源。青年职工：他们多为新工人，往往安全意识较差，技术素质较低，好奇心、好胜心强。在这个群体中极易发生违章违纪现象。

4）现场管理。现场是生产的场所，是职工生产活动与安全活动交织的地方，也是发生“三违”，出现伤亡事故的源地，狠抓现场安全生产管理尤为重要。要抓好现场安全生产管理，安全生产监督管理人员要经常深入现场，在第一线查“三违”疏而不漏，纠违章铁面无私，抓防范举一反三，搞管理新招迭出，居安思危，防患于未然，把各类事故消灭在萌芽状态，确保安全生产顺利进行。

5）良好习惯。人们在工作、生活中，某些行为、举止或做法，一旦养成习惯就很难改变。俗话说：习惯成自然。在实际工作中，养成的违章违纪恶习势必酿成事故，后患无穷，严重威胁着安全生产。要改变这种局面，除了需要对不安全行为乃至成为习惯的主观因素进行认真分析，有针对性地采取矫正措施，克服不良习惯外，还要利用站班会、班组学习来提高职工的安全意识；开展技术问答、技术练兵，提高安全操作技能；严格标准、强调纪律，规范操作行为；实行“末位淘汰制”，促使职工养成遵章守纪、规范操作的良好习惯。

6）教罚并举。凡是事故，都要按照“三不放过”的原则，认真追查分析，根据情节轻重和造成危害的程度对责任人给予帮教处罚。对导致发生伤亡事故的责任者，依据规定，严肃查处，触犯法律的交司法部门处理。要做到干部职工一视同仁，实现从人治到法治的转变。

7）群防群治。在企业安全生产工作中，“企业负责，群众监督”是两项齐抓并举的任务。“群众监督”是实现“企业负责”搞好安全生产的可靠保证，也是搞好反“三违”工作的可靠保证。要搞好群众监督，就应特别注重发挥各级工会对安全生产的监督作用，不断提高职工代表的安全生产监督能力，广泛发动职工依法进行监督，开展以“群防、群查、群治”反“三违”的监督检查活动，确保安全生产事故不会发生。

3. 安全标志

（1）安全色

所谓安全色，是指用以传递安全信息含义的颜色，包括红、蓝、黄、绿四种颜色。

1）红色。用以传递禁止、停止、危险或者提示消防设备、设施的信息，如禁止标志等。

2）蓝色。用以传递必须遵守规定的指令性信息，如指令标志等。

3）黄色。用以传递注意、警告的信息，警告标志等。

4）绿色。用以传递安全的提示信息，如提示标志、车间内或工地内的安全通道等。

安全色普遍适用于公共场所、生产经营单位和交通运输、建筑、仓储等行业以及消防等领域所使用的信号和标志的表面颜色。但是不适用于灯光信号和航海、内河航运以及其他目的而使用的颜色。

（2）对比色

对比色，是指使安全色更加醒目的反衬色，包括黑、白两种颜色。

安全色与对比色同时使用时，应按表2—1规定搭配使用。

表2—1　　安全色的对比色

安全色	对比色
红色	白色
蓝色	白色
黄色	黑色
绿色	白色

对比色使用时，黑色用于安全标志的文字、图形符号和警告标志的几何图形；白色作为安全标志红、蓝、绿色的背景色，也可用于安全标志的文字和图形符号；红色和白色、黄色和黑色间隔条纹，是两种较醒目的标示；红色与白色交替，表示禁止越过，如道路及禁止跨越的临边防护栏杆等；黄色与黑色交替，表示警告危险，如防护栏杆、吊车吊钩的滑轮架等。

（3）安全标志

安全标志是由安全色、几何图形和图形符号构成的，是用来表达特定安全信息的标记，分为禁止标志、警告标志、指令标志和提示标志四类：禁止标志的含义是禁止人们的不安全行为；警告标志的含义是提醒人们对周围环境引起注意，以避免可能发生的危险；指令标志的含义是强制人们必须作出某种动作或采取防范措施；提示标志的含义是向人们提供某种信息（如标明安全设施或场所等）。

（4）安全标志的使用和管理

《安全生产法》规定：生产经营单位应当在有较大危险因素的生产经营场所和有关设施、设备上，设置明显的安全警示标志。

《安全标志及使用导则》（GB 2894—2008）等规定了安全色、基本安全图形和符号；烟花爆竹等一些行业根据《安全标志及使用导则》的原则，还制定了有本行业特色的安全标志（图形或符号）。

4. 相关方管理

《安全生产法》规定：两个以上生产经营单位在同一作业区域内进行生产经营活动，可能危及对方生产安全的，应当签订安全生产管理协议，明确各自的安全生产管理职责和应当采取的安全措施，并指定专职安全生产管理人员进行安全检查与协调。

生产经营单位不得将生产经营项目、场所、设备发包或者出租给不具备安全生产条件或者相应资质的单位或者个人。生产经营项目、场所有多个承包单位、承租单位的，生产经营单位应当与承包单位、承租单位签订专门的安全生产管理协议，或者在承包合同、租赁合同中约定各自的安全生产管理职责；生产经营单位对承包单位、承租单位的安全生产工作统一协调、管理。

企业应执行承包商、供应商等相关方管理制度，对其资格预审、选择、服务前准备、作业过程、提供的产品、技术服务、表现评估、续用等进行管理。

企业应建立合格相关方的名录和档案，根据服务作业行为定期识别服务行为风险，并采取行之有效的控制措施。企业应对进入同一作业区的相关方进行统一安全生产管理，不得将项目委托给不具备相应资质或条件的相关方。企业和相关方的项目协议应明确规定双方的安全生产责任和义务。

对相关方的控制过程一般有资格预审、选择、开工前准备、作业过程监督、表现评价、续用等过程进行管理，建立合格相关方名录和档案。生产经营单位应与选用的相关方签订安全协议书。

5. 变更

变更是指管理、人员、工艺、设备设施、材料、作业过程和场所等永久性或暂时性的变化；变更管理是指对这些变化进行有计划性的控制，清除或减少由于变更而引起的潜在事故隐患，提高工作质量，避免或减轻对安全生产的影响。变更会带来新的风险，为了消除或减少由于变更而引发的潜在事故隐患，规范变更管理，企业应建立变更管理制度，分析并控制变更中所产生的风险，严格履行变更程序。

变更程序一般包括变更申请、变更审批、变更实施、变更验收等。

变更申请应制定统一的变更申请表，明确变更名称、时间，变更部门和负责人、变更说明及依据、风险分析、控制措施等内容。

变更申请表填写好后，应逐级上报职能主管部门和主管领导审批。职能主管部门组织有关人员按变更原因和生产的实际需要确定是否进行变更。

变更批准后，由相关职责的主管部门负责实施。实施部门应将变更的内容及时传送给相关人员，对有关人员进行培训，实施变更。变更应该在批准的范围和时限内进行，超过原批准范围和时限的任何临时性变更，都必须重新进行申请和批准。

变更实施结束后，变更主管部门应对变更情况进行验收，确保变更达到计划要求。变更主管部门应及时将变更结果通知相关部门和人员。

八、隐患排查和治理

1. 什么是安全生产事故隐患

安全生产事故隐患（以下简称事故隐患），是指生产经营单位违反安全生产法律、法规、规章、标准、规程和安全生产管理制度的规定，或者因其他因素在生产经营活动中存在可能导致事故发生的物的危险状态、人的不安全行为和管理上的缺陷。

事故隐患分为一般事故隐患和重大事故隐患。一般事故隐患，是指危害和整改难度较小，发现后能够立即整改排除的隐患。重大事故隐患，是指危害和整改难度较大，应当全部或者局部停产停业，并经过一定时间整改治理方能排除的隐患，或者因外部因素影响致使生产经营单位自身难以排除的隐患。

2. 企业事故隐患排查和治理的职责

根据《安全生产事故隐患排查治理暂行规定》，生产经营单位是事故隐患排查、治理和防控的责任主体，有以下主要职责：

（1）生产经营单位主要负责人对本单位事故隐患排查治理工作全面负责。

（2）生产经营单位应当建立健全事故隐患排查治理和建档监控等制度，逐级建立并落实从主要负责人到每个从业人员的隐患排查治理和监控责任制。

（3）生产经营单位应当定期组织安全生产管理人员、工程技术人员和其他相关人员排查本单位的事故隐患。对排查出的事故隐患，应当按照事故隐患的等级进行登记，建立事故隐患信息档案，并按照职责分工实施监控治理。

（4）生产经营单位应当建立事故隐患报告和举报奖励制度，鼓励、发动职工发现和排除事故隐患，鼓励社会公众举报。对发现、排除和举报事故隐患的有功人员，应当给予物质奖励和表彰。

（5）生产经营单位将生产经营项目、场所、设备发包、出租的，应当与承包、承租单位签订安全生产管理协议，并在协议中明确各方对事故隐患排查、治理和防控的管理职责。生产经营单位对承包、承租单位的事故隐患排查治理负有统一协调和监督管理的职责。

（6）生产经营单位应当每季、每年对本单位事故隐患排查治理情况进行统计分析，并分别于下一季度15日前和下一年1月31日前向安全监管监察部门和有关部门报送书面统计分析表。统计分析表应当由生产经营单位主要负责人签字。

对于重大事故隐患，生产经营单位除依照前述规定报送外，应当及时向安全监管监察部门和有关部门报告。重大事故隐患报告内容应当包括：①隐患的现状及其产生原因；②隐患的危害程度和整改难易程度分析；③隐患的治理方案。

（7）生产经营单位应当加强对自然灾害的预防。对于因自然灾害可能导致事故灾难的隐患，应当按照有关法律、法规、标准和本规定的要求排查治理，采取可靠的预防措施，制订应急预案。在接到有关自然灾害预报时，应当及时向下属单位发出预警通知；发生自然灾害可能危及生产经营单位和人员安全的情况时，应当采取撤离人员、停止作业、加强监测等安全措施，并及时向当地人民政府及其有关部门报告。

3. 安全生产检查

安全生产检查是指对生产过程及安全生产管理中可能存在的隐患、有害与危险因素、缺陷等进行查证，以确定隐患或有害与危险因素、缺陷的存在状态，以及它们转化为事故的条件，以便制定整改措施，消除隐患和有害与危险因素，确保生产安全。

安全生产检查是安全生产管理工作的重要内容，是消除隐患、防止事故发生、改善劳动条件的重要手段。通过安全生产检查可以发现生产经营单位生产过程中的危险因素，以便有计划地制定纠正措施，保证生产安全。

安全生产检查的主要方式有：

（1）定期安全生产检查

定期检查一般是通过有计划、有组织、有目的的形式来实现的，如次/年、次/季、次/月、次/周等，检查周期根据各单位实际情况确定。定期检查的面广，有深度，能及时发现并解决问题。

（2）经常性安全生产检查

经常性检查则是采取个别的、日常的巡视方式来实现的。在施工（生产）过程中进行经常性的预防检查，能及时发现隐患，及时消除，保证施工（生产）正常进行。

（3）季节性及节假日前安全生产检查

由各级生产单位根据季节变化，按事故发生的规律对易发的潜在危险，突出重点进行季节检查。如冬季防冻保温、防火、防煤气中毒；夏季防暑降温、防汛、防雷电等检查。

由于节假日（特别是重大节日，如元旦、春节、劳动节、国庆节）前后容易发生事故，因而应进行有针对性的安全生产检查。

（4）专项安全生产检查

专项安全生产检查是对某个专项问题或在施工（生产）中存在的普遍性安全问题进行的单项定性检查。

对危险较大的在用设备、设施，作业场所环境条件的管理性或监督性定量检测检验则属专业性安全生产检查。专项检查具有较强的针对性和专业要求，用于检查难度较大的项目。通过检查，发现潜在问题，研究整改对策，及时消除隐患，进行技术改造。

（5）综合性安全生产检查

一般是由主管部门对下属各企业或生产单位进行的全面综合性检查，必要时可组织进行系统的安全性评价。

(6) 不定期的职工代表巡视安全生产检查

由企业或车间工会负责人负责组织有关专业技术特长的职工代表进行巡视安全生产检查。重点查国家安全生产方针、法规的贯彻执行情况；查单位领导干部安全生产责任制的执行情况；工人安全生产权利的执行情况；查事故原因、隐患整改情况；并对责任者提出处理意见。此类检查可进一步强化各级领导安全生产责任制的落实，促进职工安全生产合法权利的维护。

4. 隐患治理

任何单位和个人发现事故隐患，均有权向安全监管监察部门和有关部门报告。安全监管监察部门接到事故隐患报告后，应当按照职责分工立即组织核实并予以查处；发现所报告事故隐患应当由其他有关部门处理的，应当立即移送有关部门并记录备查。

对于一般事故隐患，由生产经营单位（车间、分厂、区队等）负责人或者有关人员立即组织整改。

对于重大事故隐患，由生产经营单位主要负责人组织制定并实施事故隐患治理方案。重大事故隐患治理方案应当包括以下内容：①治理的目标和任务；②采取的方法和措施；③经费和物资的落实；④负责治理的机构和人员；⑤治理的时限和要求；⑥安全措施和应急预案。

生产经营单位在事故隐患治理过程中，应当采取相应的安全防范措施，防止事故发生。事故隐患排除前或者排除过程中无法保证安全的，应当从危险区域内撤出作业人员，并疏散可能危及的其他人员，设置警戒标志，暂时停产停业或者停止使用；对暂时难以停产或者停止使用的相关生产储存装置、设施、设备，应当加强维护和保养，防止事故发生。

地方人民政府或者安全监管监察部门及有关部门挂牌督办并责令全部或者局部停产停业治理的重大事故隐患，治理工作结束后，有条件的生产经营单位应当组织本单位的技术人员和专家对重大事故隐患的治理情况进行评估；其他生产经营单位应当委托具备相应资质的安全评价机构对重大事故隐患的治理情况进行评估。

经治理后符合安全生产条件的，生产经营单位应当向安全监管监察部门和有关部门提出恢复生产的书面申请，经安全监管监察部门和有关部门审查同意后，方可恢复生产经营。申请报告应当包括治理方案的内容、项目和安全评价机构出具的评价报告等。

九、重大危险源监控

1. 重大危险源定义

参照第 80 届国际劳工大会通过的《预防重大工业事故公约》和我国的有关标准，将危险源定义为：长期或临时地生产、加工、搬运、使用或储存危险物质，且危险物的数量等于或超过临界量的单元。此处的单元意指一套生产装置、设施或场所；危险物是指能导致火灾、爆炸或中毒、触电等危险的一种或若干物质的混合物；临界量是指国家法律、法规、标准规定的一种或一类特定危险物质的数量。

根据《安全生产法》，重大危险源是指长期地或者临时地生产、搬运、使用或者储存危险物品，且危险物品的数量等于或者超过临界量的单元（包括场所和设施）。

依据我国安全生产领域的相关规定和结合行业的工艺特点，从可操作性出发，以重大危险源所处的场所或设备、设施进行分类，每类中可依据不同的特性进行有层次的展开。一般工业生产作业过程的危险源分为如下五类：

（1）易燃、易爆和有毒有害物质危险源；

（2）锅炉及压力容器设施类危险源；

（3）电气类设施危险源；

（4）高温作业区危险源；

（5）辐射类危害类危险源。

2. 危险源辨识

危险源辨识是发现、识别系统中危险源的工作。这是一件非常重要的工作，它是危险源控制的基础，只有辨识了危险源之后才能有的放矢地考虑如何采取措施控制危险源。

以前，人们主要根据以往的事故经验进行危险源辨识工作。例如，通过与操作者交谈或到现场进行检查，查阅以往的事故记录等方式发现危险源。由于危险源是“潜在的”的不安全因素，比较隐蔽，所以危险源辨识是件非常困难的工作。在系统比较复杂的场合，危险源辨识工作更加困难，需要利用专门的方法，还需要许多知识和经验。

危险源辨识方法主要分为对照法和系统安全分析法。

（1）对照法

对照法是与有关的标准、规范、规程或经验进行对照，通过对照来辨识危险源。有关的标准、规范、规程，以及常用的安全检查表，都是在大量实践经验的基础上编制而成的，因此，对照法是一种基于经验的方法，适用于有以往经验可供借鉴的情况。

（2）系统安全分析法

系统安全分析法主要是从安全角度进行的系统分析，通过揭示系统中可能导致系统故障或事故的各种因素及其相互关联，来辨识系统中的危险源。系统安全分析方法经常被用来辨识可能带来严重事故后果的危险源，也可以用于辨识没有事故经验的系统的危险源。

危险源分级一般按危险源在触发因素作用下转化为事故的可能性大小与发生事故的后果的严重程度划分。危险源分级实质上是对危险源的评价，按事故出现可能性大小可分为非常容易发生、容易发生、较容易发生、不容易发生、难以发生、极难发生，根据危害程度可分为可忽略、临界的、危险的、破坏性的等级别。也可按单项指标来划分等级，如高处作业根据高差指标将坠落事故危险源划分为4级（一级2～5 m，二级5～15 m，三级15～30 m，特级30 m以上）；按压力指标将压力容器划分为低压容器、中压容器、高压容器、超高压容器4级。从控制管理角度，通常根据危险源的潜在危险性大小、控制难易程度、事故可能造成损失情况进行综合分级。

3. 危险性评价

危险性是指某种危险源导致事故、造成人员伤亡或财物损失的可能性。一般地，危险性包括危险源导致事故的可能性和一旦发生事故造成人员伤亡或财物损失的后果严重程度两个方面的问题。

系统危险性评价是对系统中危险源危险性的综合评价。危险源的危险性评价包括对危险源自身危险性的评价和对危险源控制措施效果的评价两方面的问题。

系统中危险源的存在是绝对的，任何工业生产系统中都存在着若干危险源。受实际的人力、物力等方面因素的限制，不可能完全消除或控制所有的危险源，只能集中有限的人力、物力资源消除、控制危险性较大的危险源。在危险性评价的基础上，按其危险性的大小把危险源分类排队，可以为确定采取控制措施的优先次序提供依据。

采取了危险源控制措施后进行的危险性评价，可以表明危险源控制措施的效果是否达到了预定的要求。如果采取控制措施后危险性仍然很高，则需要进一步研究对策，采取更有效的措施使危险性降低到预定的标准。当危险源的危险性很小时可以被忽略，则不必采取控制措施。危险性评价方法有相对的评价法和概率的评价法两大类。

4. 危险源监控

危险源的控制可从三方面进行，即技术控制、人行为控制和管理控制。

（1）技术控制

技术控制是指采用技术措施对固有危险源进行控制，主要技术有消除、控制、防护、隔离、监控、保留和转移等。

（2）人行为控制

人行为控制是指控制人为失误，减少人不正确行为对危险源的触发作用。人为失误的主要表现形式有：操作失误，指挥错误，不正确的判断或缺乏判断，粗心大意，厌烦，懒散，疲劳，紧张，疾病或生理缺陷，错误使用防护用品和防护装置等。人行为的控制首先是加强教育培训，做到人的安全化；其次应做到操作安全化。

（3）管理控制

可采取以下管理措施，对危险源实行控制：

1）建立、健全危险源管理的规章制度。危险源确定后，在对危险源进行系统危险性分析的基础上建立、健全各项规章制度，包括岗位安全生产责任制、危险源重点控制实施细则、安全操作规程、操作人员培训考核制度、日常管理制度、交接班制度、检查制度、信息反馈制度，危险作业审批制度、异常情况应急措施、考核奖惩制度等。

2）明确责任、定期检查。应根据各危险源的等级分别确定各级的负责人，并明确他们应负的具体责任，特别是要明确各级危险源的定期检查责任。除了作业人员必须每天自查外，还要规定各级领导定期参加检查。对于重点危险源，应做到公司总经理（厂长、所长等）半年一查，分厂厂长月查，车间主任（室主任）周查，工段、班组长日查。对于低级别的危险源也应制订出详细的检查安排计划。

对危险源的检查要对照检查表逐条逐项，按规定的方法和标准进行检查，并作记录。如发现隐患则应按信息反馈制度及时反馈，促使其及时得到消除。凡未按要求履行检查职责而导致事故者，要依法追究其责任。规定各级领导人参加定期检查，有助于增强他们的安全责任感，体现管生产必须管安全的原则，也有助于重大事故隐患的及时发现并得到解决。

专职安技人员要对各级人员实行检查的情况定期检查、监督并严格进行考评，以实现管理的封闭。

3）加强危险源的日常管理。要严格要求作业人员贯彻执行有关危险源日常管理的规章制度：搞好安全值班、交接班，按安全操作规程进行操作；按安全检查表进行日常安全生产检查；危险作业必须经过审批等。所有活动均应按要求认真做好记录。领导和安技部门定期进行严格检查考核，发现问题及时给予指导教育，根据检查考核情况进行奖惩。

4）抓好信息反馈、及时整改隐患。要建立、健全危险源信息反馈系统，制定信息反馈制度并严格贯彻实施。对检查发现的事故隐患，应根据其性质和严重程度，按照规定分级实行信息反馈和整改，做好记录，发现重大隐患应立即向安技部门和行政第一领导报告。信息反馈和整改的责任应落实到人，对信息反馈和隐患整改的情况各级领导和安技部门要进行定期考核和奖惩。安技部门要定期收集、处理信息，及时提供给各级领导研究决策，不断改进危险源的控制管理工作。

5）搞好危险源控制管理的基础建设工作。危险源控制管理的基础工作除建立、健全各项规章制度外，还应建立、健全危险源的安全档案和设置安全标志牌。应按安全档案管理的有关内容要求建立危险源的档案，并指定专人专门保管，定期整理。应在危险源的显著位置悬挂安全标志牌，标明危险等级，注明负责人员，按照国家标准的安全标志表明主要危险，并简要注明防范措施。

6）搞好危险源控制管理的考核评价和奖惩。应对危险源控制管理的各方面工作制定考核标准，并力求量化，划分等级。定期严格考核评价，给予奖惩并与班组升级和评先进结合起来。逐年提高要求，促使危险源控制管理的水平不断提高。

5. 重大危险源的申报登记

《安全生产法》规定：生产经营单位对重大危险源应当登记建档，进行定期检测、评估、监控，并制定应急预案，告知从业人员和相关人员在紧急情况下应当采取的应急措施。生产经营单位应当按照国家有关规定将本单位重大危险源及有关安全措施、应急措施报有关地方人民政府负责安全生产监督管理的部门和有关部门备案。

重大危险源申报登记制度是重大危险源监控制度建立的基础，是安全生产工作中的一项基础性工作。通过重大危险源申报登记，掌握重大危险源的数量、分布及其状况，为政府及有关部门的管理和决策及时提供准确的信息。对重大危险源的监督管理工作，国家安全生产监督管理总局在申报、登记、建档的基础上，制定重大危险源监督管理专项规定，依据规定对重大危险源实施定期检测、评估、监控，实现重大危险源监控管理的科学化和制度化。

申报登记工作的任务是：掌握重大危险源的数量、状况和分布，建立重大危险源申报、登记、评价、分级监管体系；建立国家、省（区、市）、市（地）、区（县）四级重大危险源监控信息管理网络系统。

根据《重大危险源辨识》（GB 18218—2000），重大危险源分为生产场所重大危险源和储存区重大危险源两种，储存区重大危险源包括储罐区重大危险源和库区重大危险源。因此，重大危险源包括三种类型：①储罐区（储罐）；②库区（库）；③生产场所。

为加强管理、统一标准、规范运行，原国家安全生产监督管理局（国家煤矿安全监察局）提出了《关于开展重大危险源监督管理工作的指导意见》（安监管协调字〔2004〕56号），依据该指导意见重大危险源的类别在 GB 18218 的基础上增加了以下类别：①压力管道；②锅炉；③压力容器；④煤矿（井工开采）；⑤金属非金属地下矿山；⑥尾矿库。

十、职业健康

1. 职业健康管理

“职业健康”，在我国历来被称为“劳动卫生”“职业卫生”等，2010 年 12 月，原国家经贸委、国家安全生产监督管理局修订《职业安全健康管理体系试行标准》时，首次将“职业卫生”一词修订为“职业健康”。目前在我国，劳动卫生、职业卫生、职业健康等叫法并存，但是其内涵是相同的。

在国家标准《职业安全卫生术语》（GB/T15236—2008）中，“职业卫生”定义为：以职工的健康在职业活动中免受有害因素侵害为目的的工作领域及在法律、技术、设备、组织制度和教育等方面所采取的相应措施。

职业健康（职业卫生）主要是研究劳动条件对从业者健康的影响，目的是创造适合人体生理要求的作业条件，研究如何使工作适合于人，又使每个人适合于自己的工作，使从业者在身体、精神、心理和社会福利等方面处于最佳状态。

生产经营单位是职业危害防治的责任主体。生产经营单位的主要负责人对本单位作业场所的职业危害防治工作全面负责。

存在职业危害的生产经营单位应当设置或者指定职业健康管理机构，配备专职或者兼职的职业健康管理人员，负责本单位的职业危害防治工作。生产经营单位的主要负责人和职业健康管理人员应当具备与本单位所从事的生产经营活动相适应的职业健康知识和管理能力，并接受安全生产监督管理部门组织的职业健康培训。生产经营单位应当对从业人员进行上岗前的职业健康培训和在岗期间的定期职业健康培训，普及职业健康知识，督促从业人员遵守职业危害防治的法律、法规、规章、国家标准、行业标准和操作规程。

任何单位和个人均有权向安全生产监督管理部门举报生产经营单位违反本规定的行为和职业危害事故。存在职业危害的生产经营单位应当建立、健全下列职业危害防治制度和操作规程：①职业危害防治责任制度；②职业危害告知制度；③职业危害申报制度；④职业健康宣传教育培训制度；⑤职业危害防护设施维护检修制度；⑥从业人员防护用品管理制度；⑦职业危害日常监测管理制度；⑧从业人员职业健康监护档案管理制度；⑨岗位职业健康操作规程；⑩法律、法规、规章规定的其他职业危害防治制度。

存在职业危害的生产经营单位，应当按照有关规定及时、如实将本单位的职业危害因素向安全生产监督管理部门申报，并接受安全生产监督管理部门的监督检查。存在职业危害的生产经营单位的作业场所应当符合下列要求：①生产布局合理，有害作业与无害作业分开；②作业场所与生活场所分开，作业场所不得住人；③有与职业危害防治工作相适应的有效防护设施；④职业危害因素的强度或者浓度符合国家标准、行业标准；⑤法律、法规、规章和国家标准、行业标准的其他规定。

2. 职业危害申报

《作业场所职业危害申报管理办法》规定：职业危害申报工作实行属地分级管理。生产经营单位应当按照规定对本单位作业场所职业危害因素进行检测、评价，并按照职责分工向其所在地县级以上安全生产监督管理部门申报。中央企业及其所属单位的职业危害申报，按照职责分工向其所在地设区的市级以上安全生产监督管理部门申报。

作业场所职业危害每年申报一次。生产经营单位下列事项发生重大变化的，应当按照相关规定向原申报机关申报变更：

（1）进行新建、改建、扩建、技术改造或者技术引进的，在建设项目竣工验收之日起30日内进行申报。

（2）因技术、工艺或者材料发生变化导致原申报的职业危害因素及其相关内容发生重大变化的，在技术、工艺或者材料变化之日起15日内进行申报变更。

（3）生产经营单位名称、法定代表人或者主要负责人发生变化的，在发生变化之日起15日内进行申报变更。

（4）生产经营单位终止生产经营活动的，应当在生产经营活动终止之日起15日内向原申报机关报告并办理相关注销手续。

生产经营单位申报职业危害时，应当提交《作业场所职业危害申报表》和下列有关资料：

（1）生产经营单位的基本情况；

（2）产生职业危害因素的生产技术、工艺和材料的情况；

（3）作业场所职业危害因素的种类、浓度和强度的情况；

（4）作业场所接触职业危害因素的人数及分布情况；

（5）职业危害防护设施及个人防护用品的配备情况；

（6）对接触职业危害因素从业人员的管理情况；

（7）法律、法规和规章规定的其他资料。

《作业场所职业危害申报表》《作业场所职业危害申报回执》的内容和格式由国家安全生产监督管理总局统一制定。

3. 从业人员的职业健康权利与义务

对接触职业危害的从业人员，生产经营单位应当按照国家有关规定组织上岗前、在岗期间和离岗时的职业健康检查，并将检查结果如实告知从业人员。职业健康检查费用由生产经营单位承担。

生产经营单位不得安排未经上岗前职业健康检查的从业人员从事接触职业危害的作业；不得安排有职业禁忌的从业人员从事其所禁忌的作业；对在职业健康检查中发现有与所从事职业相关的健康损害的从业人员，应当调离原工作岗位，并妥善安置；对未进行离岗前职业健康检查的从业人员，不得解除或者终止与其订立的劳动合同。

生产经营单位应当为从业人员建立职业健康监护档案，并按照规定的期限妥善保存。从业人员离开生产经营单位时，有权索取本人职业健康监护档案复印件，生产经营单位应当如实、无偿提供，并在所提供的复印件上签章。

生产经营单位不得安排未成年工从事接触职业危害的作业；不得安排孕期、哺乳期的女职工从事对本人和胎儿、婴儿有危害的作业。

生产经营单位发生职业危害事故，应当及时向所在地安全生产监督管理部门和有关部门报告，并采取有效措施，减少或者消除职业危害因素，防止事故扩大。对遭受职业危害的从业人员，及时组织救治，并承担所需费用。

从业人员有以下职业健康权利：

（1）获得职业安全健康教育、培训的权利；

（2）获得职业健康检查、职业病诊治、康复等职业危害防治服务的权利；

（3）了解作业场所产生或者可能产生的职业危害因素、危害后果和应当采取的职业危害防治措施的权利；

（4）要求用人单位提供符合要求的职业危害防护设施和个人使用的职业危害防护用品，改善工作条件的权利；

（5）对违反职业危害防治法律、法规、规章和国家标准及行业标准，危及生命健康的行为提出批评、检举和控告的权利；

（6）拒绝违章指挥和强令进行没有职业危害防护措施的作业的权利；

（7）参与用人单位职业安全健康工作的民主管理，对职业危害防治工作提出意见和建议的权利。

从业人员的职业健康义务包括：

（1）应当学习和掌握相关的职业安全健康知识；

（2）遵守职业危害防治法律、法规、规章和操作规程；

（3）正确使用、维护职业危害防护设备和个体防护用品，发现职业危害事故隐患应当及时报告。

十一、应急救援

1. 应急机构

《安全生产法》规定：危险物品的生产、经营、储存单位以及矿山、建筑施工单位应当建立应急救援组织；生产经营规模较小，可以不建立应急救援组织的，应当指定兼职的应急救援人员。危险物品的生产、经营、储存单位以及矿山、建筑施工单位应当配备必要的应急救援器材、设备，并进行经常性的维护、保养，保证正常运转。

事故应急救援系统的组织机构由应急救援中心、应急救援专家组、医疗救治机构、消防与抢险部门、环境监测部门、公众疏散组织、警戒与治安组织、洗消去污组织、后勤保障系统和信息发布中心构成。

（1）应急救援中心

应急救援中心负责协调事故应急救援期间各个机构的运作，统筹安排整个应急救援行动，为现场应急救援提供各种信息支持；必要时实施场外应急力量、救援装备、器材、物品等的迅速调度和增援，保证行动快速又有序、有效地进行。

（2）应急救援专家组

应急救援专家组对城市潜在重大危险的评估、应急资源的配备、事态及发展趋势的预测、应急力量的重新调整和部署、个人防护、公众疏散、抢险、监测、清消、现场恢复等行动提出决策性的建议，起着重要的参谋作用。

（3）医疗救治机构

医疗救治机构通常由医院、急救中心和军队医院组成，负责设立现场医疗急救站，对伤员进行现场分类和急救处理，并及时合理转送医院进行救治。对现场救援人员进行医学监护。

（4）消防与抢险部门

消防与抢险主要由公安消防队、专业抢险队、有关工程建筑公司组织的工程抢险队、军队防化兵和工程兵等组成。职责是尽可能、尽快地控制并消除事故，营救受害人员。

（5）环境监测部门

监测组织主要由环保监测站、卫生防疫站、军队防化侦察分队、气象部门等组成，负责迅速测定事故的危害区域范围及危害性质，监测空气、水、食物、设备（施）的污染情况，以及气象监测等。

（6）公众疏散组织

公众疏散组织主要由公安、民政部门和街道居民组织抽调力量组成，必要时可吸收工厂、学校中的骨干力量参加，或请求军队支援。根据现场指挥部发布的警报和防护措施，指导部分高层住宅居民实施隐蔽；引导必须撤离的居民有秩序地撤至安全区或安置区，组织好特殊人群的疏散安置工作；引导受污染的人员前往洗消去污点；维护安全区或安置区内的秩序和治安。

（7）警戒与治安组织

警戒与治安组织通常由公安部门、武警、军队、联防等组成，负责对危害区外围的交通路口实施定向、定时封锁，阻止事故危害区外的公众进入；指挥、调度撤出危害区的人员和使车辆顺利地通过通道，及时疏散交通阻塞；对重要目标实施保护，维护社会治安。

（8）洗消去污组织

洗消去污组织主要由公安消防队伍、环卫队伍、军队防化部队组成，主要职责有：开设洗消站（点），对受污染的人员或设备、器材等进行消毒；组织地面洗消队实施地面消毒，开辟通道或对建筑物表面进行消毒，临时组成喷雾分队降低有毒有害物的空气浓度，减少扩散范围。

（9）后勤保障系统

后勤保障系统主要涉及计划、交通、电力、通信、市政、民政部门以及物资供应企业等，主要负责应急救援所需的各种设施、设备、物资以及生活、医药等的后勤保障。

(10) 信息发布中心

信息发布中心主要由宣传部门、新闻媒体、广播电视等组成，负责事故和救援信息的统一发布，以及及时、准确地向公众发布有关保护措施的紧急公告等。

2. 应急队伍

根据法律、法规要求，有关企业按规定标准建立企业应急救援队伍，省（区、市）根据需要建立骨干专业救援队伍，国家在一些危险性大、事故发生频度高的地区或领域建立国家级区域救援基地，形成覆盖事故多发地区、事故多发领域分层次的安全生产应急救援队伍体系，适应经济社会发展对事故灾难应急管理的基本要求。

企业应按规定建立安全生产应急管理机构或指定专人负责安全生产应急管理工作。企业应建立与本单位安全生产特点相适应的专、兼职应急救援队伍，或指定专、兼职应急救援人员，并组织训练；无须建立应急救援队伍的，可与附近具备专业资质的应急救援队伍签订服务协议。

煤矿和非煤矿山、危险化学品单位应当依法建立由专职或兼职人员组成的应急救援队伍。不具备单独建立专业应急救援队伍的小型企业，除建立兼职应急救援队伍外，还应当与邻近建有专业救援队伍的企业签订救援协议，或者联合建立专业应急救援队伍。应急救援队伍在发生事故时要及时组织开展抢险救援，平时开展或协助开展风险隐患排查。加强应急救援队伍的资质认定管理。矿山、危险化学品单位属地县、乡级人民政府要组织建立队伍调运机制，组织队伍参加社会化应急救援。应急救援队伍建设及演练工作经费在企业安全生产费用中列支，在矿山、危险化学品工业集中的地方，当地政府可给予适当经费补助。

专职安全生产应急救援队伍是具有一定数量经过专业训练的专门人员、专业抢险救援装备、专门从事事故现场抢救的组织。平时，专职安全生产救援队伍主要任务是开展技能培训、训练、演练、排险、备勤，并参加现场安全生产检查、熟悉救援环境。

兼职安全生产应急救援队伍也应当具备存放于固定场所、保持完好的专业抢险救援装备，有健全的组织管理制度；其人员也应当具备相关的专业技能，能够熟练使用抢险救援装备，且定期进行专业培训、训练。

兼职安全生产应急救援队伍与专职的队伍主要差别在于，队伍的组成人员平时要从事其他岗位的工作，事故抢险时才迅速集结起来。专职安全生产应急救援队伍要具有独立进行常规事故抢救的能力；兼职安全生产应急救援队伍应当能够有效控制常规事故，为被困人员自救、互救和专职应急救援队伍开展抢险创造条件、提供帮助。

安全生产应急救援队伍或者应急救援人员不论是专职的还是兼职的，都应当具备所属行业领域事故抢救需要的专业特长。专、兼职安全生产应急救援队伍的规模应当符合有关规定，必须保证有足够的人员轮班值守。签订救援服务协议的专职安全生产应急救援队伍应当具备有关规定所要求的资质，并能够在有关规定所要求的时间内到达事故发生地。

3. **应急预案**

应急预案又称应急计划，是针对可能发生的重大事故（件）或灾害，为保证迅速、有序、有效地开展应急与救援行动、降低事故损失而预先制定的有关计划或方案。它是在辨识和评估潜在的重大危险、事故类型、发生的可能性及发生过程、事故后果及影响严重程度的基础上，对应急机构职责、人员、技术、装备、设施（备）、物资、救援行动及其指挥与协调等方面预先做出的具体安排。应急预案明确了在突发事故发生之前、发生过程中以及刚刚结束之后，谁负责做什么，何时做，以及相应的策略和资源准备等，是及时、有序、有效地开展应急救援工作的重要保障。

一般企业编制现场预案，现场预案是在专项预案的基础上，根据具体情况需要而编制的。它是针对特定的具体场所（即以现场为目标），通常是该类型事故风险较大的场所或重要防护区域等所制定的预案。例如，危险化学品事故专项预案下编制的某重大危险源的场外应急预案，防洪专项预案下的某洪区的防洪预案等。

应急预案是针对可能发生的重大事故所需的应急准备和应急行动而制定的指导性文件，其核心内容应包括：

（1）对紧急情况或事故灾害及其后果的预测、辨识、评价；

（2）应急各方的职责分配；

（3）应急救援行动的指挥与协调；

（4）应急救援中可用的人员、设备、设施、物资、经费保障和其他资源，包括社会和外部援助资源等；

（5）在紧急情况或事故灾害发生时保护生命、财产和环境安全的措施；

（6）现场恢复；

（7）其他，如应急培训和演练规定，法律、法规要求，预案的管理等。

事故应急救援预案由外部预案和内部预案两部分构成。外部预案，由地方政府制定，地方政府对所辖区域内易燃易爆和危险品生产的企业、公共场所、要害设施都应制定事故应急救援预案。外部预案与内部预案相互补充，特别是中小型企业内部应急救援能力不足更需要外部的应急救助。内部预案由相关生产经营单位制定，内部预案包含总体预案和各危险单元预案。内部预案包括：组织落实、制定责任制、确定危险目标、警报及信号系统、预防事故的措施、紧急状态下抢险救援的实施办法、救援器材设备贮备、人员疏散等内容。

应急预案基本要素包括：方针与原则；应急准备；应急策划；应急响应；事故后的现场恢复程序；培训与演练；预案管理、评审改进与维护。

4. **应急培训与教育**

生产经营单位应采取不同方式开展安全生产应急管理知识和应急预案的宣传教育和培训工作，其主要目的主要有：应急培训与教育工作是增强企业危机意识和责任意识、提高事故防范能力的重要途径；应急培训与教育工作是提高应急救援人员和企业职工应急能力的重要措施；应急培训与教育工作是保证安全生产事故应急预案贯彻实施的重要手段；应急培训与教育工作是确保所有从业人员具备基本的应急技能，熟悉企业应急预案，掌握本岗位事故防范措施和应急处置程序的重要方法；应急培训与教育工作能够使应急预案相关职能部门及人员提高危机意识和责任意识，明确应急工作程序，提高应急处置和协调能力；应急培训与教育工作能使社会公众了解应急预案的有关内容，掌握基本的故事预防、避险、避灾、自救、互救等应急知识，提高安全意识和应急能力。

应急培训与教育的基本任务是锻炼和提高队伍在突发事故情况下的快速抢险、及时营救伤员、正确指导和帮助群众防护或撤离、有效消除危害后果、开展现场急救和伤员转送等应急救援技能和应急反应综合素质，有效降低事故危害，减少事故损失。

应急培训与教育的范围应包括政府主管部门的培训与教育、社区居民培训与教育、专业应急救援队伍培训与教育、企业全员培训与教育。

应急培训与教育包括对参与行动所有相关人员进行的最低程度的应急培训与教育，要求应急人员了解和掌握如何识别危险、如何采取必要的应急措施、如何启动紧急情况警报系统、如何安全疏散人群等基本操作。需要强调的是，应急培训与教育内容中应加强针对火灾应急的培训与教育以及危险物质事故应急的培训与教育，因为火灾和危险品事故是常见的事故类型。

普通员工在应急救援行动中是被救援的主要对象，因此，普通员工应当掌握一定的应急知识，以便在应急行动中能很好地配合应急救援人员开展应急工作，不会造成妨碍作用。在应急培训中，要训练普通员工学习相关的自救、互救等生存技能，以及应急中的交际技能和团队精神。通常对普通员工应要求其掌握以下内容：每个人在应急预案中的角色和所承担的责任；知道如何获得有关危险和保护行为的信息；紧急事件发生时，如何进行通报，警告和信息交流；在紧急事件中寻找家人的联系方法；面对紧急事件的响应程序；疏散、避难并告之事实情况的程序；寻找、使用公用应急设备等。

应急培训与教育的方式有很多，如培训班、讲座、模拟、自学、小组受训和考试等，但以培训与教育授课的方式居多。

5. **应急演练**

应急演练的目的是通过培训、评估、改进等手段提高保护人民群众生命财产安全和环境的综合应急能力，说明应急预案的各部分或整体是否能有效地付诸实施，验证应急预案应急可能出现的各种紧急情况的适应性，找出应急准备工作中可能需要改善的地方，确保建立和保持可靠的通信渠道及应急人员的协同性，确保所有应急组织都熟悉并能够履行他们的职责，找出需要改善的潜在问题。

开展应急演练的过程可划分为演练准备、演练实施和演练总结三个阶段，按照这三个阶段，可将演练前后应完成的内容和活动确定为：确定演练日期；确定演练目标和演示范围；编写演练方案；确定演练现场规则；指定评价人员；安排后勤工作；准备和分发评价人员工作文件；培训评价人员；讲解演练方案与演练活动；记录应急组织演练表现；评价人员访谈演练参与人员；汇报与协商；编写书面评价报告；演练人员自我评价；举行公开会议；通报不足项；编写演练总结报告；评价和报告不足项补救措施；追踪整改项的纠正；追踪演练目标演示情况。

应急演练的参与人员包括参演人员、控制人员、模拟人员、评价人员和观摩人员。这五类人员在演练过程中都有着重要的作用，并且在演练过程中都应佩戴能表明其身份的识别符。

其中，如果把参演人员比作通常所说的演员的话，那么控制人员即导演，模拟人员就是道具，评价和观摩人员相当于广大观众。所不同的是，评价人员既是观众，又是参加人。实际工作中，评价人员是指负责观察演练进展情况并予以记录的人员。其主要任务包括：观察参演人员的应急行动，并记录观察结果；在不干扰参演人员工作的情况下，协助控制人员确保演练按计划进行。

参演人员是指在应急组织中承担具体任务，并在演练过程中尽可能对演练情景或模拟事件做出真实情景下可能采取的响应行动的人员，相当于通常所说的演员。参演人员所承担的具体任务主要包括：救助伤员或被困人员；保护财产或公众健康；获取并管理各类应急资源；与其他应急人员协同处理重大事故或紧急事件。

根据演练的形式，可将其分为桌面演练、功能演练和全面演练。

（1）桌面演练

桌面演练是指由应急组织的代表或关键岗位人员参加的，按照应急预案及其标准运作程序，讨论紧急事件时应采取行动的演练活动。桌面演练的主要特点是对演练情景进行口头演练，一般是在会议室内举行非正式的活动；主要作用是在没有压力的情况下，演练人员在检查和解决应急预案中问题的同时，获得一些建设性的讨论结果；主要目的是在友好、较小压力的情况下，锻炼演练人员解决问题的能力，以及解决应急组织相互协作和职责划分的问题。

桌面演练只需展示有限的应急响应和内部协调活动，应急响应人员主要来自本地应急组织，事后一般采取口头评论形式收集演练人员的建议，并提交一份简短的书面报告，总结演练活动和提出有关改进应急响应工作的建议。桌面演练方法成本较低，主要用于为功能演练和全面演练做准备。

（2）功能演练

功能演练是指针对某项应急响应功能或其中某些应急响应活动举行的演练活动。功能演练一般在应急指挥中心举行，并可同时开展现场演练，调用有限的应急设备，主要目的是针对应急响应功能，检验应急响应人员以及应急管理体系的策划和响应能力。

功能演练比桌面演练规模要大，需动员更多的应急响应人员和组织。必要时，还可要求国家级应急响应机构参与演练过程，为演练方案设计、协调和评估工作提供技术支持，因而协调工作的难度也随着更多应急响应组织的参与而增大。

功能演练所需的评估人员一般为 4～12 人，具体数量依据演练地点、社区规模、现有资源和演练功能的数量而定。演练完成后，除采取口头评论形式外，还应向地方提交有关演练活动的书面汇报，提出改进建议。

（3）全面演练

全面演练是指针对应急预案中全部或大部分应急响应功能，检验、评价应急组织应急运行能力的演练活动。全面演练一般要求持续几个小时，采取交互式进行，演练过程要求尽量真实，调用更多的应急响应人员和资源，并开展人员、设备及其他资源，以展示相互协调的应急响应能力。

与功能演练类似，全面演练也少不了负责应急运行、协调和政策拟订人员的参与，以及国家级应急组织人员在演练方案设计、协调和评估工作中提供的技术支持。但全面演练过程中，这些人员或组织的演示范围要比功能演练更广。全面演练一般需 10～50 名评价人员参与，演练完成后，除采取口头评论、书面汇报外，还应提交正式的书面报告。

十二、事故报告、调查和处理

1. 事故报告的责任

《安全生产法》和《生产安全事故报告和调查处理条例》都明确规定了事故报告的责任，下列人员和单位负有报告事故的责任：

（1）事故现场有关人员；

（2）事故发生单位的主要负责人；

（3）安全生产监督管理部门；

（4）负有安全生产监督管理职责的有关部门；

（5）有关地方人民政府。

事故单位负责人既有向县级以上人民政府安全生产监督管理部门报告的责任，又有向负有安全生产监督管理职责的有关部门报告的责任，即事故报告是两条线，实行双报告制。

安全生产监督管理部门和负有安全生产监督管理职责的有关部门，既有向上级部门报告事故的责任，又有同时报告本级人民政府的责任。

2. 事故报告的程序和时限

根据《生产安全事故报告和调查处理条例》的有关规定，事故现场有关人员、事故单位负责人和有关部门应当按照下列程序和时间要求报告事故：

（1）事故发生后，事故现场有关人员应当立即向本单位负责人报告；情况紧急时，事故现场有关人员可以直接向事故发生地县级以上人民政府安全生产监督管理部门和负有安全生产监督管理职责的有关部门报告。

（2）单位负责人接到事故报告后，应当于1小时内向事故发生地县级以上人民政府安全生产监督管理部门和负有安全生产监督管理职责的有关部门报告。

（3）安全生产监督管理部门和负有安全生产监督管理职责的有关部门接到事故报告后，应当按照事故的级别逐级上报事故情况，并报告同级人民政府，通知公安机关、劳动和社会保障行政部门、工会和人民检察院，且每级上报的时间不得超过2小时。

1）特别重大事故、重大事故逐级上报至国务院安全生产监督管理部门和负有安全生产监督管理职责的有关部门；

2）较大事故逐级上报至省、自治区、直辖市人民政府安全生产监督管理部门和负有安全生产监督管理职责的有关部门；

3）一般事故上报至设区的市级人民政府安全生产监督管理部门和负有安全生产监督管理职责的有关部门。

（4）国务院安全生产监督管理部门和负有安全生产监督管理职责的有关部门以及省级人民政府接到发生特别重大事故、重大事故的报告后，应当立即报告国务院。

必要时，安全生产监督管理部门和负有安全生产监督管理职责的有关部门可以越级上报事故情况。

3. 事故报告的内容

根据《生产安全事故报告和调查处理条例》的有关规定，事故报告的内容应当包括事故发生单位的概况，事故发生的时间、地点、简要经过和事故现场情况，事故已经造成或者可能造成的伤亡人数和初步估计的直接经济损失，以及已经采取的措施等。事故报告后出现新情况的，还应当及时补报。

（1）事故发生单位概况

事故发生单位概况应当包括单位的全称、所处地理位置、所有制形式和隶属关系、生产经营范围和规模、持有各类证照的情况、单位负责人的基本情况以及近期的生产经营状况等。对于不同行业的企业，报告的内容应该根据实际情况来确定，但是应当以全面、简洁为原则。

（2）事故发生的时间、地点以及事故现场情况

报告事故发生的时间应当具体，并尽量精确到分钟。报告事故发生的地点要准确，除事故发生的中心地点外，还应当报告事故所波及的区域。报告事故现场的情况应当全面，不仅应当报告现场的总体情况，还应当报告现场的人员伤亡情况、设备设施的毁损情况；不仅应当报告事故发生后的现场情况，还应当尽量报告事故发生前的现场情况。

（3）事故的简要经过

事故的简要经过是对事故全过程的简要叙述。核心要求在于“全”和“简”。“全”就是要全过程描述，“简”就是要简单明了。并且，描述要前后衔接、脉络清晰、因果相连。需要强调的是，由于事故的发生往往是在一瞬间，对事故经过的描述应当特别注意事故发生前作业场所有关人员和设备设施的一些细节，因为这些细节可能就是引发事故的重要原因。

（4）事故已经造成或者可能造成的伤亡人数（包括下落不明的人数）和初步估计的直接经济损失

对于人员伤亡情况的报告，应当遵循实事求是的原则，不做无根据的猜测，更不能隐瞒实际伤亡人数。在矿山事故中，往往出现多人被困井下的情况，对可能造成的伤亡人数，要根据事故单位当班记录，尽可能准确地报告。对直接经济损失的初步估算，主要指事故所导致的建筑物的毁损、生产设备设施和仪器仪表的损坏等。由于人员伤亡情况和经济损失情况直接影响事故等级的划分，并因此决定事故的调查处理等后续重大问题，在报告这方面情况时应当谨慎细致，力求准确。

（5）已经采取的措施

已经采取的措施主要是指事故现场有关人员、事故单位负责人、已经接到事故报告的安全生产监督管理部门为减少损失、防止事故扩大和便于事故调查所采取的应急救援和现场保护等具体措施。

（6）事故的补报

事故报告后出现新情况的，应当及时补报。自事故发生之日起30日内，事故造成的伤亡人数发生变化的，应当及时补报。道路交通事故、火灾事故自发生之日起7日内，事故造成的伤亡人数发生变化的，应当及时补报。

4. 事故现场调查

事故现场调查主要包括事故现场保护、事故现场的处理和勘察、事故证据的搜集整理三部分。

（1）事故现场保护

事故调查组的首要任务是进行事故现场的保护，因为事故现场的各种证据是判断事故原因以及确定事故责任的重要物质条件，需要尽最大可能给予保护。但是由于在事故救援阶段，各种人员的出入会对事故现场造成破坏，另外群众的围观也会给现场保护工作带来影响。

《生产安全事故报告和调查处理条例》第十六条规定：“事故发生后，有关单位和人员应当妥善保护事故现场以及相关证据，任何人不得破坏事故现场、毁灭相关证据”。这里明确了两个问题，一是保护事故现场以及相关证据是有关单位和人员的法定义务。所谓“有关单位和人员”是事故现场保护的义务主体，既包括在事故现场的事故发生单位及其有关人员，也包括在事故现场的有关地方人民政府安全生产监督管理部门、负有安全生产监督管理职责的有关部门、事故应急救援组织等单位及其有关人员。只要是在事故现场的单位和人员，都有妥善保护现场和相关证据的义务。二是禁止破坏事故现场、毁灭有关证据。不论是过失还是故意，有关单位和人员均不得破坏事故现场、毁灭相关证据。有上述行为的，将要承担相应的法律责任。事故现场保护要做到的工作包括：核实事故情况，尽快上报事故情况；确定保护区的范围，布置警戒线；控制好事故肇事人；尽量收集事故的相关信息以便事故调查组查阅。

事故现场的保护要方法得当。对露天事故现场的保护范围可以大一些，然后根据实际情况再调整；对生产车间事故现场的保护则主要是采取封锁入口，控制人员进出；对于事故破损部件、残留件等要求不能触动，以免破坏事故现场。

（2）事故现场的处理和勘察以及证据的收集整理

1）事故现场处理。当调查组进入现场或做模拟试验需要移动某些物体时，必须做好现场的标志，同时要采用照相或摄像，将可能被清除或践踏的痕迹记录下来，以保证现场勘察、调查能获得完整的事故信息内容。调查组进入事故现场进行调查的过程中，在事故调查分析没有形成结论以前，要注意保护事故现场，不得破坏与事故有关的物体、痕迹、状态等。

2）现场勘察与证物收集。对损坏的物体、部件、碎片、残留物、致害物的位置等，均应贴上标签，注明时间、地点、管理者；所有物件应保持原样，不准冲洗、擦拭；对健康有害的物品，应采取不损坏原始证据的安全保护措施。

3）事故现场拍照。应做好以下几方面的事故现场拍照：①方位拍照：要能反映事故现场在周围环境中的位置；②全面拍照：要能反映事故现场各部分之间的联系；③中心拍照：反映事故现场中心情况；④细目拍照：解释事故直接原因的痕迹物、致害物等；⑤人体拍照：反映死亡者主要受伤和造成死亡的伤害部位。

4）事故图绘制。根据事故类别和规模以及调查工作的需要，绘出事故调查分析所必须了解的信息示意图，如建筑物平面图、剖面图，事故现场涉及范围图，设备或工器具构造简图，流程图，受害者位置图，事故状态下人员位置及疏散图，破坏物立体图或展开图等。

5）证人材料搜集。尽快搜集证人口述材料，然后认真考证其真实性，听取单位领导和群众意见。

6）事故事实材料搜集。包括与事故鉴别、记录有关的材料和与事故发生有关的事实材料。

5. 事故原因的调查分析

事故原因的调查分析包括事故直接原因和间接原因的调查分析。调查分析事故发生的直接原因就是分别对物和人的因素进行深入、细致的追踪，弄清在人和物方面所有的事故因素，明确它们的相互关系和所占的重要程度，从中确定事故发生的直接原因。

事故间接原因的调查就是调查分析导致人的不安全行为、物的不安全状态，以及人、物、环境的失调而产生的原因，弄清为什么是不安全行为和不安全状态，为什么没能在事故发生前采取措施，预防事故的发生。

导致事故发生的原因是多方面的，主要可以概况为以下三个方面的原因：

（1）劳动过程中设备、设施和环境等因素是导致事故的重要原因

这些因素主要包括：生产环境的优劣，生产设备的状态，生产工艺是否合理，原材料的毒害程度等。这些是硬件方面的原因，属于比较直接的原因。

（2）安全生产管理方面的因素也是导致事故的主要原因

这里主要包括：安全生产的规章制度是否完善，安全生产责任制是否落实，安全生产组织机构是否开展有效工作，安全生产经费是否到位，安全生产宣传教育工作的开展情况，安全防护装置的保养状况，安全警告标志和逃生通道是否齐全等。这些原因相对需要认真分析，属于更深入的原因。

（3）事故肇事人的状况也是导致事故的直接因素

这里主要包括：其操作水平是否熟练，经验是否丰富，精神状态是否良好，是否违章操作等。人的因素是事故原因中很主要的因素，需要重点分析，这是事故发生发展的关键原因。

对事故进行分析有很多方法，目的都是为了找到导致事故发生的原因。首先从专项技术的角度来分别探讨事故的技术原因，然后从事故统计的高度探讨宏观的事故统计分析法，最后通过安全系统分析法从全局的角度全面分析事故的发生发展过程。

6. 确定事故责任

查找事故原因的目的是确定事故责任。事故调查分析不仅要明确事故的原因，而且更重要的是要确定事故责任，落实防范措施，确保不再出现同类事故。这是加强安全生产的重要

手段。

（1）事故性质

目前，事故性质分为责任事故、非责任事故和人为破坏事故。

1）责任事故是指由于工作不到位导致的事故。责任事故是一种可以预防的事故，责任事故需要处理相应的责任人。

2）非责任事故是指由于一些不可抗拒的力量而导致的事故。这些事故的原因主要是由于人类对自然的认识水平有限，需要在今后的工作中更加注意预防工作，防止同类事故的再次发生。

3）人为破坏事故是指有人预先恶意地对机器设备以及其他因素进行破坏，导致其他人在不知情的状况下发生了事故。这类事故一般都属于刑事案件，相关责任人要受到法律的制裁。

（2）事故责任人

事故责任人主要包括直接责任人、领导责任人和间接责任人三种。

1）直接责任人是指由于当事人与重大事故及其损失有直接因果关系，是对事故发生以及导致一系列后果起决定性作用的人员。

2）领导责任人是指当事人的行为虽然没有直接导致事故发生，但由于其领导、监管不力而导致事故的发生所应承担的责任。

3）间接责任人是指当事人与事故的发生具有间接的关系，需要承担相应的责任。

（3）责任追究

事故责任的确定是整个事故调查分析中最难的环节，因为责任确定的过程就是将事故原因分解给不同人员的过程。这个问题说起来很简单，对于事故调查组成员来说无论处理谁都是不情愿的，但由于事故的责任人必须受到处罚，所以事故调查组就要公正地对待所有涉及事故的人员，公平、公正、科学、合理地确定相应的责任。凡因下述原因造成事故，应首先追究领导者的责任：

1）没有按规定对工人进行安全生产教育和技术培训，或未经考试合格就允许工人上岗操作的；

2）缺乏安全技术操作规程或制度与规程不健全的；

3）设备严重失修或超负载运转的；

4）安全措施、安全信号、安全标志、安全用具、个人防护用品缺失或有缺陷的；

5）对事故熟视无睹，不认真采取措施或挪用安全技术措施经费，致使重复发生同类事故的；

6）对现场工作缺乏检查或指导错误的。

特大安全事故肇事单位和个人的刑事处罚、行政处罚和民事责任，依照有关法律、法规和规章的规定执行。

十三、绩效评定和持续改进

1. 绩效评定

企业安全生产标准化工作实行企业自主评定、外部评审的方式。企业应当根据《基本规范》和有关评分细则，对本企业开展安全生产标准化工作的情况进行自主评定；自主评定后申请外部评审定级。

企业应每年至少一次对本单位安全生产标准化的实施情况进行评定，验证各项安全生产制度措施的适宜性、充分性和有效性，检查安全生产工作目标、指标的完成情况。

（1）适宜性验证

1）所制定的各项安全生产制度措施是否适合于企业的实际情况；

2）所制定的安全生产工作目标、指标及其落实方式是否合理；

3）新制度与原有的其他管理方式是否融合、相得益彰；

4）有关的措施制度能否被职工接受并很好地落实。

（2）充分性验证

1）各项安全生产管理的制度措施是否满足了安全生产标准化规范的全部管理要求；

2）所有的管理措施、管理制度是否有效运行；

3）对相关方的管理是否有效。

（3）有效性验证

1）能否保证实现企业的安全工作目标、指标；

2）是否以隐患排查治理为基础，对所有排查出的隐患实施了有效的治理与控制；

3）对重大危险源能否有效地监控；

4）企业员工通过安全标准化工作的推进，是否提高了安全意识，并能够自觉遵守安全生产管理规章制度和操作规程；

5）企业安全生产工作是否得到相应的进步。

企业主要负责人应对绩效评定工作全面负责。评定工作应形成正式文件，并将结果向所有部门、所属单位和从业人员通报，作为年度考评的重要依据。

如果发生了伤亡事故，说明企业在安全生产管理中的某些环节出现了严重的缺陷或问题，需要马上对相关的安全生产管理制度、措施进行客观评定，努力找出问题根源所在，有的放矢，对症下药，不断完善有关制度和措施。评定过程中，要对前一次评定后的纠正措施、建议的落实情况与效果作出评价，并向企业的所有部门和员工通报。

2. **持续改进**

在《基本规范》的许多条款中，已经直接提出了对安全生产管理的一些具体环节要持续改进的要求。除此之外，持续改进更重要的内涵是，企业负责人通过对一定时期后的评定结果的认真分析，及时将某些部门做得比较好的管理方式及管理方法，在企业内所有部门进行全面推广。

对发现的系统问题及需要努力改进的方面及时做出调整和安排。在必要的时候，把握好合适的时机，及时调整安全生产目标、指标，或修订不合理的规章制度、操作规程，使企业的安全生产管理水平不断提升。

企业应根据安全生产标准化的评定结果和安全生产预警指数系统所反映的趋势，对安全生产目标、指标、规章制度、操作规程等进行修改完善，持续改进，不断提高安全绩效。

企业负责人还要根据安全生产预警指数数值大小，对比、分析查找趋势升高、降低的原因，对可能存在的隐患及时进行分析、控制和整改，并提出下一步安全生产工作关注的重点。

第三节 《企业安全生产标准化基本规范》与相关行业规范的关系

相关行业的安全生产标准化规范与《企业安全生产标准化基本规范》的总体要求、管理模式等是基本相同的，他们从不同行业的角度提出了本行业安全生产标准化的特定要求，相关行业安全生产标准化规范已有相应要求的，企业应优先采用该行业规范；相关行业安全生产标准化规范没有相应要求的，企业应采用《基本规范》的相应要求。对没有制定标准化规范的相关行业，《基本规范》是企业开展安全标准化工作的基础标准。

《基本规范》是制修定相关行业规范的依据，在相关行业安全生产标准化制定、修订中，应遵循《基本规范》的要求；已制定的规范与《基本规范》的要求、模式不同的，应按《基本规范》的要求尽快修订。鼓励相关行业在《基本规范》的基础上，针对行业特点，制定具体、细化的本行业规范。

第三章 工贸企业安全生产标准化建设评审

第一节 国家对工贸企业安全标准化工作的要求

一、深入开展工贸企业安全生产标准化建设

为深入贯彻落实《国务院关于进一步加强企业安全生产工作的通知》（国发〔2010〕23号）和《国务院办公厅关于继续深化“安全生产年”活动的通知》（国办发〔2011〕11号）精神，按照《国务院安委会关于深入开展企业安全生产标准化建设的指导意见》（安委〔2011〕4号）的总体要求，结合冶金、有色、建材、机械、轻工、纺织、烟草、商贸等工贸行业企业的特点，全面推进、深入开展工贸企业安全生产标准化建设工作，国务院安全生产委员会办公厅下发了《关于深入开展全国冶金等工贸企业安全生产标准化建设的实施意见》（安委办〔2011〕18号），主要内容如下：

1. 指导思想、工作原则和工作目标

（1）指导思想

以科学发展观为统领，坚持“安全第一，预防为主，综合治理”的方针，牢固树立以人为本、安全发展的理念，全面落实“国发〔2010〕23号”和“国办发〔2011〕11号”文件精神，以落实企业安全生产主体责任为主线，以创新安全监督管理体制机制为着力点，以《企业安全生产标准化基本规范（AQ/T 9006—2010）》为依据，通过企业安全生产标准化建设，全面夯实安全生产工作基础，提高企业防范事故能力，提升安全生产监督管理水平，为推动企业转型升级，加快转变经济发展方式提供安全保障。

（2）工作原则

1）统筹规划，分步实施。认真制定工作方案，合理确定阶段目标，分阶段分步骤实施。

2）突出重点，分类指导。抓住重点地区、重点行业和重点企业，加大工作力度，力争取得突破；区别不同行业、不同企业，采取有效措施，创新达标途径，实现共同达标。

3）典型引路，全面推进。创建示范地区，树立典型企业，发挥榜样作用，创新体制机制；加强经验交流，以点带面，推动各地区、各行业企业全面达标。

4）法律约束，政策引导。加强相关立法工作，以法律手段督促达标；完善考核制度，落实工作责任，以行政手段推进达标；建立有效激励机制，激发企业自觉性，以经济手段引导达标。

5）企业为主，政府推动。立足企业创建为主，注重企业安全生产标准化建设过程；加强政府推动和政策引导，调动各级各方面的积极性，共同推进安全达标工作。

（3）工作目标

1）全面实现安全达标。工贸企业全面开展安全生产标准化建设工作，实现企业安全生产管理标准化、作业现场标准化和操作过程标准化。

2）安全状况明显改善。一般事故隐患能够及时排查治理，重大事故隐患得到整治或监控，职工安全生产意识和操作技能得到提高，“三违”现象得到有效禁止，企业本质安全水平明显提高，防范事故能力明显加强。

3）各类事故明显下降。较大以上事故明显下降，各类伤亡事故不断下降，为全国安全生产形势根本好转创造条件、奠定基础。

2. 明确安全生产标准化建设的主要途径

（1）制定工作方案

地方各级安全生产监督管理部门要摸清本地区工贸企业的基本情况，包括企业数量、规模、种类、从业人员、生产工艺和安全生产管理等，并根据本实施意见，制定本地区规模以上企业达标的工作方案，明确工作进度安排和保障措施。

（2）建立和完善评定标准体系

1）按照“既与国际先进标准接轨，又符合国情”的原则，充分发挥有关科研机构、行业协会和大型企业的技术优势，完善危险性较大和重点行业的企业安全生产标准化评定标准，随着安全生产标准化建设的不断深入，进一步制定、细化、完善和提高各行业的评定标准。

2）为保证评定标准的统一性和评定结果的可对比性，对于国家安全生产监督管理总局已制定的评定标准，各地要严格执行；对于国家安全生产监督管理总局尚未制定评定标准的行业（领域），原则上按照《企业安全生产标准化基本规范评分细则》，并参照有关评定标准，进行二级、三级安全生产标准化企业的评定。

（3）建立和健全考评体系

1）制定考评办法。国家安全生产监督管理总局组织制定和发布《全国冶金等工贸企业安全生产标准化考评办法》，对考评过程实行统一、规范化管理。工贸企业安全生产标准化考评程序主要包括：企业自评和申请、评审组织单位对申请进行初步审查、评审单位进行现场评审并形成评审报告、安全生产监督管理部门进行审核和公告、安全生产监督管理部门或其确定的评审组织单位颁发证书和牌匾。各地安全生产监督管理部门可制定该考评办法的实施细则；对规模以下企业的考评工作，要创新方式方法，简化程序和内容，提高工作效率。

2）确定评审单位。一级安全生产标准化企业的评审组织单位和评审单位由国家安全生产监督管理总局确定。二级、三级安全生产标准化企业的评审组织单位和评审单位由省级安全生产监督管理局综合考虑本地企业类型、数量和分布情况，以及评审单位应具备的基本条件和技术力量等因素确定，并报国家安全生产监督管理总局备案。确定的评审组织单位和评审单位应向社会公布。各级安全生产监督管理部门要发挥安全评价机构的作用，原则上具备工贸企业安全评价资质的评价机构经省级安全生产监督管理局认可后，可以参加相应企业的评审工作。各评审单位都应有一定数量经过安全生产标准化培训合格的评审人员。

3）加强考评管理。各级安全生产监督管理部门要总结经验，不断完善安全生产标准化考评工作程序，严格考评流程控制，加强对评审组织单位和评审单位的管理，规范考评工作，严把考评质量关。对于违反规定、弄虚作假的评审单位，要严肃处理；情节严重的，要取消评审资格。

（4）加大培训工作力度

1）加强安全生产标准化有关法规、标准的宣贯培训，把安全生产标准化的宣贯培训工作列为各级安全生产监督管理部门、各企业教育培训工作的一项重点内容，以培训促进安全生产标准化建设工作。

2）要加强企业培训。各级安全生产监督管理部门要按照职责分工，分层次、分专业开展企业负责人、安全生产管理人员的培训，重点解决安全生产标准化建设的思想认识和关键问题。企业要开展各种形式的安全生产标准化培训，尤其是要加强基层职工培训，提高职工按照安全生产规程作业的意识和技能，促进岗位达标。

3）要加强安全生产监督管理人员的培训。国家安全生产监督管理总局负责组织省级安全生产监督管理人员的培训，省级安全生产监督管理局负责组织省级以下安全生产监督管理人员的培训，培训内容主要是安全生产标准化的内涵和意义、考评制度和程序等。

4）要加强评审人员的培训。国家安全生产监督管理总局负责组织培训师资和一级安全生产标准化企业评审人员的培训，省级安全生产监督管理局负责组织二级、三级安全生产标准化企业评审人员的培训。培训内容主要是评定标准和考评程序等。

（5）树立典型示范

1）根据产业分布和经济特点，国家安全生产监督管理总局确定在广州市、沈阳市、宁波市和山东省诸城市等地区开展工贸企业安全生产标准化建设示范城市试点。试点城市应建立一套切实可行的激励约束机制，为全国深入开展安全生产标准化建设工作积累经验，发挥示范引领作用。

2）国家安全生产监督管理总局在每个行业选择2～4家大型企业或行业领先企业作为典型企业，为同类企业有效开展安全生产标准化工作树立标杆和样板，为评定标准的制修订、加快与国际先进标准对接提供技术支持，为企业之间的交流提供平台。

3）地方各级安全生产监督管理部门应结合本地区实际，积极创建安全生产标准化建设示范地区和示范园区，在每个行业树立多家典型企业，以点带面，推动安全生产标准化建设工作。

（6）推进达标建设

1）各地要按照达标工作方案的安排和要求，指导和督促企业、评审组织单位和评审单位积极开展安全生产标准化建设和评审工作，按期完成工作任务，确保工作质量，防止搞形式、走过场。

2）企业要加强对安全生产标准化建设工作的领导，组织专门的技术力量，或聘请熟悉安全生产标准化工作的单位或专家开展技术咨询，对照相关评定标准，开展自查自纠，全面深入查找隐患和问题，认真加以整改，确保企业通过自评达到评定标准的要求，并依照有关规定向当地安全生产监督管理部门申报。

3）国有企业和行业领先企业要在安全生产标准化建设工作中发挥表率作用，推动下属单位积极开展安全生产标准化建设工作，原则上以集团公司或上市股份公司为主体申报达标评级，实现整个企业的全面达标。

4）鼓励大型企业发挥带动辐射作用，在采购招标过程中逐步把关联企业和配套企业安全生产标准化达标作为必要条件，带动关联企业和配套企业实现共同达标。

5）在安全生产标准化建设过程中，要从基础、基层抓起，充分发挥班组安全生产的基础作用，切实加强班组安全生产建设，强化现场安全生产管理责任和措施落实，提高职工安全操作技能，杜绝“三违”行为，实现岗位达标，以岗位达标推动企业达标。

6）建立长效机制。已经达标的企业，要进一步巩固安全生产标准化建设成果，做到持续改进和升级，不断提高安全生产标准化建设水平。

3. 落实安全生产标准化建设的保障措施

（1）加强组织领导

各地区要进一步提高对开展工贸企业安全生产标准化建设工作重要性的认识，切实加强组织领导，精心组织，明确职责，协调联动，落实经费，周密安排，科学实施。各级安全生产监督管理部门要落实专门的机构和人员，集中精力抓好工贸企业安全生产标准化建设工作，以安全生产标准化建设带动其他各项安全生产监督管理工作。

（2）加强检查指导

一是结合日常安全生产监督管理工作，加强对安全生产标准化建设工作的监督检查，督促工作方案的落实，加快企业安全生产标准化建设进度，及时掌握达标进展情况，提高达标进度和质量。二是通过举办宣贯培训班、组织专家现场咨询等方式，寓服务于监管之中，深入企业宣传辅导、答疑解惑，及时研究解决安全生产标准化建设工作中的新问题，为企业安全生产标准化建设提供有效的指导服务。三是适时组织召开不同形式、层次、行业和区域的安全生产标准化建设现场交流会、专题座谈会，交流经验，分析原因，制定对策，分类指导，推动安全生产标准化建设工作。

（3）建立约束机制

1）把开展安全生产标准化建设工作作为深入贯彻落实科学发展观，创新社会公共管理，促进企业转型升级和加快转变经济发展方式的重要内容，将安全生产标准化建设工作列入安全生产“十二五”规划和地方各级政府及企业年度业绩考核工作中。

2）将安全生产标准化建设工作纳入有关安全生产法律、法规中，依法促进企业达标。抓住《安全生产法》等法律、行政法规和地方法规修订、起草的契机，在法规层面上作出规定，把安全生产标准化建设纳入法制范畴。

3）将安全达标与安全行政许可、监管频次和行政处罚等挂钩，与日常监管工作有机结合起来，通过强化安全监管促进安全达标。

4）建设项目必须严格执行安全设施“三同时”制度，投产后半年内其安全生产管理和安全设施要达到三级以上安全标准的要求。

（4）健全激励机制

1）各地区要结合本地实际，研究制定推进安全生产标准化建设工作的激励机制等政策措施，将企业安全生产标准化建设与项目立项审批（核准）、采购招投标、保险费率、融资贷款、信贷信用等级评定、现代管理企业评定、劳模评选和企业申报上市、上市公司增发等涉及企业利益和企业荣誉的事项挂钩。

2）充分发挥安全生产监督管理部门的作用，将安全生产标准化建设与监管执法、评优评先、奖惩考核、事故处理及“安康杯”竞赛、安全文化示范企业创建等有机结合起来，区别对待达标企业和未达标企业，有效推动安全生产标准化建设工作。

（5）加强安全生产标准化建设信息化管理

建立安全生产标准化建设工作信息化管理平台，充分利用信息化管理工具，加强对工作进展的实时管理，及时掌握安全生产标准化建设工作的动态信息，提高考评工作效率和服务水平。

（6）加强舆论宣传和监督

1）要采取多种形式，加强对安全生产标准化思想内涵、目的、意义的宣传，使社会各界达成共识，形成良好的社会氛围。

2）对每批经考评达标的企业，要在新闻媒体上公告，并加强对达标企业的正面宣传，使达标企业为社会所了解，从安全生产标准化建设中得实惠，并带动其他企业做好安全达标工作。

3）加大舆论监督力度，对在规定时间不达标的企业，要在媒体公开曝光，促使企业主动开展安全生产标准化建设工作。

二、全面开展工贸企业安全生产标准化工作

为全面推进全国冶金等工贸行业企业安全生产标准化建设，国家安全生产监督管理总局联合工业和信息化部、人力资源和社会保障部、国务院国资委、国家工商总局、国家质检总局和银监会联合下发了关于全面推进全国工贸行业企业安全生产标准化建设的意见（安监总管四〔2013〕8号），主要内容如下：

1. 总体要求

深入贯彻落实党的十八大精神，坚持"安全第一，预防为主，综合治理"的方针，牢固树立以人为本、安全发展理念，按照《安全生产"十二五"规划》（国办发〔2011〕47号）的要求，根据《企业安全生产标准化基本规范》（AQ/T 9006）及相关行业安全生产标准和规范的规定，全面推进工贸行业企业安全生产标准化建设，实现岗位达标、专业达标和企业达标，落实企业安全生产主体责任，夯实企业安全生产管理基础，提高企业本质安全水平，推动企业转型升级，为实现科学发展、安全发展，全面建成小康社会作出更大的贡献。

2. 主要任务和工作目标

（1）进一步建立、健全工贸行业企业安全生产标准化建设政策法规体系，加强企业安全生产规范化管理，推进全员、全方位、全过程安全生产管理；

（2）完善企业安全生产标准化考评管理体系和信息化管理系统，严格评审管理，提高工作效率；

（3）督促企业改造或淘汰落后的工艺技术设备，改善作业环境，提高安全保障能力；

（4）强化企业安全生产管理制度建设，建立、健全事故隐患排查治理制度；

（5）建立完善工作机制和激励约束机制，推动企业对标检查、对标整改、对标达标，持续改进，建立企业安全生产标准化建设长效机制。通过努力，实现企业安全管理标准化、作业现场标准化和操作过程标准化，企业安全生产基础得到明显强化。

3. 推进措施

（1）加强领导，强化服务

各有关部门要把工贸行业企业安全生产标准化建设作为实施安全生产分类指导、分级监管的重要依据和创新监管模式、提升监管水平、实施安全发展战略的重要抓手，在各级政府

的统一领导下，协调联动，齐抓共管，形成合力，结合实际制定有力的政策措施，大力推进企业安全生产标准化建设。要组织力量深入基层，深入企业，加强对企业安全生产标准化建设工作的服务和指导。

（2）明确责任，全力推进

1）坚持政府推动、企业为主，落实安全生产企业主体责任、部门监管责任和属地管理责任；

2）充分发挥基层首创作用，实行重心下移、权力下放，调动各方积极性；

3）抓好示范企业创建工作，发挥先进典型的引领作用；

4）把企业安全生产标准化建设列入各级各有关部门考核内容；

5）要把企业安全生产标准化达标作为相关安全生产许可的前置条件。

（3）加强执法检查

加快安全生产标准化立法工作，实现依法行政。实行分类分级管理，及时向各有关部门、单位通报企业安全生产标准化达标水平情况，向社会公开企业安全生产标准化达标水平信息。加强联合执法，强化对未开展安全生产标准化建设或未达到安全生产标准化规定等级的工贸行业企业的监管。在企业年检中严格审查企业提交的涉及安全生产的前置许可文件，发现因不具备基本安全生产条件被吊销相关前置许可文件的，责令其办理变更登记、注销登记，直至依法吊销营业执照。

（4）淘汰落后产能，促进产业结构调整

将工贸行业企业安全生产标准化建设与促进产业结构调整和企业技术改造、淘汰落后产能相结合，鼓励企业通过技术改造淘汰安全水平低等落后工艺技术装备，开展安全科技课题攻关，推广应用先进适用的安全科技成果，不断提高企业本质安全水平。

（5）发挥国有企业排头兵作用

国有企业尤其是中央企业在安全生产标准化建设中要落实安全生产主体责任，发挥排头兵的示范引领作用，勇于创新，先行先试，为企业安全生产标准化建设积累经验，建立经验推广学习机制，鼓励有条件的企业开展集团整体达标。

（6）加强工伤保险和安全生产责任保险对企业安全生产标准化建设的支持

经核准公告达到国家规定等级的安全生产标准化企业，符合工伤保险费率下浮条件的，按规定下浮其工伤保险费率，对其缴纳的安全生产责任保险按有关政策规定给予支持。

（7）加大信贷支持力度

将企业达标水平作为信贷信用等级评定的重要依据之一。支持鼓励金融信贷机构向符合条件的安全生产标准化达标企业优先提供信贷服务。对未按国家有关规定开展安全生产标准化建设或达不到最低达标等级要求的企业，要从严管理，严格控制贷款。对不具备基本安全生产条件的企业，不予贷款。

（8）加大评先创优支持力度

安全生产标准化达标企业申报国家和地方质量奖励、优秀品牌等资格和荣誉的，予以优先支持或推荐。对符合评选推荐条件的安全生产标准化达标企业，优先推荐其参加各地区、各行业及领域的先进单位（集体）等评选。对未开展安全生产标准化建设和达不到安全生产标准化达标要求的企业，不予受理其申报国家和地方质量奖励、优秀品牌等资格和荣誉。

第二节　工贸企业安全生产标准化评审管理

一、评审组织单位管理

（1）评审组织单位是指由各级安全生产监督管理部门考核确定、统一负责冶金等工贸企业安全生产标准化建设评审组织工作的单位。

（2）安全生产标准化一级企业的评审组织单位由国家安全生产监督管理总局确定；地方安全生产监督管理部门根据工作实际自行确定安全生产标准化二、三级企业的评审组织单位，并由省级安全生产监督管理部门汇总，报国家安全生产监督管理总局备案。

（3）评审组织单位应当具备下列条件：

1）有与其开展工作相适应的固定工作场所和办公设施，具有必要的技术支撑条件；

2）有健全的内部管理制度、评审组织程序文件、评审单位管理流程、评审档案管理制度等；

3）设有专职工作人员，其应具备与其承担评审组织工作相适应的能力；

4）参加有关安全生产法律、法规、标准规范、文件和标准化等知识的培训；

5）严格按照安全生产监督管理部门的工作要求，依法依规办事，认真组织开展评审工作。

（4）评审组织单位职责：

1）配合安全生产监督管理部门做好评审工作和对评审单位的日常管理工作。对评审单位的现场评审工作进行抽查，发现抽查结果不合格的，评审组织单位应向相应安全生产监督管理部门书面提出暂停评审单位评审工作的建议；对两次抽查结果不合格的，提出取消评审单位评审工作的建议。

2）对安全生产标准化达标企业在颁证后半年内进行现场抽查，并将抽查情况报告相关安全生产监督管理部门。对不符合要求的达标企业，向安全生产监督管理部门书面提出撤销其安全生产标准化企业等级的建议。

3）聘请评审专家，建立相关行业安全生产标准化评审人员库，并建立评审人员档案。

4）经安全生产监督管理部门授权，组织评审人员的培训和考核，承担评审人员培训、考核与管理等工作。

（5）评审组织单位工作程序：

1）评审组织单位收到相关安全生产监督管理部门受理的企业申请后，应在10个工作日内完成对申请材料的合规性审查工作。文件、材料符合要求的，在相应评审业务范围内的评审单位名录中通过随机方式选择评审单位，将申请材料转交评审单位开展评审工作；不符合要求的，评审组织单位函告相关安全生产监督管理部门和申请企业，并说明原因。

2）评审完成后，评审组织单位对评审单位的评审相关材料进行审查。审查通过后，向相关安全生产监督管理部门提交评审报告和评审评分表等材料。

3）经安全生产监督管理部门公告的企业，由评审组织单位按照国家安全生产监督管理总局的有关规定颁发安全生产标准化证书和牌匾。

（6）评审组织单位要自觉接受安全生产监督管理部门的监督，认真做好各项评审组织工作。

（7）评审组织单位应填写《安全生产标准化评审组织单位登记表》（见表3—1），报相应的安全监管部门备案。

表3—1　　安全生产标准化评审组织单位登记表

〔　　〕号

<table>
<tr><td>单位全称
（盖章）</td><td colspan="2"></td><td>地址</td><td colspan="3"></td></tr>
<tr><td>营业执照
注册地</td><td rowspan="2"></td><td>营业执照
注册号</td><td colspan="2"></td><td>邮编</td><td></td></tr>
<tr><td>法定代表人</td><td>办公电话</td><td colspan="2"></td><td>传真</td><td></td></tr>
<tr><td>标准化工作
主要负责人</td><td colspan="2"></td><td colspan="2">手机</td><td colspan="2"></td></tr>
<tr><td>办公电话</td><td colspan="2"></td><td colspan="2">传真</td><td colspan="2"></td></tr>
<tr><td>所管理的安全生产
标准化评审单位
评审企业等级</td><td colspan="2">一级☐
二级☐
三级☐</td><td colspan="2">确定其评审组织
单位的部门</td><td colspan="2"></td></tr>
<tr><td rowspan="6">所管理的
评审单位</td><td>单位名称</td><td>法人代表</td><td colspan="2">业务范围</td><td colspan="2">评审员数量</td></tr>
<tr><td></td><td></td><td colspan="2"></td><td colspan="2"></td></tr>
<tr><td></td><td></td><td colspan="2"></td><td colspan="2"></td></tr>
<tr><td></td><td></td><td colspan="2"></td><td colspan="2"></td></tr>
<tr><td></td><td></td><td colspan="2"></td><td colspan="2"></td></tr>
<tr><td></td><td></td><td colspan="2"></td><td colspan="2"></td></tr>
</table>

续表

<table>
<tr><td rowspan="7">专职工作人员</td><td>姓名</td><td>性别</td><td>专业</td><td>专业技术职务</td></tr>
<tr><td></td><td></td><td></td><td></td></tr>
<tr><td></td><td></td><td></td><td></td></tr>
<tr><td></td><td></td><td></td><td></td></tr>
<tr><td></td><td></td><td></td><td></td></tr>
<tr><td></td><td></td><td></td><td></td></tr>
<tr><td></td><td></td><td></td><td></td></tr>
<tr><td colspan="5">国家安全生产监督管理总局意见：

（盖章）
年　月　日</td></tr>
</table>

二、评审单位管理

（1）评审单位是指由安全生产监督管理部门考核确定、具体承担安全生产标准化企业评审工作的单位。

（2）评审单位应当具备下列条件：

1）具有法人资格，没有违法行为记录；

2）有与其开展工作相适应的固定工作场所和办公设施，具有必要的技术支撑条件；

3）有健全的内部管理制度、评审程序文件、评审档案、质量控制体系、管理制度和评审人员档案等；

4）有10名以上通过评审组织单位组织的有关安全生产法律、法规、标准规范、文件和标准化等知识的培训，并取得培训合格证书的评审员；

5）有与相应评定标准专业技术要求相符、满足评审工作需要、取得评审组织单位颁发聘书的评审专家；

6）配备负责安全生产标准化相关日常管理工作的专职工作人员；

7）经国家安全生产监督管理总局及评审组织单位考核合格。

（3）评审单位开展评审工作时，应当遵守下列行为规范：

1）评审单位不得自行或以安全生产监督管理部门及其工作人员的名义或以欺骗手段到企业招揽业务；

2）与申请企业存在利害关系的，应当回避；

3）坚持依法经营，遵守市场竞争规则，不采取欺诈、恶性竞争等不正当手段获取利益；

4）做到廉洁自律，坚决杜绝商业贿赂和其他形式的经济违法犯罪行为；

5）加强评审人员业务培训，不断提高整体素质和业务水平，保证评审结果的科学性、先进性和准确性，不剽窃、不抄袭他人成果；

6）评审单位技术服务收费符合法律、法规和有关财政收费的规定，并与申请企业签订技术服务合同，出现违法违规乱收费行为的，取消评审单位资格，并依法追究责任；

7）评审工作资料、申请企业现场勘察记录、影像资料及相关证明材料，应及时归档，妥善保管，并遵守保密协议；

8）认真接受安全生产监督管理部门的监督检查，自觉接受社会监督，配合评审组织单位的日常管理及检查；

9）落实评审单位责任，积极服务于基层安全生产工作，帮助企业开展隐患排查和治理，消除事故隐患，为推动和规范企业安全生产标准化建设积极献计献策。

（4）评审单位应建立评审人员档案，并将下列材料汇总后报评审组织单位备案：

1）安全生产标准化评审人员登记表（见表 3—2）；

2）学历和专业技术能力证明；

3）评审员培训合格证书；

4）其他相关材料。

表 3—2　　安全生产标准化评审人员登记表

〔　　〕号

<table>
<tr><td>姓名</td><td></td><td>性别</td><td></td><td>出生日期</td><td></td><td colspan="2" rowspan="4">照片
（一寸）</td></tr>
<tr><td colspan="2">工作单位及部门</td><td colspan="4"></td></tr>
<tr><td>职务</td><td></td><td colspan="2">专业技术职务</td><td colspan="2"></td></tr>
<tr><td>通信地址
及邮编</td><td colspan="3"></td><td>移动电话</td><td></td></tr>
<tr><td>E-mail</td><td colspan="3"></td><td>身份证号</td><td colspan="3"></td></tr>
<tr><td>评审人员
类别</td><td colspan="7">评 审 员□　培训合格证书编号：
评审专家□　聘 请 证 书 编 号：</td></tr>
<tr><td>毕业院校</td><td colspan="3"></td><td>学历</td><td></td><td>学位</td><td></td></tr>
<tr><td>所学专业</td><td colspan="3"></td><td>现从事专业
及年限</td><td colspan="3"></td></tr>
</table>

续表

<table>
<tr><td>工作简历及主要成绩</td><td></td></tr>
<tr><td>申请人承诺</td><td>本人保证以上所填各项内容的真实性。在评审工作中，将自觉遵守有关规定，并对所提评审结论产生的法律后果负责。
本人签名：
年 月 日</td></tr>
<tr><td colspan="2">所在单位意见：
（盖章）
年 月 日</td></tr>
<tr><td colspan="2">评审组织单位意见：
（盖章）
年 月 日</td></tr>
</table>

（5）评审单位应按照以下流程开展评审工作：

1）评审单位收到评审组织单位授权和转交的申请材料后，应在现场评审前进行文件审查，并完成文件审查报告；与申请企业确定现场评审时间，函告申请企业，并签订技术服务合同，明确评审对象、范围，以及双方权利、义务和责任。

2）现场评审时，按照申请企业评审的评定标准中的管理、技术、工艺等要求，配足相应的评审人员，组成评审组。评审组至少由 5 名以上评审人员组成，其中至少包括 2 名由评审组织单位备案的评审专家；指定 1 名评审员担任评审组长，负责现场评审工作；现场评审采用资料核对、人员询问、现场考核和查证的方法进行；现场评审完成后，向申请企业出具现场评审结论，并对发现的问题提出整改完成时间，评审组全体成员须在现场评审结论上签字。

3）申请企业整改完成后，评审单位依据整改情况的实际需要，进行现场或整改报告复核，确认其整改效果。若整改符合相关要求，评审单位形成评审报告，由评审单位主要负责人审核后，向评审组织单位提交评审报告、评审工作总结、评审结论原件、评审得分表、评审人员信息等相关材料。

（6）评审工作应在接到评审组织单位授权之日起3个月内完成（不包括企业整改时间）；集团公司企业一次申请评审企业较多的，由评审组织单位根据申请数量情况批准适当延长评审时间。

（7）填写《安全生产标准化评审单位登记表》（见附表3—3），报国家安全生产监督管理总局及评审组织单位备案。

表3—3　　安全生产标准化评审单位登记表

〔　〕号

单位全称（盖章）			地址		
营业执照3注册地		营业执照注册号		邮编	
法定代表人		办公电话		传真	
标准化工作主要负责人			手机		
办公电话			传真		
所承担评审级别	一级□ 二级□ 三级□		确定其评审业务的机关		
			评审业务范围		
安全生产标准化评审员	姓名	评审员培训证书编号	姓名	评审员培训证书编号	
专职工作人员			登记日期		

续表

评审组织单位意见： （盖章） 年　月　日
国家安全生产监督管理总局意见： （盖章） 年　月　日

三、评审人员管理

(1) 评审人员包括评审单位的评审员和评审组织单位聘请的评审专家。

(2) 评审员应当具备下列条件：

1) 评审单位的正式职工；

2) 具有国家承认的大学以上（含大学）学历，且具有注册安全工程师、安全评价师或中级以上（含中级）专业技术职务；

3) 熟悉安全生产有关法律、法规、规章、标准、规范和相关行业安全生产标准化规范、评定标准等，掌握相应的评审方法；

4) 通过评审组织单位组织的有关安全生产法律、法规、标准规范、文件和标准化等知识的培训，考试合格，取得培训合格证书，并按时接受复训。

(3) 评审专家应当具备下列条件：

1) 生产经营单位、科研院所、高等院校、中介机构、社会团体等相关专业技术人员，身体状况良好，能胜任评审工作；

2) 具有至少5年以上相关专业技术或安全生产管理现场工作经历，并经所在单位推荐确认；

3) 具有国家承认的大学以上（含大学）学历，且具有工程类高级专业技术职务；

4) 具有与评审工作要求相适应的观察、分析和判断能力，能够协助或独立开展对申请单位的文件评审和现场评审等工作；

5) 参加评审组织单位组织的有关安全生产法律、法规、标准规范、文件和标准化等知识的培训；

6) 取得评审组织单位颁发的聘书。

（4）评审人员应履行下列职责：

1）认真贯彻执行国家有关安全生产的法律、法规、规章、标准、规范和相关行业安全生产标准化规范、评定标准；

2）评审前主动向评审单位公开与申请企业的利害关系，不隐瞒任何有可能影响评审公正性的信息；

3）仅参加相关专业领域的评审工作，遵守现场评审工作秩序，认真完成对申请单位的文件审查和现场评审等工作，提交完整的现场评审报告等资料，并对作出的文件审查和现场评审结论负责；

4）严格遵守公正性与保密承诺，在从事合规性审查、文件审查和现场评审时，不得泄露申请单位的技术和商业秘密；

5）认真完成安全监管部门或评审组织单位、评审单位安排的其他任务。

四、管理规定补充内容

（1）管理办法适用于冶金、有色、建材、机械、轻工、纺织、烟草、商贸等工贸企业安全生产标准化建设评审工作。

（2）评审组织单位管理适用于各级安全生产监督管理部门。

（3）评审单位、评审人员管理适用于国家安全生产监督管理总局所确定的冶金等工贸行业安全生产标准化一级企业的评审单位和评审人员管理。省、市（地）级安全生产监督管理部门可以根据工作需要和本部门实际，创新工作方法，自行制定评审单位、评审人员管理办法。

（4）评审组织单位、评审单位、评审人员要按照“服务企业、公正自律、确保质量、力求实效”的原则开展工作，为提高企业安全管理水平，推动企业安全生产标准化建设做出贡献。

（5）经安全生产标准化一级企业评审组织单位确定的评审人员，可参加安全生产标准化二、三级企业评审工作。

（6）安全生产标准化一级企业评审单位受地方各级安全生产监督管理部门及评审组织单位委派，可承担安全生产标准化二、三级企业评审工作。

第三节　工贸企业安全生产标准化考评办法

一、考评级别

工贸企业是指冶金、有色、建材、机械、轻工、纺织、烟草、商贸等行业企业，企业安全生产标准化考评采取自评、申请、评审、审核公告、颁发证书和牌匾的方式进行。

安全生产标准化企业分为一级企业、二级企业和三级企业。一级企业由国家安全生产监督管理总局审核公告；二级企业由企业所在地省（自治区、直辖市）及新疆生产建设兵团安全生产监督管理部门审核公告；三级企业由所在地设区的市（州、盟）安全生产监督管理部门审核公告。

二、申请条件

申请安全生产标准化评审的企业应具备以下条件：

（1）设立有安全生产行政许可的，已依法取得国家规定的相应安全生产行政许可。

（2）申请一级企业的，应为大型企业集团、上市公司或行业领先企业。申请评审之日前一年内，大型企业集团、上市集团公司未发生较大以上生产安全事故，集团所属成员企业90%以上无死亡生产安全事故；上市公司或行业领先企业无死亡生产安全事故。

（3）申请二级企业的，申请评审之日前1年内，大型企业集团、上市集团公司未发生较大以上生产安全事故，集团所属成员企业80%以上无死亡生产安全事故；企业死亡人员未超过1人。

（4）申请三级企业的，申请评审之日前1年内生产安全事故累计死亡人员未超过2人。

行业评定标准中的企业安全绩效要求高于上述情况的，按照行业标准执行；低于上述情况要求的，按上述要求执行。

三、评审依据

评审依据相应的评定标准（或评分细则）采用评分的方式进行，满分为100分。评审标准如下：

一级：评审评分大于等于90分（大型集团公司90%以上的成员企业评审评分大于等于90分）；

二级：评审评分大于等于75分（集团公司80%以上的成员企业评审评分大于等于75分）；

三级：评审评分大于等于60分。

评定标准满分不为100分的，按100分制折算。

四、考评程序

（1）企业自评：企业成立自评机构，按照评定标准的要求进行自评，形成自评报告。企业自评可以邀请专业技术服务机构提供支持。

（2）申请评审：企业根据自评结果，经相应的安全生产监督管理部门同意后，提出书面评审申请。评审申请格式见表 3—4。

表 3—4

企业安全生产标准化
评审申请

申请企业：________________
申请行业：________专业：________
申请性质：________等级：________
申请日期：________年________月________日

国家安全生产监督管理总局制

一、基本情况表

<table>
<tr><td>申请企业</td><td colspan="5"></td></tr>
<tr><td>地址</td><td colspan="5"></td></tr>
<tr><td>企业性质</td><td colspan="5"></td></tr>
<tr><td>安全生产
管理机构</td><td colspan="5"></td></tr>
<tr><td>员工总数</td><td>人</td><td>专职安全生产
管理人员</td><td>人</td><td>特种作业
人员</td><td>人</td></tr>
<tr><td>固定资产</td><td colspan="2">万元</td><td>主营业务收入</td><td colspan="2">万元</td></tr>
<tr><td>倒班情况</td><td colspan="2">□有　□没有</td><td>倒班人数及方式</td><td colspan="2"></td></tr>
<tr><td>法定代表人</td><td></td><td>电话</td><td></td><td>传真</td><td></td></tr>
<tr><td rowspan="2">联系人</td><td rowspan="2"></td><td>电话</td><td></td><td>传真</td><td></td></tr>
<tr><td>手机</td><td></td><td>电子信箱</td><td></td></tr>
<tr><td rowspan="2">本次申请</td><td colspan="5">□初次评审　　□延期</td></tr>
<tr><td colspan="5">□一级　　□二级　　□三级</td></tr>
<tr><td colspan="6">本次申请前本专业曾经取得的标准化等级：□一级　□二级　□三级　□无</td></tr>
</table>

续表

<table>
<tr><td colspan="6">本次申请的专业外，已经取得的企业安全生产标准化专业、等级和时间：</td></tr>
<tr><td colspan="6">如果企业是某企业集团的成员单位，请注明企业集团名称：</td></tr>
<tr><td colspan="6">如果已取得职业健康安全管理体系认证证书，请注明证书名称和发证机构：</td></tr>
<tr><td rowspan="8">本企业安全生产标准化自评小组主要成员</td><td></td><td>姓名</td><td>所在部门/职务/职称</td><td>电话</td><td>备注</td></tr>
<tr><td>组长</td><td></td><td></td><td></td><td></td></tr>
<tr><td rowspan="6">成员</td><td></td><td></td><td></td><td></td></tr>
<tr><td></td><td></td><td></td><td></td></tr>
<tr><td></td><td></td><td></td><td></td></tr>
<tr><td></td><td></td><td></td><td></td></tr>
<tr><td></td><td></td><td></td><td></td></tr>
<tr><td></td><td></td><td></td><td></td></tr>
</table>

二、企业重要信息表

1. 企业概况：
2. 近三年本企业重伤、死亡或其他重大生产安全事故和职业病的发生情况：

续表

3. 安全生产管理状况（主要管理措施及主要绩效）：
4. 有无特殊危险区域或限制的情况：

三、其他事项表

1. 企业是否同意遵守评审要求，并能提供评审所必需的真实信息？ □是　□否
2. 企业在提交申请书时，应附以下文件资料： ◇安全生产许可证复印件（未实施安全生产行政许可的行业不需提供） ◇工商营业执照复印件 ◇安全生产标准化管理制度清单 ◇安全生产组织机构及安全生产管理人员名录 ◇工厂平面布置图 ◇重大危险源资料 ◇自评报告 ◇自评扣分项目汇总表 ◇评审需要的其他材料
3. 企业自评评分：
4. 企业自评结论： 法定代表人（签名）：　　　　（申请企业盖章） 年　月　日

续表

5. 上级主管单位意见：   负责人（签名）：　　　　　　　　　　　　　　　　（主管单位盖章） 年　月　日
6. 安全生产监督管理部门意见：   负责人（签名）：　　　　　　　　　　　　　　（安全监管部门盖章） 年　月　日

注：申请材料填报说明

（1）“申请企业”填写申请企业名称并加盖申请企业章。

（2）“申请行业”按本考评办法的行业分类填写。“专业”按行业所属专业填写，有专业安全生产标准化标准的，按标准确定的专业填写，如“冶金”行业中的“炼钢”、“轧钢”专业，“建材”行业中的“水泥”专业，“有色”行业中的“电解铝”、“氧化铝”专业等。

（3）“申请性质”为“初次评审”或“延期”；“等级”为“一级”、“二级”或“三级”。

（4）“企业性质”按照营业执照登记的内容填写。

（5）“本次申请的专业外，已经取得的企业安全生产标准化专业等级和时间”按“专业”、“等级”和证书颁发时间填写已经取得的所有专业的最高等级，如“冶金炼钢，一级，2010 年 3 月 5 日”。

（6）“企业概况”包括主营业务所属行业、经营范围、企业规模（包括职工人数、年产值、伤亡人数等）、发展过程、组织机构、主营业务产业概况、本企业规模（产量和业务收入）、在行业中所处地位、安全生产工作特点等。

（7）“重大危险源资料”附经过备案的重大危险源登记表复印件。

（8）没有上级主管单位的，“上级主管单位意见”不填。

申请安全生产标准化一级企业的，经所在地省级安全生产监督管理部门同意后，向一级企业评审组织单位提出申请；申请安全生产标准化二级企业的，经所在地市级安全生产监督管理部门同意后，向所在地省级安全生产监督管理部门或二级企业评审组织单位提出申请；申请安全生产标准化三级企业的，经所在地县级安全生产监督管理部门同意后，向所在地市级安全生产监督管理部门或三级企业评审组织单位提出申请。

符合申请要求的，通知相关评审单位组织评审；不符合申请要求的，书面通知申请企业，并说明理由。由评审组织单位受理申请的，评审组织单位对申请进行初步审查，报请审核公告的安全生产监督管理部门核准同意后，方可通知相关评审单位组织评审。

（3）评审与报告：评审单位收到评审通知后，应按照相关评定标准的要求进行评审。评审完成后，经申请受理单位初步审查后，将符合要求的评审报告，报送审核公告的安全生产监督管理部门；对于不符合要求的评审报告，书面通知评审单位，并说明理由。评审报告格式见表 3—5。

表 3—5

企业安全生产标准化
评审报告

申请企业：____________________
评审单位：____________________
评审行业：__________专业：__________
评审性质：__________等级：__________
评审日期：____年____月____日至____年____月____日

国家安全生产监督管理总局制

评审报告表

<table>
<tr><td colspan="6">评审单位情况</td></tr>
<tr><td>评审单位</td><td colspan="5"></td></tr>
<tr><td>单位地址</td><td colspan="5"></td></tr>
<tr><td>主要负责人</td><td colspan="2"></td><td>电话</td><td></td><td>手机</td><td></td></tr>
<tr><td rowspan="3">联系人</td><td colspan="2" rowspan="3"></td><td>电话</td><td></td><td>传真</td><td></td></tr>
<tr><td>手机</td><td></td><td>电子信箱</td><td></td></tr>
<tr><td colspan="2"></td><td colspan="2"></td></tr>
<tr><td rowspan="10">评审小组
成员</td><td></td><td>姓名</td><td colspan="2">单位/职务/职称</td><td>电话</td><td>备注</td></tr>
<tr><td>组长</td><td></td><td colspan="2"></td><td></td><td></td></tr>
<tr><td rowspan="8">成员</td><td></td><td colspan="2"></td><td></td><td></td></tr>
<tr><td></td><td colspan="2"></td><td></td><td></td></tr>
<tr><td></td><td colspan="2"></td><td></td><td></td></tr>
<tr><td></td><td colspan="2"></td><td></td><td></td></tr>
<tr><td></td><td colspan="2"></td><td></td><td></td></tr>
<tr><td></td><td colspan="2"></td><td></td><td></td></tr>
<tr><td></td><td colspan="2"></td><td></td><td></td></tr>
<tr><td></td><td colspan="2"></td><td></td><td></td></tr>
<tr><td colspan="7">申请企业情况</td></tr>
<tr><td>申请企业</td><td colspan="6"></td></tr>
<tr><td>法定代表人</td><td colspan="2"></td><td>电话</td><td></td><td>手机</td><td></td></tr>
<tr><td rowspan="2">联系人</td><td colspan="2" rowspan="2"></td><td>电话</td><td></td><td>传真</td><td></td></tr>
<tr><td>手机</td><td></td><td>电子信箱</td><td></td></tr>
<tr><td colspan="7">评审结果</td></tr>
<tr><td colspan="5">评审等级：□一级　□二级　□三级</td><td colspan="2">评审评分：</td></tr>
</table>

续表

评审组长签字：
评审单位负责人签字：　　　　　　　　　　　　　　　　（评审单位盖章） 年　月　日

注：评审报告首页应由评审单位填写名称并盖章。

评审结果未达到企业申请等级的，经申请企业同意，限期整改后重审；或根据评审实际达到的等级，按本办法的规定，向相应的安全生产监督管理部门申请审核。

评审工作应在收到评审通知之日起三个月内完成（不含企业整改时间）。

（4）审核与公告：审核公告的安全生产监督管理部门对提交的评审报告进行审核，对符合标准的企业予以公告；对不符合标准的企业，书面通知申请受理单位，并说明理由。

（5）颁发证书和牌匾：经公告的企业，由安全生产监督管理部门或指定的评审组织单位颁发相应等级的安全生产标准化证书和牌匾。

证书和牌匾由国家安全生产监督管理总局统一监制，统一编号。证书样式见图 3—1，牌匾样式见图 3—2。

图 3—1　企业安全生产标准化证书样式

证书编号规则为：

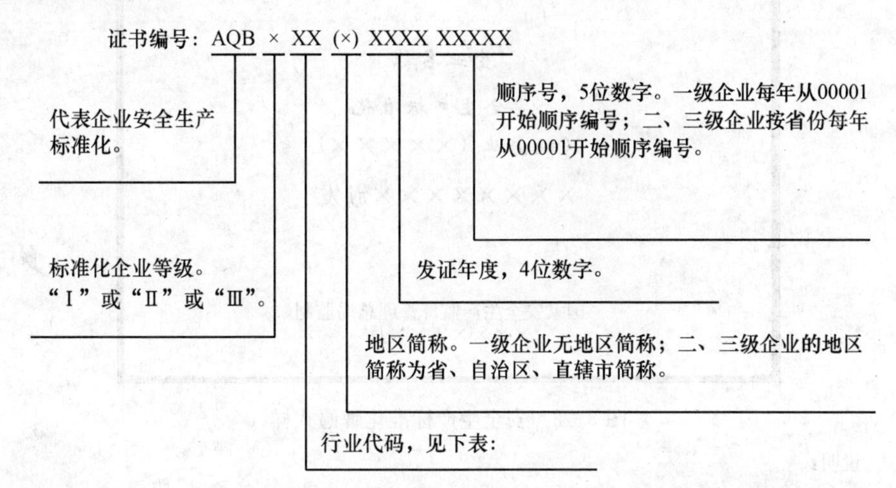

行业代码表

序号	行业	代号
1	冶金	YJ
2	有色	YS
3	建材	JC
4	机械	JX
5	轻工	QG
6	纺织	FZ
7	烟草	YC
8	商贸	SM

例：2011 年的机械制造安全生产标准化一级企业：AQBⅠJX201100001。

2011 年的北京市机械制造安全生产标准化二级企业：AQBⅡJX 京 201100001。

2011 年的北京市机械制造安全生产标准化三级企业：AQBⅢJX 京 201100001。

“×级企业”中的“×”为“一”、“二”或“三”。

“（×××××）”中的“×××××”为行业和专业，如“冶金炼钢”或“冶金铁合金”等。

有效期为阿拉伯数字的年和月，如“2013 年 3 月”。

发证时间中的数字为中文简体大写，如“二〇一一年五月二十三日”。“〇”不应用阿拉伯数字“0”。

QR 二维条码图形为发证单位名称和证书印制编号，由证书印制单位发放空白证书时统一印制。

证书印制编号为 9 位数字编号和 1 位数字检验码。

五、考评管理

安全生产标准化一级企业评审组织单位和评审单位由国家安全生产监督管理总局确定，二级、三级企业评审组织单位和评审单位由省级安全生产监督管理部门确定。

（1）评审单位按照评定标准，对申请企业采用资料核对、人员询问、现场考核和查证的

企业名称 安全生产标准化 ×级企业（×××××） ××××××××颁发 国家安全生产监督管理总局监制 ××××年××月

图 3—2　安全生产标准化牌匾式样

说明：

“×级企业”中的“×”为“一”、“二”或“三”。

“（×××××）”中的“×××××”为行业和专业，如“冶金炼钢”或“冶金铁合金”等。

发证时间中的数字为中文简体大写，如“二〇一一年五月”。

方法进行评审。

人员询问、现场考核和查证可以按一定比例进行抽查。

（2）安全生产标准化企业证书和牌匾有效期为3年。期满前3个月，企业可按本办法的规定申请延期，换发证书、牌匾。

（3）取得安全生产标准化证书的企业，在证书有效期内发生下列行为的，由原审核单位公告撤销其安全生产标准化企业等级：

1）在评审过程中弄虚作假、申请材料不真实的；

2）不接受检查、抽查的；

3）迟报、漏报、谎报、瞒报生产安全事故的；

4）大型企业集团、上市集团公司一级企业发生较大以上生产安全事故，或所属成员企业10%以上发生死亡生产安全事故的；

5）一级、二级、三级企业发生人员死亡生产安全事故，半年内须申请复评，复评不合格的；

6）企业再次发生人员死亡生产安全事故的。

（4）被撤销安全生产标准化等级的企业，按降低至少一个等级重新申请评审；自撤销之日起满一年的，方可申请被降低前的等级。

三级企业符合撤销等级条件的，由市级审核公告单位责令限期整改，通知评审组织单位收回证书、牌匾。整改期满，经原评审单位评审，符合三级企业要求的，方可重新颁发原证书、牌匾。整改期限不得超过一年。

被撤销安全生产标准化等级的企业，应向原发证单位交回证书、牌匾。

（5）企业取得安全生产标准化证书后，每年应对本单位安全生产标准化的实施情况至少进行一次自我评定，并形成自评报告，及时发现和解决生产中的安全问题，持续改进，不断提高安全生产水平。

企业安全生产标准化年度自评报告须按有关规定抄送相应的安全生产监督管理部门。

（6）评审单位应严格按照相关安全生产标准化评定标准的要求开展考评的相关工作，确保安全生产标准化考评工作的质量，并对评审结果负责。

（7）对取得安全生产标准化证书的企业，各级安全生产监督管理部门视情况组织日常检查、抽查，并对检查、抽查情况进行通报。企业在考评过程中弄虚作假、申请材料不真实，不接受检查、抽查，或者发生生产安全事故、符合规定的，撤销其安全生产标准化企业等级。

第四章　工贸企业安全生产标准化建设达标

第一节　企业安全生产标准化岗位达标

一、岗位达标的重要性

1. 岗位达标是企业安全生产标准化的基本条件

岗位是企业安全生产管理的基本单元，在安全生产标准化建设过程中，应当通过考核、评定或鉴定等方式，对每个岗位作业人员的知识、技能、素质、操作、管理及其作业条件、现场环境等进行全面评价，确认是否达到岗位标准。只有每个岗位，尤其是基层操作岗位，将国家有关安全生产法律、法规、标准规范和企业安全管理制度落到实处，实现岗位达标，才能真正实现企业达标。

2. 岗位达标是企业开展安全生产标准化建设工作的重要基础

目前工矿商贸行业中大部分企业为中小型企业，这些企业安全生产管理基础薄弱、事故隐患多，在开展安全生产标准化建设工作时，面临人才短缺、投入不足等实际困难，在逐步完善作业条件、改良安全设施和提高安全生产管理水平的同时，应从开展岗位达标入手，加强安全生产基础建设，重点解决岗位操作问题和作业现场管理问题，为实现企业达标奠定基础。

3. 岗位达标是企业防范事故的有效途径

据统计，企业生产安全事故多数是由“三违”（违章指挥、违规作业、违反劳动纪律）造成的。有效遏制较大以上事故、减少事故总量，必须落实各岗位的安全生产责任制，提高岗位人员的安全意识和操作技能，规范作业行为，实现岗位达标，减少和杜绝“三违”现象，全面提升现场安全管理水平，进而防范各类事故的发生。

二、岗位达标的目标

企业开展岗位达标工作，以基层操作岗位达标为核心，不断提高职工安全意识和操作技能，使职工做到“三不伤害”（不伤害自己、不伤害别人、不被别人伤害）；规范现场安全生产管理，实现岗位操作标准化，保障企业达标。

三、实现岗位达标的途径

1. 制定岗位标准，明确岗位达标要求

企业要结合各岗位的性质和特点，依据国家有关法律、法规、标准规范制定各个岗位的岗位标准。岗位标准是该岗位人员作业的综合规范和要求，其内容必须具体全面、切实可行。岗位标准主要要求如下：

（1）岗位职责描述。

（2）岗位人员基本要求：年龄、学历、上岗资格证书、职业禁忌证等。

（3）岗位知识和技能要求：熟悉或掌握本岗位的危险有害因素（危险源）及其预防控制措施、安全操作规程、岗位关键点和主要工艺参数的控制、自救互救及应急处置措施等。

（4）行为安全要求：严格按操作规程进行作业，执行作业审批、交接班等规章制度，禁止各种不安全行为及与作业无关行为，对关键操作进行安全确认，不具备安全作业条件时拒绝作业等。

（5）装备护品要求：生产设备及其安全设施、工具的配置、使用、检查和维护，个体防护用品的配备和使用，应急设备器材的配备、使用和维护等。

（6）作业现场安全要求：作业现场清洁有序，作业环境中粉尘、有毒物质、噪声等浓度（强度）符合国家或行业标准要求，工具物品定置摆放，安全通道畅通，各类标识和安全标志醒目等。

（7）岗位管理要求：明确工作任务，强化岗位培训，开展隐患排查，加强安全检查，分析事故风险，铭记防范措施并严格落实到位。

（8）其他要求：结合本企业、专业及岗位的特点，提出的其他岗位安全生产要求。

企业要定期评审、修订和完善岗位标准，确保岗位标准持续符合安全生产的实际要求。在国家法律、法规和标准规范、企业的生产工艺和设备设施、岗位职责等发生变化时，及时对岗位标准进行修订、完善。

2. 建立评定制度，确定达标评定程序

企业要建立岗位达标评定工作制度，对照岗位标准确定量化的评定指标，明确评定工作的方式、程序、评定结果处理等内容。企业岗位达标评定可以采用达标考试、岗位自评、班组互评、上级对下级评定、成立评定小组统一评定等方式进行。安全生产标准化评审单位在现场评审时，要按有关规定将岗位达标作为安全生产标准化的重要内容进行考评，对重要岗位和关键岗位的达标情况进行抽查。

3. 切实加强班组建设

将班组安全生产管理作为岗位达标的重要内容，从规范班前会、开展经常性的安全教育等班组安全活动入手，将各项安全管理措施落实到班组，将安全防范技能落实到每一个班组成员，强基固本，真正把生产经营筑牢在安全基础上。

4. 丰富达标形式，推动岗位达标创新

企业可采取开展班组建设活动、危险预知训练、岗位大练兵、岗位技术比武、全员持证上岗、师傅传帮带等切合实际、形式多样的活动，营造“全员参与岗位达标，人人实现岗位安全”的活动氛围，不断提升职工的安全生产素质，推动岗位达标工作。

四、岗位达标的保障措施

1. 落实企业责任，规范岗位达标

企业是岗位达标的主体，要切实加强对岗位达标工作的领导，紧密结合生产经营实际，突出重点岗位和关键环节，组织制定本企业推进岗位达标工作的方案，并建立有关岗位达标工作制度，定期组织开展岗位达标工作检查，做到“岗位有职责、作业有程序、操作有标准、过程有记录、绩效有考核、改进有保障”，提高达标质量，确保岗位达标工作持续、有效地开展。

2. 加大宣教力度，提升岗位技能

各企业要增强岗位教育培训尤其是基层岗位教育培训的针对性，使职工具备危险预知能力、应急处置能力、安全操作技能等，自觉抵制“三违”行为。企业要充分利用班前班后会、安全生产讲座、安全生产知识竞赛和安全生产日活动等各种方式，开展经常性、职工喜闻乐见的安全生产教育培训，不断强化和提升职工安全生产素质。

3. 制定奖罚措施，促进岗位达标

各企业要建立并完善企业岗位达标工作的激励和约束机制，制定具体的奖罚措施，将岗位达标与职工薪酬福利、职位晋升、评先评优等挂钩；对规定期限内不达标的，采取重新培训、调岗、待岗等措施。

4. 加大安全生产投入，创造达标条件

各企业要加大安全生产投入，为开展岗位达标工作提供人、财、物等方面的条件，确保作业环境、安全生产设施、人员防护等方面符合国家有关法律、法规和标准规范的要求，为岗位达标以及现场标准化创造条件。

5. 树立典型示范，引领岗位达标

各企业要在岗位达标工作中，积极总结经验，学习借鉴其他企业岗位达标工作的经验和做法，在企业内树立岗位达标的典型，鼓励职工互帮互学，开创你追我赶、争创岗位达标的局面，进一步推动和促进岗位达标。

6. 加强工作指导，推动岗位达标

各级安全生产监督管理部门要把岗位达标作为安全生产标准化建设的一项重要内容，加强本意见的宣贯工作，抓好企业负责人的业务培训；加强指导和组织协调，强化对企业岗位达标工作的监督检查，指导督促企业落实岗位达标的要求；适时总结和推广岗位达标工作中的成功经验和做法，为企业之间相互交流学习提供渠道和平台；充分利用电视、广播、报纸等新闻媒体，加强岗位达标的宣传，营造良好的舆论氛围。

各级工会组织要充分发挥引导职能，组织技能比赛、技术比武、师徒帮教、岗位练兵等活动，推广选树“金牌工人”、“首席职工”、“创新能手”、“创新示范岗”的经验，结合创建“工人先锋号”、“安康杯”竞赛等活动，不断提高员工安全生产意识和安全生产技能；要发挥安全生产监督检查职能，加强对岗位达标的检查，推动岗位达标。

各级团组织要深入推进青年文明号、青年岗位能手、青工技能振兴计划，开展“争创青年安全生产示范岗”活动，激励引导广大青年职工强化安全生产意识，提高安全生产技能，促进岗位达标。

第二节 有色金属压力加工企业安全生产标准化评定标准

一、考评说明

(1) 本标准所指的有色金属压力加工企业是指生产铸锭、板、带、箔、管、棒、型、线、锻件等有色金属产品（粉材除外）的企业，有色金属产品包括铝、铜、钛、镍、镁、锌、锡、铅等有色金属产品及其合金。本标准适用于有色金属压力加工企业开展安全生产标准化自评、申请、外部评审及各级安全生产监督管理部门监督审核等相关工作。

(2) 依法生产的有色金属压力加工企业在考核年度内未发生较大及以上生产安全事故的，可以参加安全生产标准化等级考评。

(3) 本评定标准分为13项考评类目、46项考评项目和239条考评内容。

(4) 在评定标准表中的自评/评审描述列中，企业及评审单位应根据评定标准的有关要求，针对企业实际情况，如实进行评分及扣分点说明、描述，并在自评扣分点及原因说明汇总表中逐条列出。

(5) 本评定标准中累计扣分的，均为直到该考评内容分数扣完为止，不得出现负分。有特别说明扣分的（在考评办法中加粗内容），在该类目内进行扣分。

(6) 本评定标准共计1 000分，最终标准化得分换算成百分制。换算公式如下：

标准化得分=标准化工作评定得分÷（1 000－不参与考评内容分数之和）×100。最后得分采用四舍五入，取小数点后一位数。

（7）标准化等级共分为一级、二级、三级，其中一级为最高。所评定等级须同时满足标准化得分和安全绩效要求（见下表）。

评定等级	标准化得分	安全绩效
一级	≥90	申请评审之日前一年内，无人员死亡的生产安全事故，重伤率≤1‰；无100万元以上直接经济损失的事故；无新增职业病发生。
二级	≥75	申请评审之日前一年内，死亡率≤0.1‰，重伤率≤2‰；无300万元以上直接经济损失的事故；新增职业病发病率≤1‰。
三级	≥60	申请评审之日前一年内，死亡率≤0.2‰；重伤率≤3‰；无500万元以上直接经济损失的事故；新增职业病发病率≤2‰。

（8）有色金属压力加工企业的安全生产标准化考评程序、有效期、等级证书和牌匾等按照《全国冶金等工贸企业安全生产标准化考评办法》（安监总管四〔2011〕84号）中有关要求执行。

二、评定标准

自评/评审单位：________________

自评/评审时间：从______年______月______日到______年______月______日

自评/评审组组长：____________ 自评/评审组主要成员：____________

考评类目	考评项目	考评内容	标准分值	考评办法	自评/评审描述	实际得分
一、安全生产目标	1.1 目标	建立安全生产目标管理制度，明确指标的制定、分解、实施、考核等环节内容。	3	无该项制度的，不得分；未以文件形式发布生效的，不得分；安全生产目标管理制度缺少制定、分解、实施、绩效考核等任一环节内容的，扣1分；未能明确相应环节的责任部门或责任人相应责任的，扣1分。		
		按照安全生产目标管理制度的规定，制定文件化的年度安全生产目标与指标。	5	无年度安全生产目标与指标计划的，不得分；安全生产目标与指标未以企业正式文件发布的，不得分。		

续表

考评类目	考评项目	考评内容	标准分值	考评办法	自评/评审描述	实际得分
一、安全生产目标	1.2　监测与考核	根据所属基层单位和部门在安全生产中的职能，分解年度安全生产目标，并制定实施计划和考核办法。	5	无年度安全生产目标与指标分解的，不得分；无实施计划或考核办法的，不得分；实施计划无针对性的，不得分；缺一个基层单位和职能部门的指标实施计划或考核办法的，扣1分。		
		按照制度规定，对安全生产目标和指标实施计划的执行情况进行监测，并保存有关监测记录资料。	4	无安全生产目标与指标实施情况的检查或监测记录的，不得分；检查和监测不符合制度规定的，每次扣2分；检查和监测资料不齐全的，扣2分。		
		定期对安全生产目标的完成效果进行评估和考核，依据评估考核结果，及时调整安全生产目标和指标的实施计划。 评估报告和实施计划的调整、修改记录应形成文件并加以保存。	3	未定期进行效果评估和考核的（含无评估报告），不得分；未及时调整实施计划的，不得分；调整后的目标与指标以及实施计划未以文件形式颁发的，扣1分；记录资料保存不齐全的，扣1分。		
		小计	20	得分小计		
二、组织机构和职责	2.1　组织机构和人员	建立设置安全生产管理机构、配备安全生产管理人员的管理制度。	8	无该项制度的，不得分；未以文件形式发布生效的，不得分；与国家、地方等有关规定不符的，每处扣1分。		
		按照相关规定设置安全生产管理机构或配备安全生产管理人员。	8	未设置或配备的，不得分；未以文件形式进行设置或任命的，不得分；设置或配备不符合规定的，不得分。		
		根据有关规定和企业实际，设立安全生产委员会或安全生产领导机构。	5	未设立的，不得分；未以文件形式任命的，扣2分；成员未包括主要负责人、部门负责人等相关人员的，扣1分。		
		安全生产委员会或安全生产领导机构每季度应至少召开一次安全生产专题会，协调解决安全生产问题。会议纪要中应有工作要求并保存。	5	未定期召开安全生产专题会的，不得分；无会议记录的，扣2分；未跟踪上次会议工作要求的落实情况的或未制定新的工作要求的，不得分；有未完成项且无整改措施的，每项扣1分。		

续表

考评类目	考评项目	考评内容	标准分值	考评办法	自评/评审描述	实际得分
二、组织机构和职责	2.2 职责	企业主要负责人应全面负责安全生产工作，并履行下列主要职责： (1) 组织建立、健全本单位的安全生产责任制，并保证有效执行。 (2) 组织制定安全生产规章制度和操作规程，并保证其有效实施。 (3) 保证本单位安全生产投入的有效实施。 (4) 督促、检查本单位的安全生产工作，及时消除生产安全事故隐患。 (5) 组织制定并实施本单位的生产安全事故应急救援预案。 (6) 及时、如实报告生产安全事故。	5	企业主要负责人安全生产职责不明确的，不得分；没有履行主要职责的，每项扣2分；**本小项不得分时，再加扣10分。**		
		建立针对安全生产责任制的制定、沟通、培训、评审、修订及考核等环节内容的管理制度。	2	无该项制度的，不得分；未以文件形式发布生效的，不得分；制度中每缺一个环节内容的，扣1分。		
		建立、健全安全生产责任制，并对落实情况进行考核。	2	未建立安全生产责任制的，不得分；未以文件形式发布生效的，不得分；每缺一个纵向、横向安全生产责任制的，扣1分；责任制内容与岗位工作实际不相符的，扣1分；没有对安全生产责任制落实情况进行考核的，扣1分。		
		对各级管理层进行安全生产责任制与权限的培训。	2	无该培训的，不得分；无培训记录的，不得分；每缺少一人培训的，扣1分；被抽查人员对责任制不清楚的，每人扣1分。		
		定期对安全生产责任制进行适宜性评审与更新。	3	未定期进行适宜性评审的，不得分；没有评审记录的，不得分；评审、更新频次不符合制度规定的，每次扣2分；更新后未以文件形式发布的，扣2分。		
		小计	40	得分小计		

续表

考评类目	考评项目	考评内容	标准分值	考评办法	自评/评审描述	实际得分
三、安全生产投入	3.1　安全生产费用	建立安全生产费用提取和使用管理制度。	4	无该项制度的，不得分；制度中每缺一项职责、流程、范围、检查等内容的，扣1分。		
		保证安全生产费用投入，专款专用，并建立安全生产费用使用台账。	6	未保证安全生产费用投入的，不得分；财务报表中无安全生产费用归类统计管理的，扣2分；无安全生产费用使用台账的，不得分；台账不完整齐全的，扣1分。		
		制订包含以下方面的安全生产费用的使用计划： （1）完善、改造和维护安全防护设备设施。 （2）安全生产教育培训和配备劳动防护用品。 （3）安全评价、重大危险源监控、事故隐患评估和整改。 （4）设备设施安全性能检测检验。 （5）应急救援器材、装备的配备及应急救援演练。 （6）安全标志及标识。 （7）其他与安全生产直接相关的物品或者活动。 制订职业危害防治，职业危害因素检测、监测和职业健康体检费用的使用计划。	25	无该使用计划的，不得分；计划内容每缺失一项的，扣5分；未按计划实施的，每项扣5分；有超范围使用的，每次扣4分。		
	3.2　相关保险	建立员工工伤保险、安全生产责任保险的管理制度。	4	无该项制度的，不得分；未以文件形式发布生效的，扣1分。		
		足额缴纳工伤保险费、安全生产责任保险费。	6	未缴纳的，不得分；无缴费相关资料的，不得分。		
		保障伤亡员工获取相应的保险与赔付。	10	有关保险评估、年费、返回资料、赔偿等资料不全的，每项扣2分；未进行伤残等级鉴定的，不得分；伤残等级鉴定每少一人，扣2分；赔偿不到位的，不得分。		
小计			55	得分小计		

续表

考评类目	考评项目	考评内容	标准分值	考评办法	自评/评审描述	实际得分
四、法律、法规与安全生产管理制度	4.1 法律、法规、标准规范	建立识别、获取、评审、更新安全生产法律、法规与其他要求的管理制度。	2	无该项制度的，不得分；缺少识别、获取、评审、更新等环节要求以及部门、人员职责等内容的，扣1分；未以文件形式发布生效的，扣1分。		
		各职能部门和基层单位应定期识别和获取本部门适用的安全生产法律、法规与其他要求，并向归口部门汇总。	2	每少一个部门和基层单位定期识别和获取的，扣1分；未及时汇总的，扣1分；未分类汇总的，扣1分。		
		每年应发布一次适用且有效的安全生产法律、法规与其他要求清单。及时将适用且有效的安全生产法律、法规与其他要求传达给从业人员。	2	无清单的，不得分；清单中安全生产法律、法规与其他要求不全的，每个扣1分；未传达的，不得分；传达每缺少一项的，扣1分。		
		企业应按照规定定期识别和获取适用的安全生产法律、法规与其他要求，并发布其清单。	2	未定期识别和获取的，不得分；工作程序或结果不符合规定的，每次扣1分；无安全生产法律、法规与其他要求清单的，不得分；每缺一个安全生产法律、法规与其他要求文本或电子版的，扣1分。		
		及时将识别和获取的安全生产法律、法规与其他要求融入企业安全生产管理制度中。	2	未及时融入的，每项扣1分；制度与安全生产法律、法规与其他要求不符的，每项扣1分。		
		及时将适用的安全生产法律、法规与其他要求传达给从业人员，并进行相关培训和考核。	2	未培训考核的，不得分；无培训考核记录的，不得分；每缺少一项培训和考核的，扣1分。		
	4.2 规章制度	建立文件的管理制度，确保安全生产规章制度和操作规程编制、发布、使用、评审、修订等效力。	2	无该项制度的，不得分；未以文件形式发布的，不得分；缺少环节内容的，每处扣1分。		

续表

考评类目	考评项目	考评内容	标准分值	考评办法	自评/评审描述	实际得分
四、法律、法规与安全生产管理制度	4.2　规章制度	按照相关规定建立和发布健全的安全生产规章制度，至少包含下列内容：安全生产责任制、领导现场带班、岗位达标制度、安全生产投入、文件和档案管理、风险评估和控制管理、安全教育培训管理、特种作业人员管理、设备设施安全管理、消防安全管理、建设项目安全“三同时”管理、施工和检维修安全管理、危险物品及重大危险源管理、作业安全管理、相关方及外来用工（单位）管理、安全技术措施审批管理、职业健康管理、安全标识、劳动防护用品（具）和保健品管理、隐患排查及治理、安全生产考核管理、应急管理、事故管理、安全绩效评定管理等制度。	10	未以文件形式发布的，不得分；每缺一项制度的，扣1分；制度内容不符合规定或与实际不符的，每项扣1分；无制度执行记录的，每项扣1分。		
		将安全生产规章制度发放到相关工作岗位，并对员工进行培训和考核。	3	未发放的，扣2分；无培训和考核记录的，不得分；每缺少一项培训和考核的，扣1分。		
	4.3　安全操作规程	基于岗位生产特点中的特定风险的辨识，编制齐全、适用的岗位安全操作规程。	12	无岗位安全操作规程的，不得分；岗位操作规程不齐全、不适用的，每处扣1分；内容没有基于特定风险分析、评估和控制的，每处扣1分。		
		向员工下发岗位安全操作规程，并对员工进行培训和考核。	6	未发放至岗位的，不得分；每缺一个岗位的，扣1分；无培训和考核记录等资料的，不得分；每缺一个培训和考核的，扣1分。		
	4.4　评估	每年至少一次对安全生产法律、法规、标准规范、规章制度、操作规程的执行情况和适用情况进行检查、评估。	5	未进行的，不得分；无评估报告的，不得分；评估报告每缺少一个方面内容的，扣1分；评估结果与实际不符的，扣2分。		
	4.5　修订	根据评估情况、安全检查反馈的问题、生产安全事故案例、绩效评定结果等，对安全生产管理规章制度和操作规程进行修订，确保其有效和适用。	5	应组织修订而未组织进行的，不得分；该修订而未修订的，每项扣1分；无修订计划和记录资料的，不得分。		

续表

考评类目	考评项目	考评内容	标准分值	考评办法	自评/评审描述	实际得分
四、法律、法规与安全生产管理制度	4.6 文件和档案管理	建立文件和档案的管理制度，明确责任部门、人员、流程、形式、权限及各类安全生产档案及保存要求等。	5	无该项制度的，不得分；未以文件形式发布的，不得分；未明确安全生产规章制度和操作规程编制、使用、评审、修订等责任部门、人员、流程、形式、权限等的，扣2分；未明确具体档案资料、保存周期、保存形式等的，扣2分。		
		确保安全生产规章制度和操作规程编制、使用、评审、修订的效力。	2	未按文件管理制度执行的，不得分；缺少环节记录资料的，扣1分。		
		对下列主要安全生产资料进行档案管理：主要安全生产文件、事故、事件记录；培训记录；标准化系统评价报告；事故调查报告；检查、整改记录；职业健康检查与监护记录；安全生产会议记录；安全生产活动记录；法定检测记录；关键设备设施档案；应急演练信息；承包商和供应商信息；维护和校验记录；技术图纸等。	8	未实行档案管理的，不得分；档案管理不规范的，扣2分；每缺少一类档案的，扣1分。		
	小计		70	得分小计		
五、教育培训	5.1 教育培训管理	建立安全教育培训的管理制度。	4	无该项制度的，不得分；未以文件形式发布生效的，不得分；制度中缺少一类培训规定的，扣1分；有与国家有关规定不一致的，扣1分。		
		确定安全教育培训主管部门，定期识别安全教育培训需求，制订各类人员的培训计划。	4	未明确主管部门的，不得分；未定期识别需求的，扣1分；识别不充分的，扣1分；无培训计划的，不得分；培训计划中每缺一类培训的，扣1分。		
		按计划进行安全教育培训，对安全培训效果进行评价和改进；做好培训记录，并建立档案。	6	未按计划进行培训的，每次扣1分；记录不完整齐全的，每项扣1分；未进行效果评估的，每次扣1分；未根据评估作出改进的，每次扣1分；未进行档案管理的，不得分；档案资料不完整齐全的，每次扣1分。		

续表

考评类目	考评项目	考评内容	标准分值	考评办法	自评/评审描述	实际得分
五、教育培训	5.2 安全生产管理人员教育培训	主要负责人和安全生产管理人员，应具备与本单位所从事的生产经营活动相适应的安全生产知识和管理能力，经培训考核合格后方可任职。	6	主要负责人未经考核合格就上岗的，不得分；安全生产管理人员未经培训考核合格的或未按有关规定进行再培训的，每人扣2分；培训要求不符合国家安全生产监督管理总局令第3号要求的，每次扣2分。		
	5.3 操作岗位人员教育培训	对岗位操作人员进行安全教育和生产技能培训和考核，考核不合格人员，不得上岗。 对新员工进行“三级”安全教育。 在新工艺、新技术、新材料、新设备设施投入使用前，应对有关岗位操作人员进行专门的安全教育和培训。 岗位操作人员转岗，离岗3个月以上重新上岗者，应进行车间（工段）、班组安全教育培训，经考核合格后，方可上岗工作。	15	未经培训考核合格就上岗的，每人次扣5分；未进行“三级”安全教育的，每人次扣5分；在新工艺、新技术、新材料、新设备设施投入使用前，未对岗位操作人员进行专门的安全教育培训的，每人次扣5分；未按规定对转岗、离岗复工者进行培训考核合格就上岗的，每人次扣5分。		
	5.4 特种作业和特种设备作业人员教育培训	从事特种作业人员和特种设备作业的人员应取得特种作业操作资格证书，方可上岗作业。	10	特种作业人员和特种设备作业人员配备不合理的，每次扣2分；有特种作业和特种设备作业岗位但未配备相应作业人员的，每次扣2分；无特种作业和特种设备作业资格证书上岗作业的，每人次扣4分；证书过期未及时审核的，每人次扣2分；缺少特种作业和特种设备作业人员档案资料的，每人次扣2分。		
	5.5 其他人员教育培训	对外来参观、学习、实习等人员进行有关安全规定、可能接触到的危害及应急知识等内容的安全教育和告知，并由专人带领。	5	未进行安全教育和危害告知的，不得分；内容与实际不符的，扣1分；未提供相应劳动保护用品的，不得分；无专人带领的，不得分。		
	5.6 安全文化建设	采取多种形式的活动来促进企业的安全文化建设，促进安全生产工作。	5	未开展企业安全文化建设的，不得分；安全文化建设与《企业安全文化建设导则》（AQ/T 9004）不符的，扣2分。		
	小计		55	得分小计		

续表

考评类目	考评项目	考评内容	标准分值	考评办法	自评/评审描述	实际得分
六、生产设备设施	6.1 生产设备设施建设	新改扩建设项目应依照国家相关法规、标准的规定，严格履行立项、审批和审查，以及安全及职业卫生设施“三同时”制度、项目安全和职业卫生专篇、安全和职业卫生预评价、安全验收评价和职业病控制效果评价等审查、批复和备案等程序；按照《建设工程消防监督管理规定》（公安部令第106号）的要求，进行消防设计审核和消防验收。	10	建设项目无立项、审批和审查等批复手续的，不得分；未执行“三同时”要求的，不得分，并加扣20分；未按照规定进行安全和职业卫生预评价、安全和职业卫生专篇、安全验收评价和职业病控制效果评价程序的，每项扣3分；每缺一项程序的，扣2分；未按规定时间段执行的，每次扣1分；未按照《建设工程消防监督管理规定》进行消防设计审核和消防验收的，不得分。		
		设有集中的监控及火警处理中心，并定期对系统进行检查。	3	无监控及火警处理中心的，不得分；未定期检查的，扣1分。		
		厂址选择、厂区布置和主要车间的工艺布置应遵循《工业企业总平面设计规范》（GB 50187）的规定；厂区布置应合理安排车流、人流、物流，应设有安全通道；供电主控室、室内开关站、整流器室、变配电室、计算机室、地下油库、地下液压站、地下润滑站等要害部位，应按规定设置安全出入口，出入口设置的门应向外开。	4	建厂设计文件中未按规范进行厂址选择论证的，不得分；不符合要求的，每处扣1分；未按规定设置外开门的，每处扣1分。		
		厂区内的建构筑物，应按《建筑物防雷设计规范》（GB 50057）的规定设置防雷设施，供电整流设备、动力配电设备、计算机设备、油罐等重点设备、设施均应按相关设计规范设置防雷设施，并定期由具备检测资质的部门进行检测。	5	未按规定设置防雷设施的，每处扣1分；未定期检测的，扣1分；检测部门无资质的，不得分；未提供检测报告的，扣1分；防雷设施不完好的，每处扣1分。		
		厂内的铁路、道路设施（包括车辆、铁路、道口、道路安全标识等）以及列车运行和调车作业，道路运输车辆、货物装卸、车辆行驶应符合《工业企业厂内铁路、道路运输安全规程》（GB 4387）规定。	4	有一处不符合规定的，扣1分。		

续表

考评类目	考评项目	考评内容	标准分值	考评办法	自评/评审描述	实际得分
六、生产设备设施	6.1　生产设备设施建设	厂房照明应按照《建筑采光设计标准》（GB 50033）和《建筑照明设计标准》（GB 50034）的规定设置；厂房、车间紧急出入口、通道、走廊、楼梯及主要会议室、操作室、计算机室、室内开关站、整流器室、变频室、配电室、电缆隧道、地下室、液压站、油库、泵房、酸碱洗槽、监控中心、供气站等关键场所，应按规定设置应急照明，并定期检查。	4	天然采光和人工照明不符合要求的，每处扣1分；未定期检查的，扣1分；关键场所未按规定设置应急照明或不能正常使用的，每处扣1分。		
		设备设施应符合有关法律、法规、标准规范要求。	6	设备选型应符合项目设计方案，不应选用国家明令淘汰、不准许使用的、危及生产安全的设备设施，有一台（套）设备不符合要求的，扣1分；**存在重大风险或隐患的，除本分值扣完后，再加扣12分。**		
		危险场所和其他特定场所，使用的照明器材应遵守下列规定并定期检查： （1）有爆炸和火灾危险的场所，应按其危险等级选用相应的照明器材。 （2）有酸碱腐蚀的场所，应选用耐酸碱的照明器材。 （3）潮湿地区，应采用防水性照明器材。 （4）含有大量烟尘但不属于爆炸和火灾危险的场所，应选用防尘型照明器材。特殊场所应配备相应的照明器材。	4	使用不符合现场要求的照明器材的，每处扣1分。		
		轧机计算机及PLC、轧机火警控制中心、铸轧生产线设备主机电控系统及通信系统宜配置UPS不间断电源。	3	未配置UPS电源的，每处扣1分。		
		重点防火设施应通过消防设计审查及公安消防部门竣工验收。主要生产场所消防建设应符合《建筑设计防火规范》（GB 50016）的相关规定。	3	重点防火设施未通过公安消防部门验收的，不得分；不符合规定的，每处扣1分。		

续表

考评类目	考评项目	考评内容	标准分值	考评办法	自评/评审描述	实际得分
六、生产设备设施	6.1 生产设备设施建设	生产场所应根据易燃、易爆物质的物理及化学性质，合理设计灭火系统、报警系统及选择灭火设备类型（如非水灭火）。合理布置消防水栓，并保证水量、水压。灭火器的配置应符合《建筑灭火器配置设计规范》（GB 50140），并定期检查维护。	4	不符合规定的，每处扣1分；未定期检查维护的，扣1分。		
		厂区内的坑、沟、池、井、洞、孔和高处的边缘等，应设置安全盖板、防护栏、平台和梯子；牵引机轨道、中断锯、淬火炉水槽周围应设置防护栏杆；淬火炉本体上应设置防护栏杆、楼梯；需到顶部作业、检修的油箱应设置走廊、栏杆、梯子；油箱梯子与走廊表面必须经防滑处理，并在醒目位置放置防滑防摔警示牌；直梯、斜梯、防护栏杆和工作平台应符合《固定式钢直梯安全技术条件》（GB 4053.1）、《固定式钢斜梯安全技术条件》（GB 4053.2）、《固定式工业防护栏杆安全技术条件》（GB 4053.3）、《固定式工业钢平台》（GB 4053.4）的规定。	4	未按要求设计的，不得分；不符合要求的，每处扣1分。		
		生产岗位操作室、会议室、生活辅助设施（更衣室、浴池、食堂）、车间主配电室等场所应符合《工业企业设计卫生标准》（GBZ 1），与吊运熔融金属液及危险物品的影响范围、高压设备、高压管路间保持安全距离。	3	有一处不符合要求的，不得分。		
		高压配电装置设计应符合规范《3～110 kV高压配电装置设计规范》（GB 50060）；低压电气装置设计应符合规范《低压配电设计规范》（GB 50054）；电力装置的继电保护、非电量保护和自动装置设计应符合《电力装置的继电保护和自动装置设计规范》（GB 50062）。	3	不符合要求的，每处扣1分。		

续表

考评类目	考评项目	考评内容	标准分值	考评办法	自评/评审描述	实际得分
六、生产设备设施	6.1　生产设备设施建设	整流机组及动力变配电系统的电、操控设备配置的安全联锁、快停、急停等本质安全设计与装置应符合设计规范要求，并定期检测。	2	未定期检测的，每处扣1分。		
		供电主控室、配电值班室、主电缆隧道和电缆夹层，应设有火灾自动报警器、烟雾火警信号装置、灭火装置和防止小动物进入的措施；整流及动力变压器设施应设置防火墙，电缆进出穿线时封闭、预留孔洞应用防火材料密封。	3	未设装置的，不得分；未设防小动物进入措施的，每处扣1分；未设防火墙的，每处扣1分；未用防火材料封堵的，每处扣1分。		
		各种变压器应设有安全防护设施，并挂安全警示牌。	2	未设防护设施的，不得分；未挂安全警示牌的，每处扣1分。		
		裸露接线柱应设有安全防护设施。	4	未安装安全防护设施的，每处扣1分。		
		电缆不能和燃油管、可燃气体输送管道共同敷设在同一沟道内或行架上。	3	不符合要求的，每处扣1分。		
		桥式起重机、电葫芦、卷扬机、龙门吊、汽车吊、电梯等起重设备应符合《起重机设计规范》（GB 3811）和《起重机械安全规程》（GB 6067）要求；限位器、联锁开关、制动器、限载器、报警器等安全设施应齐全；电梯应设置应急保安电源；用于吊运熔融金属液的桥式起重机应符合《冶金起重机技术条件铸造起重机》（JB/T 7688.15）的标准要求。	10	不符合要求的，每处扣2分；安全设施每缺一项的，扣2分；电梯无应急保安电源的，每处扣2分；吊运熔融金属液的桥式起重机不符合要求的，每处扣4分。		
		厂房起重机滑线应安装通电指示灯或采用其他标识带电的措施；裸露滑线应布置在吊车驾驶室对面；若布置在驾驶室同一侧，应采取安全防护措施。	3	未安装通电指示灯或未采用其他标识带电措施的，每处扣1分；裸露滑线布置在驾驶室一侧，未采取安全防护措施的，每处扣1分。		

续表

考评类目	考评项目	考评内容	标准分值	考评办法	自评/评审描述	实际得分
六、生产设备设施	6.1 生产设备设施建设	金属液包及金属液包吊具的生产应符合《铁水浇包 第1部分：基本参数》(JB 5771.1) 和《铁水浇包 第2部分：技术条件》(JB 5771.2) 的有关规定，并定期检查。	2	不符合要求的，每处扣1分；未定期检查的，扣1分。		
		蒸汽缓冲器、压缩空气储罐、真空罐等压力容器应符合《固定式压力容器安全技术监察规程》(TSGR 0004) 的要求，压力管道应符合《压力管道安全技术监察规程—工业管道》(TSGD 0001) 的规定，各种安全附件（安全阀、压力表、温度表等）应齐全，并按照相关规定定期检查。	6	不符合要求的，每处扣2分；安全附件每缺一项的，扣1分；未按照相关规定定期检查的，每处扣1分。		
		电动轨道平板车应有明确运行方向的按钮、声光报警装置、扫轨器，轨道两端端头应安装阻挡装置，并定期检查；过跨车应设置专有安全区域。	5	未安装声光报警装置的，每处扣1分；未安装阻挡装置的，每处扣1分；未安装扫轨器的，每处扣1分；无明确方向按钮的，每处扣1分；未定期检查的，每处扣1分。		
		设备裸露的转动或快速移动部分，应按规定设置联锁装置和安全防护设施，并定期检查。	4	未设置联锁装置和安全防护设施的，每处扣1分；未定期检查的，每处扣1分。		
		熔炼炉、保温炉和铸造机周边地面应干燥，周边不应有积水坑（铸造井、铸造坑除外）；铸造厂房内的地坑应进行防渗漏设计和施工，防止地下水渗入；熔炼、铸造设备、盐浴槽上方不应设置存在滴、漏水隐患的设施。	4	熔炼炉、保温炉和铸造机周边有积水坑的，每处扣1分；铸造厂房地坑有水渗入的，每坑（井）点扣1分；熔炼、铸造设备、盐浴槽上方设置存在滴、漏水隐患设施的，每处扣1分。		
		熔炼炉及保温炉区域起重机的司机室，应有良好的通风、防尘设施。	2	未安装良好的通风、防尘设施的，不得分。		
		熔炼炉、保温炉放流口（流眼处）应备有塞棒（流眼钎子），每个眼备用2个，并定期检查。	3	备用塞棒（流眼钎子）不符合要求的，每处扣1分；未定期检查的，扣1分。		
		真空熔炼炉应设有泄爆阀等装置，真空自耗炉应设有泄爆洞并通室外；电子束炉应设有防辐射设施。	2	未设置泄爆装置的，每处扣1分；未设置防辐射设施的，扣1分。		

续表

考评类目	考评项目	考评内容	标准分值	考评办法	自评/评审描述	实际得分
六、生产设备设施	6.1 生产设备设施建设	铸造机升降平台或托架等，不得有储水空间。	3	铸造机升降平台或托架有储水空间的，不得分。		
		铸造倾翻炉应设置紧急复位操作系统，液位自动检测、控制系统等联锁保护装置。	2	无紧急复位的手动操作装置的，扣1分；未设置联锁保护装置的，每处扣1分。		
		用水冷却的熔炼炉、铸造机应设置应急冷却水源。	3	未设置应急冷却水源的，每处扣1分。		
		铸井应涂刷防爆涂料，并定期检查防爆层是否完好。	2	未涂刷防爆涂料的，不得分；未定期检查的，扣1分。		
		铸造浇铸生产流程中应设置金属液紧急排放和储存的设施；过滤除气装置放干放流口（流眼处）应备有该装置1.5倍以上金属液容量的放干箱。	2	未设置金属液紧急排放和储存设施的，不得分；未设置放干箱的，不得分；放干箱容量不符合要求的，扣1分。		
		铸锭专用铣床刀盘、刀具应安装牢固，并安装防刀盘飞出和防止金属屑飞溅的设施。	2	未安装防刀盘飞出和防止金属屑飞溅设施的，每处扣1分。		
		清擦铸锭下表面异物时，应配置专用料架，并安全可靠。	3	未配置专用料架的，不得分；专用料架不可靠的，扣2分。		
		轧机应设超温、超压、超速报警联锁装置；油雾发生器应有超温报警联锁装置；油烟风道应安装防火挡板；风道的适当位置上应装有灭火探头，并定期检测。	3	未设置超温、超压、超速报警联锁装置的，每处扣1分；未设置防火挡板的，扣1分；未装灭火探头的，每处扣1分；未定期检测的，扣1分。		
		全油轧机及其板式过滤器和油箱室（地下室）应配置火灾自动报警和灭火系统；轧辊轴承箱、支撑辊轴承箱、轧制油泵轴承应安装温度监控联锁装置，并定期检测。热轧机应配备防液压油泄漏起火的灭火设施或器材。	4	未设置自动报警和灭火系统的，不得分；未设置温度监控联锁装置的，扣1分；未定期检测的，扣1分。		
		高速轧机应设断带保护装置，防止断带时轧制油着火。	3	未设置断带保护装置的，不得分。		

续表

考评类目	考评项目	考评内容	标准分值	考评办法	自评/评审描述	实际得分
六、生产设备设施	6.1 生产设备设施建设	全油轧机的自动灭火系统应与主电源系统、润滑系统、送排风系统设联锁装置，自动灭火系统应由有资质的单位进行维护保养，并定期试喷。	4	维护保养单位没有资质的，不得分；未定期试喷的，扣1分；未设置联锁装置的，每处扣1分。		
		带冷床的轧机视频监控应完好。	2	无监控的，不得分；视频监控不完善的，每处扣1分。		
		压力加工设备应设有压力、油温、油位、速度检测及显示系统，并定期检测。	2	未设置监控系统的，扣1分；未定期检测的，扣1分。		
		锻压机工作台与中顶器、侧顶器应设置联锁装置，并定期检查。	4	未设置联锁装置的，每处扣1分；未定期检查的，扣1分。		
		除水压机外，在压力加工设备主操作台、辅操作台应设有电源紧急停电按钮，并定期检查。	3	未设置紧停按钮的，不得分；紧停功能无效的，每处扣1分；未定期检查的，扣1分。		
		板材剪切机列、矫直机列的圆盘剪、矫直机、剪切机等高危部位应有安全防护装置及清辊安全防护装置，并定期检查。	4	未设置安全防护装置的，不得分；安全防护装置无效的，每处扣1分；未定期检查的，扣1分。		
		拉拔机、轧管机、轧机等生产设备在操作台上应设紧急停车按钮，并应定期对紧急停车装置进行试验。	2	未设置紧停按钮的，不得分；紧急停车装置无效的，每处扣1分。		
		拉拔机要设专门的润滑油坑对润滑油进行回收。	2	未设置润滑油坑的，不得分。		
		各热处理炉应设超温报警联锁装置，并定期检查。	2	未配备超温报警联锁装置的，不得分；未定期检查的，扣1分。		
		燃气的加热炉和退火炉应安装燃气点火、熄火、泄漏报警装置，并定期检测；燃气炉的烧嘴应设防回火装置。	3	未安装燃气点火、熄火、泄漏报警装置的，每处扣1分；未并定期检测的，扣1分。		
		感应加热炉应设缺水、缺相、短路、欠压、过热等故障报警装置，在高压侧加装过电压保护器，并定期检查。	3	未设置故障报警装置的，不得分；未安装电压保护器的，扣2分；未定期检查的，扣1分。		

续表

考评类目	考评项目	考评内容	标准分值	考评办法	自评/评审描述	实际得分
六、生产设备设施	6.1　生产设备设施建设	立式淬火炉应设测高装置并定期校验。	2	未设置测高装置的，不得分；未定期校验的，扣1分。		
		盐浴槽区域厂房应配置机械通风装置。	3	未设置机械通风的，不得分。		
		盐浴槽的槽体与加热元件、母线之间、各保护罩应采取可靠绝缘并设置电流接地报警装置；盐浴槽、淬火油池应配置两套以上独立的智能温控和报警系统。	3	未设置绝缘的，每处扣1分；未设置报警系统的，每处扣1分。		
		油库地下室的送风系统应完备，消防器材应齐全完好、易取。	2	不符合要求的，每处扣1分；未配备消防器材的，不得分。		
		储油、储酸罐应设有液位显示及控制系统，储罐周围应设置围堰。	4	无液位显示仪的，每处扣1分；无控制系统的，每处扣1分；储罐周围未设置围堰的，每处扣1分。		
	6.2　设备设施运行管理	建立设备设施运行台账，制定检修、维修计划，并按照计划实施；检修结束，应进行验收；针对设备设施的运行情况，适时修改设备、设施的检修、维护、保养的相关管理标准和规范。	5	未建立设备运行台账的，不得分；无检修、维修计划的，不得分；验收资料不齐全的，每次（项）扣1分；检修、维修计划未执行的，每次（项）扣1分。		
		机械设备、设施、工具、配件等完整无缺陷；应做好设备、设施的检修、维护和保养工作，并有检查记录。	2	机械设备、设施、工具、配件等，不完整或有缺陷的，每处扣1分；对设备、设施的检修、维护、保养情况，没有检查记录的，每处扣1分。		
		危险化学品应符合《危险化学品安全管理条例》（国务院令第591号）的相关规定。	3	不符合要求的，每处扣1分。		
		起重设备应符合规定，并取得政府主管部门颁发的运行许可证，定期进行检测、检验。	6	未取得运行许可证的，不得分；未按期进行检测、检验的，每台次扣4分。		

续表

考评类目	考评项目	考评内容	标准分值	考评办法	自评/评审描述	实际得分
六、生产设备设施	6.2 设备设施运行管理	起重设备的下列安全装置，应按制度进行检查： （1）吊车之间防碰撞装置。 （2）大、小行车端头缓冲和防冲撞装置。 （3）起重量限制器。 （4）主、副卷扬限位、报警装置。 （5）登吊车信号装置及门联锁装置。 （6）露天作业的防风装置。 （7）电动警报器或大型电铃以及警报指示灯。 （8）地面操作手柄要有急停按钮。 （9）吊运熔融金属起重设备应安装起升机构独立的双级制动和双限位装置，机械绝缘等级为H级。 （10）吸盘吊失压保护装置。	10	没有检查记录的，不得分；检查记录不符合记录要求的，每处扣1分；安全装置不齐全的，每处扣1分；安全装置不灵敏、不可靠的，每处扣1分。		
		吊具应在其额定载荷范围内使用。钢丝绳和链条的安全系数、钢丝绳的报废标准、限重标识应符合《起重机械安全规程》（GB 6067）的有关规定。	5	超额定载荷使用吊具的，不得分；未设置限重标识的，每处扣1分。		
		施工现场临时用电应符合《施工现场临时用电安全技术规范》（JGJ46）规定： （1）TN系统除在配电室或总配电箱处做重复接地外，还应在中间和末端处做重复接地且保护接地每处接地电阻不大于10 Ω。 （2）配电柜应装设漏电隔离开关及短路、过载漏电保护器，电源开关分断时应有明显的断点。 （3）隧道、人防工程、高温、有导电灰尘、比较潮湿或灯具离地面高度低于2.5 m等场所的照明，电源电压不应大于36 V。	6	不符合要求的，每处扣1分。		

续表

考评类目	考评项目	考评内容	标准分值	考评办法	自评/评审描述	实际得分
六、生产设备设施	6.2 设备设施运行管理	长期停用、检修后或新装电动机，电加热炉和退火炉长时间停用，送电前应检测其绝缘；定期对电机、变压设备、油烟较重及潮湿、粉尘场所的电器设备设施进行绝缘测量，并做好记录；电气安全绝缘工器具由具备检测资质的部门进行定期检测。	4	未定期检测绝缘的，扣2分；无记录的，扣1分；绝缘工器具未定期检测的，扣1分；检测部门无资质的，不得分；未出具检测报告的，不得分。		
		全油轧机本体、管道及油箱等应保证接地良好并定期检测。	2	未定期检测的，每处扣1分。		
		定期对熔炼和保温炉的烧嘴、流眼、阀门、控制系统及安全装置进行检查。	2	未定期检查的，每处扣1分。		
		针对铸造生产的实际情况，及时修订和完善铸造设备防爆、防金属液泄漏、防砸制度，对运行情况进行检查。	3	未及时修订和完善的，扣1分；未按制度执行的，每项扣1分；未进行检查的，扣1分。		
		定期对连铸连轧机组、铸造机、锯切机的防护装置完好和使用情况进行检查。	2	未定期检查的，每处扣1分；防护装置不完好的，每处扣1分。		
		配备有透气砖的金属液保温炉，应采取有效的监控、预防措施，对透气砖定期检查。	2	未对透气砖采取有效监控及预防措施、未定期检查的，均不得分。		
		保温炉每次放金属液铸造前，应检查、确认放流管（流眼砖）、流槽完好；倾翻式保温炉倾倒金属液时，应确保流眼与流槽搭接处堵塞严实，应控制流眼流量，防止溢出。	4	未进行检查的，每处扣1分；未堵塞严实的，每处扣1分。		
		每次铸造前对应急水源进行检测，并测试压力，铸造过程中，若发现正常供水压力不足时应能启动备用水源。	4	未进行检测的，扣1分；备用水源不能启动的，不得分。		
		铸造时应用测液仪自动检测金属液面。	2	不符合要求的，不得分。		
		炉内金属液面与炉门下沿高度差不应小于规定的安全距离。	3	高度差小于安全距离的，不得分。		

续表

考评类目	考评项目	考评内容	标准分值	考评办法	自评/评审描述	实际得分
六、生产设备设施	6.2 设备设施运行管理	转炉前，应确认放流管（流眼砖）、流槽完好，流眼与流槽、流槽之间接口堵塞严实，防止金属液泄漏。转炉时，应根据流槽中液位情况及时调节流眼中的金属液流量。	2	不符合要求的，每处扣1分。		
		输送、转注金属液所使用的流槽、流盘、分配盘等在输送、转注前须经充分干燥并保证畅通；接触金属溶液的工具应按制度提前烘干。	2	不符合要求的，每处扣一分。		
		盐浴槽在运行过程中应定时巡视检查；对槽体每两年至少进行一次安全性能检测。	5	无定时巡视检查记录的，扣1分；未对槽体定期检测的，扣1分。		
		定期对压力加工设备配电控制盘柜、压机配电控制盘柜进行清灰，端子紧固。	2	未对配电控制盘柜进行定期清灰或端子紧固的，每处扣1分。		
		定期对轧管机、拉拔机直流电机励磁系统线路接触情况进行检查，确保无断路。	3	未定期检查的，不得分；检查无记录的，每项扣1分。		
		与运行中的X射线或放射性同位素测厚仪保持安全距离并定期检测其放射量。	2	未保持安全距离的，每人次扣1分；未定期检测的，扣1分。		
	6.3 设备设施验收及报废拆除	设备的设计、制造、安装、使用、检测、维修、改造、报废和拆除，应符合有关法律、法规、标准规范的要求，应优先选用本质安全型设备；应建立更新设备设施验收及报废、拆除的管理制度，并及时完善、修订。	7	不符合有关标准规范的，不得分；未建立制度的，每项扣2分；管理制度操作性差的，扣1分。		
		按规定对新设备设施进行验收，确保使用质量合格、设计符合要求的设备设施。	2	未对设备进行验收（含其安全设备设施）的，每处扣1分；使用不符合要求设备的，每处扣1分。		
		按规定对不符合要求的设备设施进行报废或拆除，并采取必要的安全技术防范措施和管理措施。	3	未按规定进行的，不得分；涉及危险物品的生产设备设施的拆除，无危险物品处置方案的，不得分；未采取防范措施的，每处扣1分。		
小计			280	得分小计		

续表

考评类目	考评项目	考评内容	标准分值	考评办法	自评/评审描述	实际得分
七、作业安全	7.1　生产现场管理和生产过程控制	定期对生产现场和生产过程、环境存在的风险和隐患进行辨识、评估分级，制定相应的控制措施，并得到落实；根据实际变化情况及时进行更新。	10	无风险和隐患辨识、评估分级汇总资料的，不得分；辨识所涉及的范围未全部涵盖的，每少一处扣2分；每缺一类风险和隐患辨识、评估分级的，扣4分；缺少控制措施或针对性不强的，每类扣2分；控制措施不落实的，每处扣2分；现场岗位人员不清楚岗位有关风险及其控制措施的，每人次扣2分。		
		生产操作现场应有严格的管理措施，与生产无关人员不应进入生产操作现场。	3	与生产无关人员进入生产操作现场的，发现一次扣1分。		
		生产现场应实行定置管理，物品摆放整齐、有序，区域划分科学合理。	4	未开展定置管理的，不得分；定置管理不规范的，每处扣2分；定置不合理的，每处扣2分。		
		现场不应有“跑、冒、滴、漏”现象，保持地面整洁，对现场所有区域的卫生，划分区域责任人，并明确工作标准要求。	7	不符合要求的，每处扣1分。		
		对下列危险作业，按照相关管理制度严格执行审批手续或签发工作票或安排专人进行现场安全生产管理，并确保安全生产措施的落实： （1）危险区域动火作业。 （2）进入受限空间作业。 （3）有中毒或窒息环境作业。 （4）高处作业。 （5）大型吊装作业。 （6）易燃、易爆环境作业。 （7）特种设备拆除安装、修理作业。 （8）电气作业。 （9）交叉作业。 （10）其他危险作业。	7	未执行审批手续或工作票的，不得分；工作票中危险分析和控制措施不全的，扣2分；授权程序不清或签字不全的，扣1分；审批手续及工作票未存档的，扣1分；安全措施未落实的，每项扣2分。		

续表

考评类目	考评项目	考评内容	标准分值	考评办法	自评/评审描述	实际得分
七、作业安全	7.1　生产现场管理和生产过程控制	按维护检修计划定期对设备设施进行检修；检修前，应对检修人员进行施工现场安全交底，对现场进行危险源辨识，制定控制措施，并进行监督检查。	5	未按计划检修、维修的，每项扣2分；检修、维修方案未包含作业危险分析和控制措施的，每项扣1分；未对检修人员进行施工现场安全交底的，每次扣1分；未执行检修计划的，每处扣1分；检修完毕未及时恢复安全装置的，每处扣1分；未经安全生产管理部门同意就拆除安全设备设施的，每处扣1分；检修完毕后未按标准进行调试、签字验收的，每项扣1分；安全设备设施检修、维修记录归档不规范、不及时的，每处扣1分。		
		设备操作、检修、清理所使用的设备、工器具等应安全可靠；高处作业应系好安全带、绳，垂直交叉作业应设安全防护棚或围栏，并设置警示、提示标志。	2	不符合要求的，每处扣1分。		
		检修、清理中拆除的安全装置，检修、清理完毕应及时恢复。	2	未及时恢复的，每处扣1分；安全防护装置的变更，未经主管部门同意的，每处扣1分。		
		立式铸造的平台周围及地面应避免油污、保持清洁；清理竖井时应保持通风；在生产准备、吊运成品、清理竖井和通风等作业，应有防止人员坠落的措施。	2	现场不清洁的，每处扣1分；不能保持通风的，不得分；防范措施落实不到位的，每处扣1分。		
		铸造开始前应将底座（引锭头）上表面残留水吹干，底座（引锭头）不应有金属液泄漏的通道。	4	不符合要求的，每处扣1分。		
		直径350 mm以下密排式多模圆锭结晶器，应备有二分之一以上铸模数量的应急铸模堵头。	2	不符合要求的，每处扣1分。		
		放流、安装过滤板、堵、除气室流眼操作程序正确、规范。	2	不符合要求的，每处扣1分。		
		熔铝的电炉在加料、扒渣、精炼、取样、清炉时应停电。	2	不符合要求的，每处扣1分。		

续表

考评类目	考评项目	考评内容	标准分值	考评办法	自评/评审描述	实际得分
七、作业安全	7.1　生产现场管理和生产过程控制	轧机卷取捆卷应开启安全联锁装置；金属卷捆绑前应压住料头，捆绑牢固；堆放应采取防滚动的措施。	3	不符合要求的，每处扣1分。		
		金属带材开卷时应先压住料头，后剪捆绑带，不准正对料头剪切捆绑带。	2	不符合要求的，每处扣1分。		
		煤气炉在系统停用后重新点火前，应先做煤气爆发试验，确认煤气成分合格；天然气炉重新点火前，应对炉膛进行充分的吹扫。	3	不符合要求的，每处扣1分。		
		具体明确各类煤气危险区域。在第一类区域，应戴上呼吸器方可工作；在第二类区域，应有监护人员在场，并备好呼吸器方可工作；在第三类区域，可以工作，但应有人定期巡查。	5	不符合要求的，每处扣2分。		
		在有煤气危险的区域作业，应两人以上进行，并携带便携式一氧化碳报警仪。	2	不符合要求的，不得分。		
		氧气瓶、乙炔瓶、液化气瓶，氯气罐、氨气罐、酸罐等易燃易爆物品及危险化学品，应由专人管理，按规定存放和使用，现场使用气瓶应有防倾倒装置。	5	不符合要求的，每处扣1分。		
		对物料堆放地点、堆垛高度、间距等制定相关制度，并严格执行。	2	不符合要求的，每处扣1分。		
	7.2　作业行为管理	对生产作业过程中人的不安全行为进行辨识，并制定相应的控制措施。	4	每缺一项人的不安全行为辨识的，扣1分；未建立作业人员典型违章数据库和典型事故案例数据库的，每项扣1分；缺少控制措施或针对性不强的，每项扣1分；作业人员不清楚风险及控制措施的，每人次扣1分。		
		对现场出现的不安全行为进行严肃的处理，并定期进行分类、汇总和分析，制定针对性控制措施。	8	对不安全行为未按照相关制度进行处理的，每次扣1分；未定期进行分类、汇总和分析的，扣4分。		

续表

考评类目	考评项目	考评内容	标准分值	考评办法	自评/评审描述	实际得分
七、作业安全	7.2 作业行为管理	车间（工区、工段）级每周应开展安全检查，每月应召开安全生产例会，对安全生产工作进行总结、布置。	5	不符合要求的，每处扣1分。		
		班组每班应开展安全教育、安全检查等活动。	4	不符合要求的，每处扣1分。		
		开展岗位达标工作，制定岗位标准，建立评定制度，并定期组织开展岗位达标工作检查。	3	未制定岗位标准的，不得分；岗位标准不全的，每缺一项，扣1分；未建立评定制度的，不得分；未定期组织开展岗位达标工作检查的，扣1分。		
		作业人员严格执行安全操作规程、设备使用及维护规程。	5	发现有不按规程作业的，每人次扣2分；**累计扣完本项分值后，继续累计追加扣10分。**		
		为从业人员配备与工作岗位相适应的符合国家标准或者行业标准的劳动防护用品，并监督、教育从业人员按照使用规则佩戴、使用；从事金属液作业的人员应选用防灼伤非化纤长袖工作服；近距离金属液操作时应采取面部防护措施；熔炼铸造工应配备耐热防砸钢包头鞋。	5	无发放标准的，不得分；未及时发放的，不得分；购买、使用不合格劳动防护用品的，不得分；发放标准不符有关规定的，每项扣1分；员工未正确佩戴和使用的，每人次扣1分。		
		设备运行时，不准许人员从设备上方跨越或下方穿行，在特定的情况下需越过主体设备时应有相应的安全措施。	3	不符合规定的，每人次扣1分。		
		不准许专用吊具与吊物不配套或有缺陷的吊运；天车吊物时不准许从人头上经过；铸锭（棒）从出井至平放过程中，与人要保持安全距离。	4	不符合规定的，每人次扣1分。		
		在全部停电或部分停电的电气设备上作业，应遵守下列规定： （1）拉闸断电，并采取开关箱加锁等措施。 （2）验电、放电。 （3）各相短路接地。 （4）悬挂“禁止合闸，有人工作”的标示牌和装设遮栏。	3	不符合要求的，每处扣1分。		

续表

考评类目	考评项目	考评内容	标准分值	考评办法	自评/评审描述	实际得分
七、作业安全	7.2　作业行为管理	设备发生故障时，应停机处理；处理锻造、挤压等带压设备故障时，应先泄压。	6	不符合要求的，每处扣1分。		
		人员进入具有自动灭火系统装备的地下室，应采取相应的安全措施。	3	未采取措施的，每处扣1分。		
		工作中人员应与移动或旋转部位以及高温部件保持安全距离。	5	不符合要求的，每处扣1分。		
		加入炉中的原料、辅料干燥，不存在爆炸风险的夹带物。	2	将未干燥的原料、辅料、存在爆炸风险的夹带物加入炉内的，不得分。		
		向金属液里人工加料时，应使用专用工具。	2	不符合要求的，每处扣1分。		
		熔炼炉、保温炉等搅拌和扒渣作业应按规程操作。	2	作业过程有违反规程的，每处扣1分。		
		在轧机机列生产时，不准许用手触摸运行的板材或清除运行产品上的异物。	2	不符合要求的，每处扣1分。		
		矫直机清辊时应使用清辊器。	2	不符合要求的，每处扣1分。		
		在检查和清除轧辊表面缺陷时，作业人员应在轧辊转动的反方向进行作业。	2	不符合要求的，每处扣1分。		
		锻造或矫直时调整工件应使用专用工具处理。轧机机列头尾剪的料头无法通过时，应用专用工具引料。	2	不符合要求的，每处扣1分。		
		轧管机、矫直机在运行时，人员与出口处保持安全距离。	2	不符合要求的，每处扣1分。		
		管、棒、型拉伸机在拉伸制品时，人与前后夹头两侧保持安全距离。	2	不符合要求的，不得分。		
		挤压过程中不准许在挤压机出口探视。	2	有探视行为的，不得分。		
		盐浴槽、淬火油池不准许超温淬火；不准许其他液体进入槽体；液面高度控制在槽体的安全液面以下。	6	不符合要求的，不得分。		

续表

考评类目	考评项目	考评内容	标准分值	考评办法	自评/评审描述	实际得分
七、作业安全	7.3 安全标识	现场安全标识、安全色应符合《安全标识及其使用导则》（GB 2894）和《安全色》（GB 2893）的规定。	3	不符合要求的，每处扣1分。		
		应根据《建筑设计防火规范》（GB 50016）、《爆炸和火灾危险环境电力装置设计规范》（GB 50058）规定，结合生产实际，确定具体的危险场所，设置危险标识牌或警告标识牌，并严格管理其区域内的作业。	2	未确定具体危险场所的，不得分；有一处危险标识牌或警告标识牌不符合要求的，扣1分。		
		在变、配电场所应有醒目的安全标识，应有防止人员触电的安全措施。	2	无标识的，每处扣1分；无防护措施的，每处扣1分。		
		在油、汽等危险化学品储存场所应有醒目的安全标识，应有防火、防爆、防中毒的安全措施；在剧毒化学品贮存、使用场所还应有危险提示、警示，告知危险的种类、后果及应急措施的标识。	2	无标识的，每处扣1分；无防护措施的，每处扣1分。		
		在高温熔体易飞溅区域和高温产品区域应有防烫伤的安全警示标识。	2	不符合要求的，每处扣1分。		
		不同介质的管线，应按照《工业管道的基本识别色、识别符号和安全标识》（GB 7231）的规定涂上不同的颜色，并注明介质名称和流向。管道上包装物应无破损。跨越道路管线应设置限高标志。	3	不符合要求的，每处扣1分；未设限高标志的，每处扣1分。		
		设备检修、清理应执行安全文明施工的要求，现场应设有明显的警示牌、标识或围栏，用料及设备、工器具有序堆放，夜间照明要良好；施工、吊装等作业现场应设置警戒区域和警示标志。	3	未设置警示牌、标识或围栏的，每处扣1分；现场物料堆放杂乱的，每处扣1分；夜间照明不符合要求的，每处扣1分；未设置警戒区域和警示标志的，每处扣1分。		
		在有较大危险因素的生产经营场所和有关设施、设备上，设置明显的安全警示标识。	3	未设置标识的，不得分；设置不规范的，每处扣1分。		

续表

考评类目	考评项目	考评内容	标准分值	考评办法	自评/评审描述	实际得分
七、作业安全	7.3　安全标识	在氯气罐区、盐浴槽区域、高压泵区、氧化上色区、涂层、铸造区域等危险区域应当设置醒目的公告栏、警示标识。	3	不符合要求的，每处扣1分。		
	7.4　相关方管理	严格执行相关方及外用工（单位）管理制度，对承包商、供应商等相关方的资格预审、选择、服务前准备、作业过程监督、提供的产品、技术服务、表现评估、续用等进行管理，建立相关方的名录和档案。	3	未执行制度的，不得分；执行不严的，每次扣1分；以包代管的，不得分；未纳入甲方统一安全生产管理，不得分；未将安全绩效与续用挂钩的，不得分；名录或档案资料不全的，每项扣1分。		
		项目建设的设计、评价、施工、监理单位应具备相应的资质；工程项目承包协议应当明确规定双方的安全生产责任和义务或签定安全文明施工协议。	4	承包协议中未明确双方安全生产责任和义务的，每项扣1分；未执行协议的，每项扣1分；**发包给无相应资质的相关方，除本条不得分外，加扣8分。**		
		建立劳务派遣工管理制度，并对劳务派遣工实施安全生产管理。	2	未制定相关制度的，不得分；制度未落实的，每项扣1分。		
		对外来施工、服务单位实施安全监督管理；甲方应统一协调管理同一作业区域内的多个相关方的交叉作业，应根据相关方提供的服务作业性质和行为定期识别服务行为风险，采取行之有效的风险控制措施，并对其安全绩效进行监测。	2	未定期进行风险评估的，每处扣1分；风险控制措施缺乏针对性、操作性的，每处扣1分；未对其进行安全绩效监测的，每次扣1分；甲方未进行有效统一协调管理交叉作业的，不得分；**相关方在甲方场所内发生工亡事故，除本条不得分外，加扣4分。**		
		对外来施工、服务单位建立安全绩效考评体系，严格执行安全准入条件。	2	未建立安全绩效考评体系的，不得分；未执行安全准入条件的，不得分。		
	7.5　变更	对有关人员、机构、工艺、技术、设施、作业过程及环境的变更制定实施计划。	3	无实施计划的，不得分；未按计划实施的，每项扣1分；变更中无风险识别或控制措施的，每项扣1分。		

续表

考评类目	考评项目	考评内容	标准分值	考评办法	自评/评审描述	实际得分
七、作业安全	7.5 变更	对变更的项目进行审批和验收管理，并对变更过程及变更后所产生的风险和隐患进行辨识、评估和控制。定期对生产现场和生产过程、环境存在的风险和隐患进行辨识、评估分级，并制定相应的控制措施。及时进行更新。	5	无审批和验收报告的，不得分；未对变更导致新的风险或隐患进行辨识、评估和控制的，每项扣1分。		
		变更安全设施，应经设计单位书面同意，重大变更的，还应报安全生产监督管理部门备案。	3	未经书面同意就变更的，每处扣1分；未及时备案的，每次扣1分。		
		小计	205	得分小计		
八、隐患排查与治理	8.1 隐患排查	建立隐患排查治理的管理制度，明确责任部门/人员、方法。	6	无该项制度的，不得分；制度与《安全生产事故隐患排查治理暂行规定》等有关规定不符的，扣2分。		
		制定隐患排查工作方案，明确排查的目的、范围、方法和要求等。	6	无该方案的，不得分；方案依据缺少或不正确的，每项扣2分；方案内容缺项的，每项扣2分。		
		按照方案进行隐患排查工作。	6	未按方案排查的，不得分；有未排查出隐患的，每处扣1分；排查人员不能胜任的，每人次扣1分；未进行汇总总结的，扣2分。		
		对隐患进行分析评估，确定隐患等级，登记建档。	10	无隐患汇总登记台账的，不得分；无隐患评估分级的，不得分；隐患登记档案资料不全的，每处扣2分。		
	8.2 排查范围与方法	隐患排查的范围应包括所有生产经营场所、环境、人员、设备设施和活动。	6	隐患排查范围每缺少一类的，扣2分。		
		采用综合检查、专业检查、季节性检查、节假日检查、日常检查等方式进行隐患排查工作。	6	各类检查缺少一次的，扣2分；缺少一类检查表的，扣2分；检查表针对性不强的，每个扣2分；检查表无人签字或签字不全的，每次扣2分。		

续表

考评类目	考评项目	考评内容	标准分值	考评办法	自评/评审描述	实际得分
八、隐患排查与治理	8.3　隐患治理	根据隐患排查的结果，制定隐患治理方案，对隐患进行治理；方案内容应包括目标和任务、方法和措施、经费和物资、机构和人员、时限和要求；重大事故隐患在治理前应采取临时控制措施并制定应急预案。隐患治理措施应包括工程技术措施、管理措施、教育措施、防护措施、应急措施等。	15	无该方案的，不得分；方案内容不全的，每项扣2分；隐患整改措施针对性不强的，每项扣2分；隐患治理工作未形成闭路循环的，每项扣2分。		
		在隐患治理完成后对治理情况进行验证和效果评估。	7	未进行验证或效果评估的，每项扣1分。		
		按规定对隐患排查和治理情况进行统计分析并向安全生产监督管理部门和有关部门报送书面统计分析表。	3	无统计分析表的，不得分；未及时报送的，不得分。		
	8.4　预测预警	企业应根据生产经营状况及隐患排查治理情况，采用技术手段、仪器仪表及管理方法等，建立安全预警指数系统。	5	无安全预警指数系统的，不得分；未对相关数据进行分析、测算，实现对安全生产状况及发展趋势进行预报的，扣2分；未将隐患排查治理情况纳入安全预警系统的，扣2分；未对预警系统所反映的问题，及时采取针对性措施的，扣2分；未每月进行风险分析的，扣2分。		
		小计	70	得分小计		
九、危险源监控	9.1　辨识与评估	建立危险源的管理制度，明确辨识与评估的职责、方法、范围、流程、控制原则、回顾、持续改进等。	4	无该项制度的，不得分；制度中每缺少一项内容要求的，扣1分。		
		按相关规定对本单位的生产设施或场所进行危险源辨识、评估，确定危险源及重大危险源（包括企业确定的重大危险源）。	15	未进行辨识和评估的，不得分；未按制度规定严格进行的，不得分；辨识和评估不充分、准确的，每处扣3分。		
	9.2　登记建档与备案	对确认的重大危险源及时登记建档。	3	无重大危险源档案资料的，不得分；档案资料不全的，每处扣2分。		
		按照相关规定，将重大危险源向安全生产监督管理部门和相关部门备案。	3	未备案的，不得分；备案资料不全的，每处扣1分。		

续表

考评类目	考评项目	考评内容	标准分值	考评办法	自评/评审描述	实际得分
九、危险源监控	9.3 监控与管理	对危险源（包括企业确定的危险源）采取措施进行监控，包括技术措施（设计、建设、运行、维护、检查、检验等）和组织措施（职责明确、人员培训、防护器具配置、作业要求等）。	20	未实施监控的，不得分；监控技术措施和组织措施不全的，每项扣1分；**有重大隐患或带病运行，严重危及安全生产的，除本分值扣完后加扣40分。**		
		在危险源现场设置明显的安全警示标志和危险源点警示牌（内容包含名称、地点、责任人员、事故模式、控制措施等）。	5	无安全警示标志的，每处扣1分；内容不全的，每处扣1分；警示标志污损或不明显的，每处扣1分。		
		相关人员应按规定对危险源进行检查，并在检查记录本上签字。	5	未按规定进行检查的，不得分；检查未签字的，每次扣1分；检查结果与实际状态不符的，每处扣1分。		
		小计	55	得分小计		
十、职业健康	10.1 职业健康管理	建立职业健康的管理制度。	5	无该项制度的，不得分；制度与有关法规规定不一致的，扣1分。		
		按有关要求，为员工提供符合职业健康要求的工作环境和条件。	3	有一处不符合要求的，扣1分；**一年内有新增职业病患者的，此类目不得分。**		
		建立、健全职业卫生档案和从业人员健康监护档案。	5	未进行员工健康检查的，不得分；未进行入厂和离岗健康检查的，不得分；健康检查每少一人次，扣1分；无档案的，不得分；每缺少一人档案的，扣1分；档案内容不全的，每缺一项资料，扣1分。		
		对职业病患者按规定给予及时的治疗、疗养；对患有职业禁忌证的，应及时调整到合适岗位。	3	未及时给予治疗、疗养，不得分；治疗、疗养每少一人，扣1分；没有及时调整患有职业禁忌证患者的，每人扣1分。		
		定期识别作业场所职业危害因素，并定期进行检测，将检测结果公布、存入档案。	3	未定期识别作业场所职业危害因素的或未进行检测的，不得分；检测的周期、地点、有毒有害因素等不符合要求的，每项扣1分；结果未公开公布的，不得分；结果未存档的，每次扣1分。		

续表

考评类目	考评项目	考评内容	标准分值	考评办法	自评/评审描述	实际得分
十、职业健康	10.1　职业健康管理	对可能发生急性职业危害的有毒、有害工作场所，应当设置报警装置，制定应急预案，配置现场急救用品和必要的泄险区。	5	无报警装置的，不得分；缺少报警装置或不能正常工作的，每处扣1分；无应急预案的，不得分；无急救用品、冲洗设备、应急撤离通道和必要的泄险区的，不得分。		
		指定专人负责保管、定期校验和维护各种防护用具，确保其处于正常状态。	5	未指定专人保管或未全部定期校验维护的，不得分；未定期校验和维护的，每次扣1分；校验和维护记录未存档保存的，不得分。		
		指定专人负责职业健康的日常监测，并维护监测装置。	3	未指定专人负责的，不得分；人员不能胜任的（含无资格证书或未经专业培训的），不得分；日常监测每缺少一次的，扣1分；监测装置不能正常运行的，每处扣1分。		
		工作场所操作人员每天连续接触噪声的时间、接触碰撞和冲击等的脉冲噪声，应符合《工业企业设计卫生标准》（GBZ 1）的规定。	2	工作场所操作人员每天连续接触噪声的时间、接触碰撞和冲击等的脉冲噪声不符合《工业企业设计卫生标准》规定的，一处扣1分；未进行噪声检测的，扣1分。		
		积极采取防止噪声的措施，消除噪声危害。达不到噪声标准的作业场所，作业人员应佩戴防护用具。	4	对高噪声场所没有防止噪声措施、消除噪声危害的，扣1分；达不到噪声标准的作业场所，作业人员没有佩戴防护用具的，扣1分。		
		使用酸、碱的场所，应通风良好，应有防止人员灼伤的措施，并设置安全喷淋或洗涤设施。	3	无防灼伤措施的，不得分；未设置安全喷淋或洗涤设施的，不得分；措施或设施不符合要求的，每处扣1分。		
	10.2　职业危害告知和警示	与从业人员订立劳动合同（含聘用合同）时，应将保障从业人员劳动安全和工作过程中可能产生的职业危害及其后果、职业危害防护措施、待遇等如实以书面形式告知从业人员，并在劳动合同中写明。	6	未书面告知，不得分；告知内容不全的，每缺一项内容，扣1分；未在劳动合同中写明（含未签合同）的，不得分；劳动合同中写明内容不全的，每缺一项内容，扣1分。		
		对员工及相关方宣传和培训生产过程中的职业危害、预防和应急处理措施。	3	无培训及记录的，不得分；培训无针对性或缺失内容的，每次扣1分；员工及相关方不清楚的，每人次扣1分。		

续表

考评类目	考评项目	考评内容	标准分值	考评办法	自评/评审描述	实际得分
十、职业健康	10.2 职业危害告知和警示	对存在严重职业危害的作业岗位应按照《工作场所职业危害警示标识》（GBZ 158）要求，在醒目位置设置警示标识和警示说明。	5	未按规定设置标识的，不得分；缺少标识的，每处扣1分；标识内容（含职业危害的种类、后果、预防以及应急救治措施等）不全的，每处扣1分。		
	10.3 职业危害申报	按《作业场所职业危害申报管理办法》（国家安全生产监督管理总局令第27号）规定，及时、如实的向当地主管部门申报生产过程存在的职业危害因素；发生变化后应及时补报。	7	无申报材料的，不得分；申报内容不全的，每缺少一类扣1分；未及时补报的，每次扣1分。		
		下列事项发生重大变化时，应向原申报主管部门申请变更： （1）新、改、扩建项目。 （2）因技术、工艺或材料等发生变化导致原申报的职业危害因素及其相关内容发生重大变化。 （3）企业名称、法定代表人或主要负责人发生变化。	8	未申报的，不得分；每缺少一类变更申请的，扣2分。		
		小计	70	得分小计		
十一、应急救援	11.1 应急机构和队伍	建立事故应急救援制度。	3	无该项制度的，不得分；制度内容不全或针对性不强的，扣1分。		
		按相关规定指定负责安全生产应急管理工作的机构或专职人员。	3	没有指定机构或专人负责的，不得分；机构或专人未及时调整的，每次扣1分。		
		建立与本单位生产安全特点相适应的专兼职应急救援队伍或指定专兼职应急救援人员。	3	未建立队伍或指定专兼职人员的，不得分；队伍人员不能满足要求的，不得分。		
		定期组织专兼职应急救援队伍和人员进行培训。	2	无培训计划和记录的，不得分；未定期训练的，不得分；未按计划训练的，每次扣1分；培训科目不全的，每项扣1分；救援人员不清楚职能或不熟悉救援装备使用的，每人次扣1分。		

续表

考评类目	考评项目	考评内容	标准分值	考评办法	自评/评审描述	实际得分
十一、应急救援	11.2　应急预案	按应急预案编制导则，结合企业实际制定生产安全事故应急预案，包括综合预案、专项应急预案和处置方案。	6	无应急预案的，不得分；应急预案的格式和内容不符合有关规定的，不得分；无重点作业岗位应急处置方案或措施的，不得分；未在重点作业岗位公布应急处置方案或措施的，每处扣1分；有关人员不熟悉应急预案和应急处置方案或措施的，每人次扣1分。		
		生产安全事故应急预案的评审、发布、培训、演练和修订应符合《生产安全事故应急预案管理办法》（国家安全生产监督管理总局令第17号）。	3	未定期评审或无有关记录的，不得分；未及时修订的，不得分；未根据评审结果或实际情况的变化修订的，每项扣1分；修订后未正式发布或培训的，扣1分。		
		根据有关规定将应急预案报当地主管部门备案，并通报有关应急协作单位。	2	未按规定进行备案的，不得分；未通报有关应急协作单位的，每项扣1分。		
	11.3　应急设施装备物资	按应急预案的要求，建立应急设施，配备应急装备，储备应急物资。	4	每缺少一类的，扣2分。		
		对应急设施、装备和物资进行经常性的检查、维护、保养，确保其可靠。	4	无检查、维护、保养记录的，不得分；每缺少一项记录的，扣1分；有一处不完好、可靠的，扣1分。		
	11.4　应急演练	按规定组织生产安全事故应急演练。	3	未进行演练的，不得分；无应急演练方案和记录的，不得分；演练方案简单或缺乏执行性的，扣1分；高层管理人员未参加演练的，每人次扣1分。		
		对应急演练的效果进行评估，修订预案或应急处置措施。	2	无评估报告的，不得分；评估报告未认真总结问题或未提出改进措施的，扣1分；未根据评估的意见修订预案或应急处置措施的，扣1分。		
	11.5　事故救援	发生事故后，应立即启动相关应急预案，积极开展事故救援。	3	未及时启动的，不得分；未达到预案要求的，每项扣1分。		
		应急结束后应编制应急救援报告。	2	无应急救援报告的，不得分；未全面总结分析应急救援工作的，每缺一项，扣1分。		
小计			40	得分小计		

续表

考评类目	考评项目	考评内容	标准分值	考评办法	自评/评审描述	实际得分
十二、事故报告调查和处理	12.1 事故报告	建立事故的管理制度，明确报告、调查、统计与分析、回顾、书面报告样式和表格等内容。	2	无该项制度的，不得分；制度与有关规定不符的，扣1分；制度中每缺少一项内容的，扣1分。		
		发生事故后，主要负责人或其代理人应立即到现场组织抢救，采取有效措施，防止事故扩大。	2	有一次未到现场组织抢救的，不得分；有一次未采取有效措施，导致事故扩大的，不得分。		
		按规定及时向上级单位和有关政府部门报告，并保护事故现场及有关证据。	2	未及时报告的，不得分；未有效保护现场及有关证据的，不得分；报告的事故信息内容和形式与规定不相符的，扣1分。		
		对事故进行登记管理。	2	无登记记录的，不得分；登记管理不规范的，每次扣1分。		
	12.2 事故调查和处理	按照相关法律、法规、管理制度的要求，组织事故调查组或配合有关政府行政部门对事故、事件进行调查。	5	事故发生后，无调查报告的，不得分；未按“四不放过”原则处理的，不得分；调查报告内容不全的，每项扣2分；相关的文件资料未整理归档的，每次扣2分。		
		按照《企业职工伤亡事故分析规则》（GB 6442）定期对事故、事件进行统计、分析。	5	事故发生后，未统计分析的，不得分；统计分析不符合规定的，扣1分；未向领导层汇报结果的，扣1分。		
	12.3 事故回顾	对本单位的事故及其他单位的有关事故进行回顾、学习。	2	未进行回顾的，不得分；有关人员对原因和防范措施不清楚的，每人次扣1分。		
		小计	20	得分小计		
十三、绩效评定和持续改进	13.1 绩效评定	建立安全生产标准化绩效评定的管理制度，明确对安全生产目标完成情况、现场安全状况与标准化条款的符合情况及安全生产管理实施计划落实情况的测量评估方法、组织、周期、过程、报告与分析等要求，测量评估应得出可量化的绩效指标。	3	无该项制度的，不得分；制度中每缺少一项要求的，扣1分；制度缺乏操作性和针对性的，扣1分。		

续表

考评类目	考评项目	考评内容	标准分值	考评办法	自评/评审描述	实际得分
十三、绩效评定和持续改进	13.1 绩效评定	通过评估与分析，发现安全生产管理过程中的责任履行、系统运行、检查监控、隐患整改、考评考核等方面存在的问题，由安全生产委员会或安全领导机构讨论提出纠正、预防的管理方案，并纳入下一周期的安全生产工作实施计划中。	2	未进行讨论且未形成会议纪要的，不得分；纠正、预防的管理方案，未纳入下一周期实施计划的，扣1分。		
		每年至少一次对安全生产标准化实施情况进行评定，并形成正式的评定报告。发生死亡事故后或生产工艺发生重大变化后，应重新进行评定。	2	少于每年一次评定的，扣1分；无评定报告的，不得分；主要负责人未组织和参与的，不得分；评定报告未形成正式文件的，扣1分；评定中缺少元素内容或其支撑性材料不全的，每个扣1分；未对前次评定中提出的纠正措施的落实效果进行评价的，扣2分；发生死亡事故后或生产工艺发生重大变化后未及时重新进行安全生产标准化系统评定的，不得分。		
		将安全生产标准化工作评定报告向所有部门、所属单位和从业人员通报。	2	未通报的，不得分；抽查有关部门和人员对相关内容不清楚的，每人次扣1分。		
		将安全生产标准化实施情况的评定结果，纳入部门、所属单位、员工年度安全生产绩效考评。	3	未纳入年度考评的，不得分；评定结果纳入年度考评每少一项的，扣1分；年度考评每少一个部门、单位、人员的，扣1分；年度考评结果未落实兑现到部门、单位、人员的，每项扣1分。		
	13.2 持续改进	根据安全生产标准化的评定结果和安全预警指数系统，对安全生产目标与指标、规章制度、操作规程等进行修改完善，制订完善安全生产标准化的工作计划和措施，实施计划、执行、检查、改进（PDCA）循环，不断提高安全生产绩效。	5	未进行安全标准化系统持续改进的，不得分；未制订完善安全标准化工作计划和措施的，扣1分；修订完善的记录与安全生产标准化系统评定结果不一致的，每处扣1分。		

续表

考评类目	考评项目	考评内容	标准分值	考评办法	自评/评审描述	实际得分
十三、绩效评定和持续改进	13.2 持续改进	安全生产标准化的评定结果要明确下列事项： (1) 系统运行效果。 (2) 系统运行中出现的问题和缺陷，所采取的改进措施。 (3) 统计技术、信息技术等在系统中的使用情况和效果。 (4) 系统各种资源的使用效果。 (5) 绩效监测系统的适宜性以及结果的准确性。 (6) 与相关方的关系。	3	安全生产标准化的评定结果要明确的事项缺项，或评定结果与实际不符的，每项扣1分。		
小计			20	得分小计		
合计			1 000	得分总计		

第三节　水泥企业安全生产标准化评定标准

一、考评说明

(1) 本标准所指的水泥企业包括具有完整水泥生产线企业、生产水泥熟料企业及水泥粉磨站等企业，适用于水泥企业开展安全生产标准化自评、申请、外部评审及各级安全生产监督管理部门监督审核等相关工作。存在国家明令淘汰工艺的水泥生产企业不适用本标准。

(2) 依法生产的水泥企业，在考核年度内未发生较大及以上生产安全事故的，可以参加水泥企业安全生产标准化等级考评。

(3) 本标准共有 13 项考评类目（A 级元素）、47 项考评项目（B 级元素）和 187 条考评内容（核心内容）。

(4) 在评定标准表中的自评/评审描述列中，企业及评审单位应根据评定标准的有关要求，针对企业实际情况，如实进行得分及扣分点说明、描述，并在自评扣分点及原因说明汇总表中逐条列出。

(5) 本评定标准中累计扣分的，直到该考评内容分数扣完为止，不得出现负分。有特别说明扣分的（考评办法中加粗的内容），在该类目内进行扣分。

(6) 本评定标准共计 660 分，最终标准化得分换算成百分制。换算公式如下：

标准化得分（百分制）＝标准化工作评定得分÷（660－不参与考评内容分数之和）×100。最后得分采用四舍五入，取小数点后一位数。

（7）标准化等级共分为一级、二级、三级，其中一级为最高。评定所对应的等级须同时满足标准化得分和安全绩效等要求，取最低的等级来确定标准化等级（见下表）。

评定等级	标准化得分	安全绩效
一级	≥90	考核年度内未发生人员死亡的生产安全事故。
二级	≥75	考核年度内未发生一次死亡两人或累计死亡两人及以上的生产安全事故。
三级	≥60	考核年度内未发生较大事故或累计死亡三人及以上的生产安全事故。

二、评定标准

自评/评审单位：______________________________

自评/评审时间：从________年______月______日到________年______月______日

自评/评审组组长：______________　自评/评审组主要成员：______________

考评类目	考评项目	考评内容	标准分值	考评办法	自评/评审描述	实际得分
一、安全生产目标	1.1 目标	建立安全生产目标的管理制度，明确目标与指标的制定、分解、实施、考核等环节内容。	2	无该项制度的，不得分；未以文件形式发布生效的，不得分；安全生产目标管理制度缺少制定、分解、实施、绩效考核等任一环节内容的，扣1分；未能明确相应环节的责任部门或责任人相应责任的，扣1分。		
		按照安全生产目标管理制度的规定，制定文件化的年度安全生产目标与指标。	2	无年度安全生产目标与指标计划的，不得分；安全生产目标与指标未以企业正式文件印发的，不得分。		
	1.2 监测与考核	根据所属基层单位和部门在安全生产中的职能，分解年度安全生产目标，并制定实施计划和考核办法。	2	无年度安全生产目标与指标分解的，不得分；无实施计划或考核办法的，不得分；实施计划无针对性的，不得分；缺一个基层单位和职能部门的指标实施计划或考核办法的，扣1分。		
		按照制度规定，对安全生产目标和指标实施计划的执行情况进行监测，并保存有关监测记录资料。	3	无安全生产目标与指标实施情况的检查或监测记录的，不得分；检查和监测不符合制度规定的，扣1分；检查和监测资料不齐全的，扣1分。		

续表

考评类目	考评项目	考评内容	标准分值	考评办法	自评/评审描述	实际得分
一、安全生产目标	1.2　监测与考核	定期对安全生产目标的完成效果进行评估和考核，根据考核评估结果，及时调整安全生产目标和指标的实施计划。 评估报告和实施计划的调整、修改记录应形成文件并加以保存。	3	未定期进行效果评估和考核的（含无评估报告），不得分；未及时调整实施计划的，不得分；调整后的目标与指标以及实施计划未以文件形式颁发的，扣1分；记录资料保存不齐全的，扣1分。		
		小计	12	得分小计		
二、组织机构和职责	2.1　组织机构和人员	建立设置安全生产管理机构、配备安全生产管理人员的管理制度。	2	无该项制度的，不得分；未以文件形式发布生效的，不得分；与国家、地方等有关规定不符的，扣1分。		
		按照相关规定设置安全生产管理机构或配备安全生产管理人员。	2	未设置或配备的，不得分；未以文件形式进行设置或任命的，不得分；设置或配备不符合规定的，不得分。		
		根据有关规定和企业实际，设立安全生产委员会或安全生产领导机构。	2	未设立的，不得分；未以文件形式任命的，扣1分；成员未包括主要负责人、部门负责人等相关人员的，扣1分。		
		安全生产委员会或安全生产领导机构每季度应至少召开一次安全生产专题会，协调解决安全生产问题。会议纪要中应有工作要求并保存。	3	未定期召开安全生产专题会的，不得分；无会议记录的，扣2分；未跟踪上次会议工作要求的落实情况的或未制定新的工作要求的，不得分；有未完成项且无整改措施的，每一项扣1分。		
	2.2　职责	建立针对安全生产责任制的制定、沟通、培训、评审、修订及考核等环节内容的管理制度。	2	无该项制度的，不得分；未以文件形式发布生效的，不得分；制度中每缺一个环节内容的，扣1分。		
		建立、健全安全生产责任制，并对落实情况进行考核。	2	未建立安全生产责任制，不得分；未以文件形式发布生效的，不得分；每缺一个纵向、横向安全生产责任制，扣1分；责任制内容与岗位工作实际不相符的，扣1分；没有对安全生产责任制落实情况进行考核的，扣1分。		

续表

考评类目	考评项目	考评内容	标准分值	考评办法	自评/评审描述	实际得分
二、组织机构和职责	2.2　职责	对各级管理层进行安全生产责任制与权限的培训。	2	无该培训的，不得分；无培训记录的，不得分；每缺少一人培训的，扣1分；被抽查人员对责任制不清楚的，每人扣1分。		
		定期对安全生产责任制进行适宜性评审与更新。	3	未定期进行适宜性评审的，不得分；没有评审记录的，不得分；评审、更新频次不符合制度规定的，每缺一次扣2分；更新后未以文件形式发布的，扣2分。		
		小计	18	得分小计		
三、安全生产投入	3.1　安全生产费用	建立安全生产费用提取和使用管理制度。	2	无该项制度的，不得分；制度中职责、流程、范围、检查等内容，每缺一项扣0.5分。		
		保证安全生产费用投入，专款专用，并建立安全生产费用使用台账。	4	未保证安全生产费用投入的，不得分；财务报表中无安全生产费用归类统计管理的，扣2分；无安全生产费用使用台账的，不得分；台账不完整齐全的，扣2分。		
		制订包含以下方面的安全生产费用的使用计划： （1）完善、改造和维护安全防护设备设施。 （2）安全生产教育培训和配备劳动防护用品。 （3）安全评价、重大危险源监控、事故隐患评估和整改。 （4）职业危害防治，职业危害因素检测、监测和职业健康体检。 （5）设备设施安全性能检测检验。 （6）应急救援器材、装备的配备及应急救援演练。 （7）安全标志及标识。 （8）其他与安全生产直接相关的物品或者活动。	8	无该使用计划的，不得分；计划内容缺失的，每缺一个方面扣1分；未按计划实施的，每一项扣1分；有超范围使用的，每次扣2分。		

续表

考评类目	考评项目	考评内容	标准分值	考评办法	自评/评审描述	实际得分
三、安全生产投入	3.2 相关保险	建立员工工伤保险或安全生产责任保险的管理制度。	2	无该项制度的，不得分；未以文件形式发布生效的，扣1分。		
		缴纳足额的保险费（工伤保险、安全生产责任险）。	3	未缴纳的，不得分；无缴费相关资料的，不得分。		
		保障受伤员工获取相应的保险与赔付。	5	有关保险评估、年费、返回资料、赔偿等资料不全的，每一项扣2分；未进行伤残等级鉴定的，不得分；伤残等级鉴定每少一人，扣2分；赔偿每一人不到位的，本项目不得分。		
		小计	24	得分小计		
四、法律、法规与安全生产管理制度	4.1 法律、法规、标准规范	建立识别、获取、评审、更新安全生产法律、法规与其他要求的管理制度。	2	无该项制度的，不得分；缺少识别、获取、评审、更新等环节要求以及部门、人员职责等内容的，扣1分；未以文件形式发布生效的，扣1分。		
		各职能部门和基层单位应定期识别和获取本部门适用的安全生产法律、法规与其他要求，并向归口部门汇总。	3	每少一个部门和基层单位定期识别和获取的，扣1分；未及时汇总的，扣1分；未分类汇总的，扣1分。		
		企业应按照规定定期识别和获取适用的安全生产法律、法规与其他要求，并发布其清单。	3	未定期识别和获取的，不得分；工作程序或结果不符合规定的，每次扣1分；无安全生产法律、法规与其他要求清单的，不得分；每缺一个安全生产法律、法规与其他要求文本或电子版的，扣1分。		
		及时将识别和获取的安全生产法律、法规与其他要求融入企业安全生产管理制度中。	4	未及时融入的，每项扣2分；制度与安全生产法律、法规与其他要求不符的，每项扣2分。		
		及时将适用的安全生产法律、法规与其他要求传达给从业人员，并进行相关培训和考核。	4	未培训考核的，不得分；无培训考核记录的，不得分；每缺少一项培训和考核，扣1分。		
	4.2 规章制度	建立文件的管理制度，确保安全生产规章制度和操作规程编制、发布、使用、评审、修订等效力。	2	无该项制度的，不得分；未以文件形式发布的，不得分；缺少环节内容的，每项扣1分。		

续表

考评类目	考评项目	考评内容	标准分值	考评办法	自评/评审描述	实际得分
四、法律、法规与安全生产管理制度	4.2　规章制度	按照相关规定建立和发布健全的安全生产规章制度，至少包含下列内容：安全生产目标管理、安全生产责任制管理、法律法规标准规范管理、安全生产投入管理、文件和档案管理、风险评估和控制管理、安全教育培训管理、特种作业人员管理、设备设施安全生产管理、建设项目安全“三同时”管理、生产设备设施验收管理、生产设备设施报废管理、施工和检维修安全管理、危险物品及重大危险源管理、作业安全管理、相关方及外用工（单位）管理、职业健康管理、劳动防护用品（具）和保健品管理、安全检查及隐患治理、应急管理、事故管理、安全绩效评定管理等。	10	未以文件形式发布的，不得分；每缺一项制度，扣1分；制度内容不符合规定或与实际不符的，每项制度扣1分；无制度执行记录的，每项制度扣1分。		
		将安全生产规章制度发放到相关工作岗位，并对员工进行培训和考核。	4	未发放的，扣2分；无培训和考核记录的，不得分；每缺少一项培训和考核的，扣1分。		
	4.3　操作规程	基于岗位生产特点中的特定风险的辨识，编制齐全、适用的岗位安全操作规程。	4	无岗位安全操作规程的，不得分；岗位操作规程不齐全、适用的，每缺一个，扣1分；内容没有基于特定风险分析、评估和控制的，每个扣1分。		
		向员工下发岗位安全操作规程，并对员工进行培训和考核。	4	未发放至岗位的，不得分；每缺一个岗位的，扣1分；无培训和考核记录等资料的，不得分；每缺一个培训和考核的，扣1分。		
		编制的安全规程应完善、适用，员工操作要严格按照操作规程执行。	4	岗位操作规程不适用或有错误的，每个扣1分；现场发现违背操作规程的，每人次扣1分。		
	4.4　评估	每年至少一次对安全生产法律、法规、标准规范、规章制度、操作规程的执行情况和适用情况进行检查、评估。	5	未进行的，不得分；无评估报告的，不得分；评估报告每缺少一个方面内容，扣1分；评估结果与实际不符的，扣2分。		

续表

考评类目	考评项目	考评内容	标准分值	考评办法	自评/评审描述	实际得分
四、法律、法规与安全生产管理制度	4.5 修订	根据评估情况、安全检查反馈的问题、生产安全事故案例、绩效评定结果等，对安全生产管理规章制度和操作规程进行修订，确保其有效和适用。	5	应组织修订而未组织进行的，不得分；该修订而未修订的，每项扣1分；无修订的计划和记录资料的，不得分。		
	4.6 文件和档案管理	建立文件和档案的管理制度，明确责任部门/人员、流程、形式、权限及各类安全生产档案及保存要求等。	2	无该项制度的，不得分；未以文件发布的，不得分；未明确安全规章制度和操作规程编制、使用、评审、修订等责任部门/人员、流程、形式、权限等的，扣1分；未明确具体档案资料、保存周期、保存形式等的，扣1分。		
		确保安全生产规章制度和操作规程编制、使用、评审、修订的效力。	2	未按文件管理制度执行的，不得分；缺少环节记录资料的，扣1分。		
		对下列主要安全生产资料实行档案管理：主要安全生产文件、事故、事件记录；风险评价信息；培训记录；标准化系统评价报告；事故调查报告；检查、整改记录；职业卫生检查与监护记录；安全生产会议记录；安全生产活动记录；法定检测记录；关键设备设施档案；应急演练信息；承包商和供应商信息；维护和校验记录；技术图纸等。	2	未实行档案管理的，不得分；档案管理不规范的，扣2分；每缺少一类档案，扣1分。		
		小计	60	得分小计		
五、教育培训	5.1 教育培训管理	建立安全教育培训的管理制度。	2	无该项制度的，不得分；未以文件发布生效的，不得分；制度中缺少一类培训规定的，扣1分；有与国家有关规定（主要指国家安全生产监督管理总局第3号令、第30号令）不一致的，扣1分。		
		确定安全教育培训主管部门，定期识别安全教育培训需求，制订各类人员的培训计划。	3	未明确主管部门的，不得分；未定期识别需求的，扣1分；识别不充分的，扣1分；无培训计划的，不得分；培训计划中每缺一类培训的，扣1分。		

续表

考评类目	考评项目	考评内容	标准分值	考评办法	自评/评审描述	实际得分
五、教育培训	5.1　教育培训管理	按计划进行安全教育培训，对安全培训效果进行评估和改进。做好培训记录，并建立档案。	5	未按计划进行培训的，每次扣1分；记录不完整齐全的，每缺一项扣1分；未进行效果评估的，每次扣1分；未根据评估作出改进的，每次扣1分；未实行档案管理的，不得分；档案资料不完整齐全的，每次扣1分。		
	5.2　安全生产管理人员教育培训	主要负责人和安全生产管理人员，必须具备与本单位所从事的生产经营活动相应的安全生产知识和管理能力，须经考核合格后方可任职。	4	主要负责人未经考核合格就上岗的，不得分；安全生产管理人员未经培训考核合格的或未按有关规定进行再培训的，每一人扣1分；培训要求不符合《生产经营单位安全培训规定》（国家安全生产监督管理总局令第3号）要求的，每次扣1分。		
	5.3　操作岗位人员教育培训	对操作岗位人员进行安全教育和生产技能培训和考核，考核不合格的人员，不得上岗。 对新员工进行“三级”安全教育。 在新工艺、新技术、新材料、新设备设施投入使用前，应对有关操作岗位人员进行专门的安全教育和培训。 操作岗位人员转岗、离岗3个月以上重新上岗者，应进行车间（工段）、班组安全教育培训，经考核合格后，方可上岗工作。	5	未经培训考核合格就上岗的，每人次扣1分；未进行“三级”安全教育的，每人次扣1分；在新工艺、新技术、新材料、新设备设施投入使用前，未对岗位操作人员进行专门的安全教育培训的，每人次扣1分；未按规定对转岗、离岗者进行培训考核合格就上岗的，每人次扣1分。		
	5.4　特种作业（含煤气作业）人员教育培训	从事特种作业的人员应取得特种作业操作资格证书，方可上岗作业。	5	特种作业人员配备不合理的，每次扣2分；有特种作业岗位但未配备特种作业人员的，每次扣2分；无特种作业操作资格证书上岗作业的，每人次扣2分；证书过期未及时审核的，每人次扣2分；缺少特种作业人员档案资料的，每人次扣1分。		

续表

考评类目	考评项目	考评内容	标准分值	考评办法	自评/评审描述	实际得分
五、教育培训	5.5 其他人员教育培训	对外来参观、学习等人员进行有关安全规定、可能接触到的危害及应急知识等内容的安全教育和告知，并由专人带领。	2	未进行安全教育和危害告知的，不得分；内容与实际不符的，扣1分；未提供相应劳动保护用品的，不得分；无专人带领的，不得分。		
	5.6 安全文化建设	采取多种形式的活动来促进企业的安全文化建设，促进安全生产工作。	4	未开展企业安全文化建设的不得分，安全文化建设与《企业安全文化建设评价导则》（AQ/T 9004）不符的，每项扣2分。		
		小计	30	得分小计		
六、生产设备设施	6.1 生产设备设施建设	新改扩工程应建立建设项目“三同时”的管理制度。	2	无该项制度的，不得分；制度不符合有关规定的，扣1分。		
		安全设备设施应与建设项目主体工程同时设计、同时施工、同时投入生产和使用。	6	未进行“三同时”管理的，不得分；没有建设或产权单位对“三同时”进行评估、审核认可手续就投用的，不得分；项目立项审批手续不全的，扣2分；设计、评价或施工单位资质不符合规定的，扣2分；安全生产投资没有纳入项目概算的，扣2分；项目未按规定进行安全预评价或安全验收评价的，扣2分；初步设计无安全专篇或安全专篇未经审查通过的，扣2分；变更安全设备设施未经设计单位书面同意的，每处扣1分；隐蔽工程未经检查合格就投用的，每处扣1分；未经验收就投用的，扣2分；安全设备设施未同时投用的，扣2分。		
		安全预评价报告、安全专篇、安全验收评价报告应当报安全生产监督管理部门备案。	4	无资质单位编制的，不得分；未备案的，不得分；每少备案一个，扣2分。		
		厂址选择应遵循《工业企业总平面设计规范》（GB 50187）的规定。	4	厂址选择易受自然灾害影响或严重影响周边环境的，不得分；有一处不符合规定的，扣1分。		
		厂区布置和主要车间的工艺布置，应设有安全通道。	4	未按规定设置安全通道的，每处扣1分；其设置不合理或不符合要求的，每处扣1分。		

续表

考评类目	考评项目	考评内容	标准分值	考评办法	自评/评审描述	实际得分
六、生产设备设施	6.1　生产设备设施建设	建设项目的所有设备设施应符合有关法律、法规、标准规范要求。	5	有一处不符合规定的，扣1分；**存在重大风险或隐患的，每处除本分值扣完后加扣20分。**		
		主要生产场所的火灾危险性分类及建构筑物防火最小安全间距，应遵循《建筑设计防火规范》（GBJ 16）的规定。	5	有一处不符合规定的，扣2分；**构成重大火灾隐患的，除本分值扣完后加扣15分。**		
		平面布置应合理安排车流、人流、物流，保证安全顺行。	3	未合理安排的，每处扣1分。		
		直梯、斜梯、防护栏杆和工作平台应符合《固定式钢直梯安全技术条件》（GB 4053.1）、《固定式钢斜梯安全技术条件》（GB 4053.2）、《固定式工业防护栏杆安全技术条件》（GB 4053.3）、《固定式工业钢平台》（GB 4053.4）的规定。	3	有一处不符合要求的，扣1分。		
		总降变电站、电气室等重要部位，其出入口应不少于两个（室内面积小于6 m^2而无人值班的，可设一个），门应向外开。	2	出口少于两个的，每处扣1分；门向内开的，每处扣1分。		
		变电站、电气室、中控室、主电缆隧道和电缆夹层，应设有火灾自动报警器、烟雾火警信号装置、监视装置、灭火装置和防止小动物进入的措施；还应设防火墙和遇火能自动封闭的防火门、电缆穿线孔等应用防火材料进行封堵。	4	未设装置的，不得分；有一处少一项装置的，扣1分；有一处未设防小动物进入措施的，扣1分；有一处未设防火墙和遇火能自动封闭的防火门的，扣1分；未用防火材料封堵电缆穿线孔的，每处扣1分。		
		设有集中监视和显示的防控信号中心。	2	无集中监视和显示的防控信号中心的，不得分；未进行验收合格就使用的，扣1分。		
		厂区内的建（构）筑物，应按《建筑物防雷设计规范》（GB 50057）的规定设置防雷设施，并定期检查，确保防雷设施完好。	2	未按《建筑物防雷设计规范》（GB 50057）的规定设置防雷设施的，每处扣1分；未定期检查的，扣1分；防雷设施不完好的，每处扣1分。		

续表

考评类目	考评项目	考评内容	标准分值	考评办法	自评/评审描述	实际得分
六、生产设备设施	6.1 生产设备设施建设	厂房的照明，应符合《工业企业采光设计标准》（GB 50033）和《建筑照明设计标准》（GB 50034）的规定。	2	未进行照度测量的，不得分；天然采光和人工照明不符合要求的，每处扣1分。		
	6.2 设备设施运行管理	建立设备、设施的检修、维护、保养的管理制度。	2	无该项制度的，不得分；缺少内容或操作性差的，扣1分。		
		建立设备设施运行台账，制定检维修计划。	2	无台账或检维修计划的，不得分；资料不齐全的，每次（项）扣1分。		
		按检维修计划定期对安全设备设施进行检修。	6	未按计划检维修的，每项扣1分；未进行安全验收的，每项扣1分；检维修方案未包含作业危险分析和控制措施的，每项扣1分；未对检修人员进行安全教育和施工现场安全交底的，每次扣1分；失修每处扣1分；检修完毕未及时恢复安全装置的，每处扣1分；未经安全生产管理部门同意就拆除安全设备设施的，每处扣2分；安全设备设施检维修记录归档不规范及时的，每处扣2分；检修完毕后未按程序试车的，每项扣1分。		
		生产现场的机、电、操控设备应有安全联锁、快停、急停等本质安全设计与装置。	4	有一处不符合要求的，扣1分。		
		生产现场使用表压超过0.1 MPa的液体和气体的设备和管路，应安装压力表，必要时还应安装安全阀和逆止阀等安全装置。各种阀门应采用不同颜色和不同几何形状的标志，还应有表明开、闭状态的标志。	3	有一处不符合要求的，扣1分；安全阀、压力开关、压力表等未定期校验的，每一处扣1分。		
		不同介质的管线，应按照《工业管道的基本识别色、识别符号和安全标识》（GB 7231）的规定涂上不同的颜色，并注明介质名称和流向。	3	有一条管线不符合要求的，扣1分。		

续表

考评类目	考评项目	考评内容	标准分值	考评办法	自评/评审描述	实际得分
六、生产设备设施	6.2 设备设施运行管理	在煤堆场、煤粉制备系统、油库、仓库和稀油站等防火重点部位设灭火装置或自动报警装置。	4	未设灭火装置或自动报警装置的，每处扣1分；灭火装置失效的，每处扣1分。		
		破碎设备（包括颚式破碎机、锤式破碎机、立轴式破碎机、辊式破碎机等）： （1）破碎设备周围应留有足够的操作和维修空间，操作位置应有良好的通道及可视性，设备检修人孔门坚固可靠，传动皮带完好。 （2）设备应有总停开关及相应的急停和安全装置，并定期进行检查。 （3）设备的调整、维护、修理和清洁工作必须在停机时进行。 （4）机械传动部位安全防护装置、安全保险装置齐全可靠。 （5）通道、梯台、护网（栏）符合标准规定，所有启动和停止装置应有明显标志并易于接近，并有必要的预警信号。 （6）给料或转运料斗及料槽开口位置设防护装置，在无安全措施的条件下严禁人工疏通，严禁输送设施设备运行时进行维护调整、人体接近或触摸运转的部位。 （7）设备液压润滑系统应符合要求，系统压力不得超过最大允许压力。 （8）熟料破碎机运转时加油的，应使用油管延伸至安全地带内才可加油。	8	有一处不符合要求的，每处扣1分。		
		粉磨设备（包括立式辊磨机、管式球磨机等）： （1）煤磨作业现场必须设置禁止烟火警示标志，安装防静电装置；动火作业前必须申请同意，动火现场必须备好灭火器。	10	有一处不符合要求的，每处扣1分。		

续表

考评类目	考评项目	考评内容	标准分值	考评办法	自评/评审描述	实际得分
六、生产设备设施	6.2 设备设施运行管理	(2) 煤磨系统必须配备足够的灭火设施和器材（灭火器、消防栓等）。 (3) 有煤磨系统防火、防爆专项应急预案，防止煤粉制备系统发生爆燃事故。 (4) 进入磨体内检查必须断开主电源，挂警示牌，使用安全电压照明。 (5) 磨机机械传动部位防护装置齐全可靠，磨机体周围防护栏警示牌齐全。 (6) 磨体两侧护栏应齐全，严禁人员从运转磨底穿越靠近磨体。 (7) 磨机筒体各部件螺丝齐全，牢固可靠，衬板完整无断裂，不漏灰。 (8) 磨机轴承应根据气候变化及时更换相适应的润滑油，并记录备案。 (9) 轴承瓦润滑油，冷却水管完好畅通，油泵安装平稳牢固，油管、水管、油箱定期清洗。 (10) 压力表、温度表保持清洁，安全可靠，并严格遵守在有效期内使用。	10	有一处不符合要求的，每处扣1分。		
		烘干设备（回转式烘干机、立筒预热器、悬浮预热器与分解炉等）： (1) 烘干设备周围应设置相应可靠的隔热和防护设施。 (2) 烘干设备周围不允许堆放易燃易爆或危险化学品。 (3) 应有预热器清堵的专项安全操作规程或作业指导书。 (4) 预热器平台、构件、护栏要求完整牢固，检查孔盖牢固，翻板阀灵活好用；预热器周围平台上严禁堆放易燃易爆物品。 (5) 悬挂设备下及吊装孔附近应有隔离安全防护等安全设施。 (6) 检修状态预热器的翻板阀必须锁紧。	6	有一处不符合要求的，每处扣1分。		

续表

考评类目	考评项目	考评内容	标准分值	考评办法	自评/评审描述	实际得分
六、生产设备设施	6.2　设备设施运行管理	回转窑： （1）煤粉输送管路完好无泄漏；燃烧器完好无泄漏，调整机构灵活好用。 （2）回转窑窑头、窑尾观察门（盖）完好，平台护栏、测量仪表仪器完好，密封装置完好无脱落。 （3）回转窑筒体无阻碍、碰撞物体，检修人孔门固定牢固；筒体冷却装置完好。 （4）系统联锁、控制完好，空气炮等气动元件、压力容器工作正常。 （5）回转窑传动装置中的高转速联轴器、开式齿轮等传动部件应设置防护罩；冷却水、润滑油供应正常。托轮、挡轮测控仪表完好。 （6）回转窑传动装置中，应设置当辅助传动装置启动时能切断主电动机电源的联锁装置，同时辅助传动装置必须另设应急独立动力源。 （7）回转窑辅助传动装置必须安装制动装置，以便在使用中切断辅助传动电动机，防止回转窑自行转动。 （8）应建立回转窑专项检查制度，其中规定检查的内容以及频次，并定期检查、做好相关运行记录。 （9）停窑维护要有相应的安全方案，并严格执行。 （10）入窑作业要有相应的安全操作规程或作业指导书，并严格按规程或指导书操作。	10	有一处不符合要求的，每处扣1分。		

续表

考评类目	考评项目	考评内容	标准分值	考评办法	自评/评审描述	实际得分
六、生产设备设施	6.2 设备设施运行管理	篦冷机（冷却机）： （1）设备完好无漏风，并润滑充足。 （2）必须制定清理篦冷机烧结料（也叫“雪人”）的操作规程，并严格执行。 （3）人工清理篦冷机“雪人”时，必须停止使用空气炮，维持好窑头负压，在窑头平台上处理。 （4）人工进入篦冷机内清理作业前必须停下与篦冷机有关的所有设备：窑、冷却机、破碎机、空气炮，将预热器翻板阀锁死，并对相应开关、阀门上锁并挂警示牌。	4	有一处不符合要求的，每处扣1分。		
		余热发电设备： （1）应制定余热锅炉安全操作规程，并严格执行。 （2）锅炉“三证”（产品合格证、使用登记证、年度检验证）齐全。 （3）安全附件完好，安全阀、水位表、压力表齐全、灵敏、可靠，排污装置无泄漏。 （4）按规定合理设置报警和联锁保护、安全防护装置，并保持完好。 （5）汽轮机油站应有事故放油池，油箱事故放油阀门保持完好，并距离油箱有一定安全距离。	5	有一处不符合要求的，每处扣1分。		
		厂内机动车辆： （1）应有统一牌照和车辆编号。 （2）技术资料和档案、台账齐全，无遗漏。 （3）每年检验一次，检验数据齐全有效。	3	有一处不符合要求的，每处扣1分。		

续表

考评类目	考评项目	考评内容	标准分值	考评办法	自评/评审描述	实际得分
六、生产设备设施	6.2　设备设施运行管理	工业气瓶： (1) 对购入气瓶入库和发放实行登记制度，登记内容包括气瓶类型、编号、检验周期、外观检查、入出库日期、领用单位、管理责任人。 (2) 在检验周期内使用。 水泥企业常用气瓶的检验周期为： 一般气瓶（氧气、乙炔）每3年检验一次。 惰性气体（氮气）每5年检验一次。 超过30年的应按报废处理。 (3) 外观无机械性损伤及严重腐蚀，表面漆色、字样和色环标记正确、明显；瓶阀、瓶帽、防震圈等安全附件齐全、完好。 (4) 气瓶立放时应有可靠的防倾倒装置或措施；瓶内气体不得用尽，按规定留有剩余重量。 (5) 氧气瓶、乙炔气瓶应分库存放，并存放在气瓶专用库中，库房应符合建筑防火规范。 (6) 同一作业点气瓶放置不超过5瓶；若超过5瓶，但不超过20瓶应有防火防爆措施。 (7) 气瓶不得靠近热源，可燃、助燃气瓶与明火距离应大于10 m。 (8) 不得有地沟、暗道，严禁明火和其他热源，有防止阳光直射措施，通风良好，保持干燥。 (9) 空、实瓶应分开放置，保持1.5 m以上距离，且有明显标记；存放整齐，瓶帽齐全。立放时妥善固定，卧放时头朝一个方向，库内应设置足量消防器材。	8	有一处不符合要求的，每处扣1分。		

续表

考评类目	考评项目	考评内容	标准分值	考评办法	自评/评审描述	实际得分
六、生产设备设施	6.2 设备设施运行管理	变配电系统： （1）各高、低压供电系统图注明变配电站位置、架空线路和地下电缆走向、坐标、编号及型号、规格、长度、杆型和敷设方式等。 （2）应有配电室、变压器室、电容室、发电机室平面布置图；降压站、中央变电室、高压配电室及各分变电室和发电站的接地网络图。 （3）应有主要电气设备和安全防护用品的绝缘强度、继电保护、接地电阻、安全工具的试验报告和测试数据。 （4）位置不应在危险源的正上方或正下方，地势不应低洼，现场无漏雨、无积水。 （5）变配电间门向外开，高压间门应向低压间开，相邻配电间门应双向开。门应为非燃烧体或难燃烧体材料制作的实体门。 （6）门、窗、自然通风的孔洞都应采用金属网和建筑材料封闭，金属网孔应小于 10 mm×10 mm。 （7）应设有 100%变压器油量的储油池或排油设施。 （8）加设遮栏、护板、箱闸，安全距离符合规定；遮栏高度不低于 1.7 m，固定式遮栏网孔不应大于 40 mm×40 mm。 （9）高压配电室、电容器室、控制室应隔离，电缆通道用防火材料封堵。 （10）保存完整规定存档期限内的工作票、操作票。	8	有一处不符合要求的，每处扣1分。		

续表

考评类目	考评项目	考评内容	标准分值	考评办法	自评/评审描述	实际得分
六、生产设备设施	6.2　设备设施运行管理	固定式低压电气线路： (1) 线路布线安装应符合电气线路安装规程。 (2) 架空绝缘导线各种安全距离应符合要求。 (3) 断路器应装设短路保护、过负荷保护和接地故障保护等装置。 (4) 线路穿墙、楼板或地埋敷设时，都应穿管或采取其他保护；穿金属管时管口应装绝缘护套；室外埋设，上面应有保护层；电缆沟应有防火、排水设施。 (5) 地下线路应有清晰坐标或标志以及施工图。	5	有一处不符合要求的，每处扣1分。		
		动力照明箱（柜、板）： (1) 触电危险性小的一般作业场所和办公室，可采用开启式配电板。 (2) 触电危险性大或作业环境差的生产车间、锅炉房等场所，应采用密闭式箱、柜。 (3) 煤粉制备系统或危险品储库，必须采用密闭式防爆型电气设施。 (4) 符合电气设计安装规范要求，各类电气元件、仪表、开关和线路排列整齐，安装牢固，操作方便，内外无积尘、积水和杂物。 (5) 各种电气元件及线路接触良好，连接可靠，无严重发热、烧损或裸露带电体现象。	5	有一处不符合要求的，每处扣1分。		
		手持电动工具： (1) 手持电动工具根据使用的环境不同选择相应的绝缘等级。 (2) 手持电动工具至少每3个月进行一次绝缘电阻检测，且记录完整有效。 (3) 手持电动工具的防护罩、盖板及手柄应完好，无破损，无变形，不松动。 (4) 电源线长度限制在6 m以内，中间不允许有接头和破损。 (5) 不得跨越通道使用。	5	有一处不符合要求的，每处扣1分。		

续表

考评类目	考评项目	考评内容	标准分值	考评办法	自评/评审描述	实际得分
六、生产设备设施	6.2 设备设施运行管理	临时用电线路： （1）有完备的临时电气线路审批制度和手续，其中应明确架设地点、用电容量、用电负责人、审批部门意见、准用日期等内容。 （2）临时电气线路审批期限：一般场所使用不超过 15 天；建筑、安装工程按计划施工周期确定。 （3）不得在易燃、易爆等危险作业场所架设临时电气线路。 （4）必须按照电气线路安装规程进行布线。 （5）必须装有总开关控制和剩余电流保护装置，每一个分路应装设与符合匹配的熔断器。	5	有一处不符合要求的，每处扣 1 分。		
		电气设备的金属外壳、底座、传动装置、金属电线管、配电盘以及配电装置的金属构件、遮栏和电缆线的金属外包皮等，均应采用保护接地或接零。接零系统应有重复接地，对电气设备安全要求较高的场所，应在零线或设备接零处采用网络埋设的重复接地。低压电气设备非带电的金属外壳和电动工具的接地电阻，不应大于 4 Ω。	5	有一处不符合要求的，每处扣 1 分。		
		运载给料设备（板链提升机、板链斗式输送机、螺旋输送机、空气输送斜槽、斗式提升机等）要求： （1）机械运输系统的外露传动部位，都应安装防护罩或防护屏，防护罩或防护屏应安装牢固，符合要求。 （2）纠偏装置完好，动作灵敏可靠。 （3）每个操作工位、升降段、转弯处必须设置急停装置，同时保证每 30 m 范围内应不少于 1 个急停装置。	5	有一处不符合要求的，每处扣 1 分。		

续表

考评类目	考评项目	考评内容	标准分值	考评办法	自评/评审描述	实际得分
六、生产设备设施	6.2　设备设施运行管理	（4）急停装置按钮或拉扯拉绳开关，应满足保证运输线紧急停机的要求，不得自动恢复，必须采取手动恢复。 （5）人员需要经常跨越运输线的地方应设过道桥。 （6）空气斜槽密封完好，设备无扬尘、漏灰等缺陷，观察口及连接法兰接口需有防进水措施。 （7）提升机及链板运输机电机及减速机基础螺栓固定牢固，运行稳定可靠。	5	有一处不符合要求的，每处扣1分。		
		收尘设备（袋收尘、电收尘等）要求： （1）设备设施完好，定期检测，各项数据指标符合国家环保排放标准。 （2）建立进入收尘器的安全操作规程。 （3）制定相应的收尘设备管理维护制度。 （4）要有防雷装置，并定期监测。 （5）对电除尘系统进行检查维修时，必须确认接地装置完好，放电、验电合格后方可进行，现场必须要有监护人员。	5	有一处不符合要求的，每处扣1分。		
		压力容器设备（包括空气压缩机、气泵、储气罐等）要求： （1）应有《压力容器使用登记证》、注册证件、质量证明书、出厂合格证、年检报告等。 （2）本体、接口、焊接接头等部位无裂纹、变形、过热、泄漏、腐蚀现象等缺陷。 （3）相邻管件或构件无异常振动、异响或相互摩擦等现象。	6	有一处不符合要求的，每处扣1分。		

续表

考评类目	考评项目	考评内容	标准分值	考评办法	自评/评审描述	实际得分
六、生产设备设施	6.2 设备设施运行管理	(4) 压力表指示灵敏，刻度清晰，安全阀每年检验一次，记录齐全，且铅封完整，在检验周期内使用。 (5) 生产过程中使用的压缩空气、循环水、润滑油等管路，应安装压力表，储气罐应安装安全阀，各种阀门应采用不同颜色和不同几何形状的标志，还应有表明开、闭状态的标志。 (6) 应有全厂管网平面布置图，标记完整，位置准确，管网设计、安装、验收技术资料齐全。 (7) 不同介质的管线，应按照《工业管道的基本识别色、识别符号和安全标识》(GB 7231) 的规定涂上不同的颜色，并注明介质名称和流向。 (8) 埋地管道敷层完整无破损，架空管道支架牢固合理，无严重腐蚀、无泄漏，设置限高警示，有隔热措施。	6	有一处不符合要求的，每处扣1分。		
		起重机械设备（吊机、吊车、吊具等）应满足： (1) 吊车应设有下列安全装置： 1) 吊车之间防碰撞装置。 2) 大、小行车端头缓冲和防冲撞装置。 3) 过载保护装置。 4) 主、副卷扬限位、报警装置。 5) 登吊车信号装置及门联锁装置。 6) 露天作业的防风装置。 7) 电动警报器或大型电铃以及警报指示灯。 (2) 吊车应装有能从地面辨别额定荷重的标识，不应超负荷作业。 (3) 吊运物行走的安全路线，不应跨越有人操作的固定岗位或经常有人停留的场所，且不应随意越过主体设备。	10	吊车每缺少一项安全装置的，扣1分；其他项不符合要求的，每处扣1分。		

续表

考评类目	考评项目	考评内容	标准分值	考评办法	自评/评审描述	实际得分
六、生产设备设施	6.2　设备设施运行管理	(4) 与机动车辆通道相交的轨道区域，应有必要的安全措施。 (5) 起重机械的定期检验周期为一年，应在检验周期内使用，合格的检验报告，要长期完整保存。 (6) 应有吊索具管理制度，车间有吊索具管理办法，明确规定集中存放地点，存放点有选用规格与对应载荷的标牌，有专人管理和保养。 (7) 普通麻绳和白棕绳只能用于轻质物件捆绑和吊运，有断股、割伤、磨损严重的应报废。 (8) 钢丝绳编接长度应大于15倍绳直径，且不小于300 mm，卡接绳卡间距离应不小于6倍绳直径，压板应在主绳侧。 (9) 链条有裂纹、塑性变形、伸长达原长度的5%；下链环直径磨损达原直径的10%时应报废。 (10) 报废吊索具不得在现场存放或使用。	10	吊车每缺少一项安全装置的，扣1分；其他项不符合要求的，每处扣1分。		
		装卸、包装设备应满足： (1) 机械传动部位防护装置齐全可靠，拉紧、制动、保护、联锁、安全保险装置齐全可靠； (2) 给料或转运料斗及料槽开口位置设防护装置，在无安全措施的条件下严禁人工疏通。 (3) 严禁带料启动设备。 (4) 包装设备运行正常，传动部位防护装置齐全可靠。 (5) 水泥筛分、计量、控制设施完好。 (6) 发生夹包，及时停机，禁止在设备运转时处理问题。 (7) 包装机在运转时，禁止到包装机里面去拉包，同时严禁输送设备运行过程中进行维护调整。	7	有一处不符合要求的，每处扣1分。		

续表

考评类目	考评项目	考评内容	标准分值	考评办法	自评/评审描述	实际得分
六、生产设备设施	6.2 设备设施运行管理	电焊机应满足： (1) 电源线、焊接电缆与电焊机连接处的裸露接线板，应采取安全防护罩或防护板隔离，以防止人员或金属物体接触。 (2) 电焊机外壳必须接地或接零保护，接地或接零装置连接良好，并定期检查。 (3) 严禁使用易燃易爆气体管道作为接地装置。 (4) 每半年应对电焊机绝缘电阻遥测一次，且记录完整。 (5) 电焊机一次侧电源线长度不超过 5 m，电源进线处必须设置防护罩。 (6) 电焊机二次线必须连接紧固，无松动，接头不超过 3 个，长度不超过 30 m。 (7) 电焊钳夹紧力好，绝缘良好，手柄隔热层完整，电焊钳与导线连接可靠。 (8) 严禁使用厂房金属结构、管道、轨道等作为焊接二次回路使用。 (9) 在有接地或接零装置的焊件上进行弧焊操作，或焊接与地面密切连接的焊件时，应特别注意避免电焊机和工件的双重接地。 (10) 电焊机应安放在通风、干燥、无碰撞、无剧烈震动、无高温、无易燃品存在的地方；在室外或特殊环境下使用，应采取防护措施保证其正常使用；使用场所应清洁，无严重粉尘。	6	有一处不符合要求的，每处扣 1 分。		
		下列工作场所应设置应急照明：主要通道及主要出入口、通道楼梯、总降变电站、电力室、中控室。	3	工作场所应设而未设应急照明的，每处扣 1 分。		

续表

考评类目	考评项目	考评内容	标准分值	考评办法	自评/评审描述	实际得分
六、生产设备设施	6.2　设备设施运行管理	危险场所和其他特定场所，照明器材的选用应遵守下列规定： （1）有爆炸和火灾危险的场所，应按其危险等级选用相应的照明器材。 （2）有酸碱腐蚀的场所，应选用耐酸碱的照明器材。 （3）潮湿地区，应采用防水性照明器材。 （4）含有大量烟尘但不属于爆炸和火灾危险的场所，应选用防尘型照明器材。	4	选用照明器材不符合要求的，每处扣1分。		
	6.3　新设备设施验收及旧设备设施拆除、报废	建立新设备设施验收和旧设备设施拆除、报废的管理制度。	2	无该项制度的，不得分；缺少内容或操作性差的，扣1分。		
		按规定对新设备设施进行验收，确保使用质量合格、设计符合要求的设备设施。	5	未进行验收的（含其安全设备设施），每项扣1分；使用不符合要求的，每项扣1分。		
		按规定对不符合要求的设备设施进行报废或拆除。	3	未按规定进行的，不得分；涉及危险物品的生产设备设施的拆除，无危险物品处置方案的，不得分；未执行作业许可的，扣1分；未进行作业前的安全、技术交底的，扣1分；资料保存不完整齐全的，每项扣1分。		
	6.4　设备设施检测检验	建立特种设备（锅炉、压力容器、起重设备、安全附件及安全保护装置等）的管理制度。	2	无该项制度的，不得分；制度与有关规定不符的，扣1分。		
		按规定使用、维护，定期检验，并将有关资料归档保存。	10	未进行检验的，不得分；档案资料不全的（含生产、安装、验收、登记、使用、维护等），每台套扣1分；使用无资质厂家生产的，每台套扣2分；未经检验合格或检验不合格就使用的，每台套扣2分；安全装置不全或不能正常工作的，每处扣2分；检验周期超过规定时间的，每台套扣1分；检验标签未张贴悬挂的，每台套扣1分。		
小计			227	得分小计		

续表

考评类目	考评项目	考评内容	标准分值	考评办法	自评/评审描述	实际得分
七、作业安全	7.1 生产现场管理和生产过程控制	建立至少包括下列危险作业的作业安全的管理制度，明确责任部门、人员、许可范围、审批程序、许可签发人员等： （1）危险区域动火作业。 （2）进入受限空间作业。 （3）高处作业。 （4）大型吊装作业。 （5）预热器清堵作业。 （6）篦冷机清大块作业。 （7）水泥生产筒型库清库作业。 （8）交叉作业。 （9）高温作业。 （10）其他危险作业。	10	缺少一项危险作业规定的，扣1分；内容不全或操作性差，扣1分。		
		应对生产现场和生产过程、环境存在的风险和隐患进行辨识、评估分级，并制定相应的控制措施。	3	无企业风险和隐患辨识、评估分级汇总资料的，不得分；辨识所涉及的范围未全部涵盖的，每少一处扣1分；每缺一类风险和隐患辨识、评估分级的，扣1分；缺少控制措施或针对性不强的，每类扣1分；现场岗位人员不清楚岗位有关风险及其控制措施的，每人次扣1分。		
		应禁止与生产无关人员进入生产操作现场。应划出非岗位操作人员行走的安全路线，其宽度一般不小于1.5 m。	3	有与生产无关人员进入生产操作现场的，不得分；未划出非岗位操作人员行走的安全路线的，不得分；安全路线的宽度一般小于1.5 m的，扣1分。		
		应根据《建筑设计防火规范》(GBJ 16)、《爆炸和火灾危险环境电力装置设计规范》（GB 50058）规定，结合生产实际，确定具体的危险场所，设置危险标志牌或警告标志牌，并严格管理其区域内的作业。	2	未确定具体的危险场所的，不得分；有一处危险标志牌或警告标志牌不符合要求的，扣1分；有一处作业不符合规定的，不得分。		

续表

考评类目	考评项目	考评内容	标准分值	考评办法	自评/评审描述	实际得分
七、作业安全	7.1　生产现场管理和生产过程控制	预热器清堵作业人员应穿戴好防火隔热专用劳动保护用品，检查相应的作业工具，确保安全使用；清堵作业前必须办理危险作业申请，相关安全生产管理人员现场监控；同时篦冷机、斜拉链及地坑内禁止人员作业，防止生料粉涌入伤人。同时与中控联系确认好，维持系统负压，关闭空气炮进气阀门并切断电源，并将空气炮内部气源排空，挂“禁止操作”警示牌；作业期间必须遵循由下而上的原则，严禁多孔上下同时清料；用高压气体清料时，必须保证清料管穿透料层，防止喷料，专人控制高压气体阀门；清堵作业人员应站在上风口，应侧身对着清料孔，防止垮料、喷料造成人员烫伤；使用高压水枪清堵作业必须严格执行相关的安全操作要领；清料过程中现场各层平台及预热器四周要设置警戒范围，防止生料粉喷出伤人，对生料粉喷出可能触及的电缆和设备要采取防护措施；处理分解炉的结堵时，现场人员需切断电源，如使用空气炮时，必须将观察门及清堵口的盖子锁紧；作业人员必须服从现场统一协调、指挥，杜绝违章指挥及违章作业。	3	未按要求做到的，每处扣1分。		
		篦冷机清烧结料作业人员应按规定穿戴好防火隔热专用劳动保护用品，与中控联系好保持系统负压，防止正压热气流回喷；当破碎机未被卡死时，作业人员在处理大块烧结料时要防止飞溅的物料伤人。 一次进入篦冷机内清理烧结料作业人员不得超过2人。 篦冷机内如温度过高，必须采取通风等安全措施；工作人员要分组轮换作业，现场配备防暑降温药品。	3	未按要求做到的，每处扣1分。		

续表

考评类目	考评项目	考评内容	标准分值	考评办法	自评/评审描述	实际得分
七、作业安全	7.1 生产现场管理和生产过程控制	水泥生产筒型库清库作业应成立清库工作小组，制定清库方案和应急预案，并必须由企业安全生产管理部门负责人和企业负责人批准；清库作业过程中，必须实行统一指挥；清库作业应在白天进行，禁止在夜间和在大风、雨、雪天等恶劣气候条件下清库；应在清库作业现场设置警戒区域和警示标志；必须关闭库顶所有进料设备及闸板，将库内料位放至最低限度（放不出料为止），关闭库底卸料口及充气设备，禁止进料和放料；清库前必须切断空气炮气源、关闭所有气阀，并须将空气炮供气罐内的压缩空气排空，同时应关闭空气炮的操作箱；清库人员每次入库连续作业时间不得超过1小时，清理原煤、煤粉储存库时每次入库连续作业时间不得超过30分钟。	3	未按要求做到的，每处扣1分。		
		高压水枪使用中应穿戴好防火隔热专用劳动保护用品，安排专人折捏住清料管后端皮管，清理现场无关作业人员，安排专人指挥作业，侧身接近清料口，高压水枪的使用应严格执行相应的安全操作规程或作业指导书，防止伤人事故的发生。通知作业人员向清料管内注水（高压水枪所需水量）。待现场高温烟气散尽检查确认后，再进行后续工作。	3	未按要求做到的，每处扣1分。		
		高压气体（压缩空气、空气炮）使用应遵守相应的安全作业规程，非现场指定操作人员禁止使用空气炮，施放空气炮前必须确认现场安全，压缩空气禁止用来清洁设备，禁止对人体部分进行吹气。	3	未按要求做到的，每处扣1分。		

续表

考评类目	考评项目	考评内容	标准分值	考评办法	自评/评审描述	实际得分
七、作业安全	7.1 生产现场管理和生产过程控制	入篦冷机检查必须按规定穿戴好劳动保护用品，办理设备停电和危险作业申请，与中控保持联系，确认预热器各级旋风筒内无堵料，锁紧预热器翻板阀，并禁止转窑，挂好“禁止合闸”警示牌；进入篦冷机内必须使用安全照明，同时现场设专人监护。人工进入篦冷机内清理作业时，必须检查窑口有无悬浮易脱落的窑皮或窑砖，如有必须清除下来后再进行清理作业。	3	未按要求做到的，每处扣1分。		
		入窑检查必须按规定穿戴好劳动保护用品，办理设备停电和危险作业申请，与中控保持联系，确认预热器各级旋风筒内无堵料，锁紧翻板阀，并禁止转窑，挂好“禁止合闸”警示牌；进入窑筒体内必须使用安全照明，检查窑内温度及耐火砖、窑皮有无松垮、窑砖有无突出现象，发现隐患及时处理，同时现场设专人监护。	3	未按要求做到的，每处扣1分。		
		皮带输送机头部与尾部应设置防护罩或隔离栏及安全联锁装置，人员通过部位应设置专用跨越通道。	3	缺少《GB 14787 带式输送机安全规范》中规定的各类安全联锁装置和防护设施的，每处扣1分。		
		表面高温设备（窑头罩、篦冷机、窑体、窑尾预热器和尾气管道等）应设置相应的外部保温层或防护隔离设施。	3	未设置相应的外部保温层或防护隔离设施的，每处扣1分。		
		高噪声的设备（破碎机、提升机、球磨机、空压机、通风机和电动机等）应设置警告标识，附近作业人员应佩戴护耳器。	3	现场抽查未设置警告标识的，每处扣一分；现场抽查未佩戴护耳器的，每人扣1分。		
		破碎、配料、粉磨、物料输送、煅烧、选粉、装运等主要产尘点应设置有效收尘设施。	3	未设置有效收尘设施的，不得分；每少一处扣1分。		
		空气压缩机及储气罐内的高压气体、锅炉及余热发电系统中的高温高压水蒸气部位，应设置警告标识。	3	未设置警告标识的，每处扣1分。		

续表

考评类目	考评项目	考评内容	标准分值	考评办法	自评/评审描述	实际得分
七、作业安全	7.1 生产现场管理和生产过程控制	煤粉制备系统与油泵房、地上柴油罐、煤堆场等防火重点部位的消防设施配置数量应符合消防安全管理规定。	3	未达到配置要求的，每处扣1分。		
		吊具应在其安全系数允许范围内使用。钢丝绳和链条的安全系数和钢丝绳的报废标准，应符合《起重机械安全规程》（GB 6067）的有关规定。	3	未在安全系数允许范围内使用吊具的，不得分；未按规定报废的，不得分；相关管理人员和作业人员不清楚吊具的安全系数和钢丝绳的报废标准的，不得分。		
	7.2 作业行为管理	对生产作业过程中人的不安全行为进行辨识，并制定相应的控制措施。主要包括： （1）在没有排除故障的情况下操作，没有做好防护或提出警告。 （2）在不安全的速度下操作。 （3）使用不安全的设备或不安全地使用设备。 （4）处于不安全的位置或不安全的操作姿势。 （5）工作在运行中或有危险的设备上。	3	每缺一类风险和隐患辨识的，扣1分；缺少控制措施或针对性不强的，每类扣1分；作业人员不清楚风险及控制措施的，每人次扣1分。		
		对高危作业（高空作业、预热器清堵、水泥筒型储库清库等）实行许可制，执行工作票制。	3	未执行的，不得分；工作票中危险分析和控制措施不全的，按每类工作票扣1分；授权程序不清或签字不全的，扣2分；工作票未有效保存的，扣2分。		
		电气、高速运转机械等设备，应实行操作牌制度。	3	未执行的，不得分；未挂操作牌就作业的，每处扣1分；操作牌污损的，每个扣1分。		
		为从业人员配备与工作岗位相适应的符合国家标准或者行业标准的劳动防护用品，并监督、教育从业人员按照使用规则佩戴、使用。	3	无发放标准的，不得分；未及时发放的，不得分；购买、使用不合格劳动防护用品的，不得分；发放标准不符有关规定的，每项扣1分；员工未正确佩戴和使用的，每人次扣1分。		
		进入受限空间检修，应采取可靠的置换或通风措施，并有专人监护和采取便于空间内外人员联系的措施。	3	有一次不符合要求的，不得分。		

续表

考评类目	考评项目	考评内容	标准分值	考评办法	自评/评审描述	实际得分
七、作业安全	7.2　作业行为管理	特种作业人员须经过专门安全技术和操作技能培训，并取得特种作业操作资格证书，并按期进行复审。	3	有一人不符合要求的，扣1分。		
	7.3　警示标志和安全防护	建立警示标志和安全防护的管理制度。	2	无该项制度的，不得分。		
		在存在较大危险因素的作业场所或有关设备上，设置符合《安全标志及其使用导则》（GB 2894）和《图形符号　安全色和安全标志》（GB 2893）规定的安全警示标志和安全色。	3	有一处不符合规定的，扣1分；未告知危险种类、后果及应急措施的，每处扣1分。		
		在检维修、施工、吊装等作业现场设置警戒区域，以及厂区内的坑、沟、池、井、陡坡等设置安全盖板或护栏等。	3	有一处不符合要求的，扣1分。		
		设备裸露的转动或快速移动部分，应设有结构可靠的安全防护罩、防护栏杆或防护挡板。	2	有一处不符合要求的，扣1分。		
		放射源和射线装置，应有明显的标志和防护措施，并定期检测。	2	无标志的，每处扣1分；无防护措施的，每处扣1分；未定期检测的，不得分。		
	7.4　相关方管理	建立有关承包商、供应商等相关方的管理制度。	2	无该项制度的，不得分；未明确双方权责或不符合有关规定的，不得分。		
		对承包商、供应商等相关方的资格预审、选择、服务前准备、作业过程监督、提供的产品、技术服务、表现评估、续用等进行管理，建立相关方的名录和档案。	3	以包代管的，不得分；未纳入甲方统一安全生产管理的，不得分；未将安全绩效与续用挂钩的，不得分；名录或档案资料不全的，每一个扣1分。		
		不应将工程项目发包给不具备相应资质的单位。工程项目承包协议应当明确规定双方的安全生产责任和义务。	4	**发包给无相应资质的相关方的，除本条不得分外，加扣6分**；承包协议中未明确双方安全生产责任和义务的，每项扣1分；未执行协议的，每项扣1分。		

续表

考评类目	考评项目	考评内容	标准分值	考评办法	自评/评审描述	实际得分
七、作业安全	7.4　相关方管理	根据相关方提供的服务作业性质和行为定期识别服务行为风险，采取行之有效的风险控制措施，并对其安全绩效进行监测。 甲方应统一协调管理同一作业区域内的多个相关方的交叉作业。	6	**相关方在甲方场所内发生工亡事故的，除本条不得分外，加扣4分**；未定期进行风险评估的，每一个扣1分；风险控制措施缺乏针对性、操作性的，每一个扣1分；未对其进行安全绩效监测的，每次扣1分；甲方未进行有效统一协调管理交叉作业的，扣3分。		
	7.5　变更	建立有关人员、机构、工艺、技术、设施、作业过程及环境变更的管理制度。	2	无该项制度的，不得分；制度与实际不符的，扣1分。		
		对有关人员、机构、工艺、技术、设施、作业过程及环境的变更制定实施计划。	3	无实施计划的，不得分；未按计划实施的，每项扣1分；变更中无风险识别或控制措施的，每项扣1分。		
		对变更的设施进行审批和验收管理，并对变更过程及变更后所产生的风险和隐患进行辨识、评估和控制。	8	无审批和验收报告的，不得分；未对变更导致新的风险或隐患进行辨识、评估和控制的，每项扣1分。		
		变更安全设施，在建设阶段应经设计单位书面同意，在投用后应经安全生产管理部门书面同意。重大变更的，还应报安全生产监督管理部门备案。	2	未经书面同意就变更的，每处扣1分；未及时备案的，每次扣1分。		
		小计	120	得分小计		
八、隐患排查	8.1　隐患排查	建立隐患排查治理的管理制度，明确责任部门/人员、方法。	2	无该项制度的，不得分；制度与《安全生产事故隐患排查治理暂行规定》等有关规定不符的，扣1分。		
		制定隐患排查工作方案，明确排查的目的、范围、方法和要求等。	3	无该方案的，不得分；方案依据缺少或不正确的，每项扣1分；方案内容缺项的，每项扣1分。		
		按照方案进行隐患排查工作。	6	未按方案排查的，不得分；有未排查出来的隐患的，每处扣1分；排查人员不能胜任的，每人次扣1分；未进行汇总总结的，扣2分。		

续表

考评类目	考评项目	考评内容	标准分值	考评办法	自评/评审描述	实际得分
八、隐患排查	8.1　隐患排查	对隐患进行分析评估，确定隐患等级，登记建档。	4	无隐患汇总登记台账的，不得分；无隐患评估分级的，不得分；隐患登记档案资料不全的，每处扣1分。		
	8.2　排查范围与方法	隐患排查的范围应包括所有与生产经营相关的场所、环境、人员、设备设施和活动。	5	范围每缺少一类，扣1分。		
		采用综合检查、专业检查、季节性检查、节假日检查、日常检查等方式进行隐患排查。	5	各类检查缺少一次，扣1分；缺少一类检查表，扣1分；检查表针对性不强的，每一个扣1分；检查表无人签字或签字不全的，每次扣1分。		
	8.3　隐患治理	根据隐患排查的结果，制定隐患治理方案，对隐患进行治理。方案内容应包括目标和任务、方法和措施、经费和物资、机构和人员、时限和要求。重大事故隐患在治理前应采取临时控制措施，并制定应急预案。隐患治理措施应包括工程技术措施、管理措施、教育措施、防护措施、应急措施等。	10	无该方案的，不得分；方案内容不全的，每缺一项扣1分；每项隐患整改措施针对性不强的，扣1分；隐患治理工作未形成闭路循环的，每项扣1分。		
		在隐患治理完成后对治理情况进行验证和效果评估。	5	未进行验证或效果评估的，每项扣1分。		
		按规定对隐患排查和治理情况进行统计分析，并向安全生产监督管理部门和有关部门报送书面统计分析表。	2	无统计分析表的，不得分；未及时报送的，不得分。		
	8.4　预测预警	企业应根据生产经营状况及隐患排查治理情况，采用技术手段、仪器仪表及管理方法等，建立安全预警指数系统，每月进行一次安全生产风险分析。	3	无安全预警指数系统的，不得分；未对相关数据进行分析、测算，实现对安全生产状况及发展趋势进行预报的，扣2分；未将隐患排查治理情况纳入安全预警系统的，扣1分；未对预警系统所反映的问题，及时采取针对性措施的，扣1分；未每月进行风险分析的，扣1分。		
	小计		45	得分小计		

续表

考评类目	考评项目	考评内容	标准分值	考评办法	自评/评审描述	实际得分
九、危险源监控	9.1 辨识与评估	建立危险源的管理制度，明确辨识与评估的职责、方法、范围、流程、控制原则、回顾、持续改进等。	2	无该项制度的，不得分；制度中每缺少一项内容要求的，扣1分。		
		按相关规定对本单位的生产设施或场所进行危险源辨识、评估，确定重大危险源（包括企业确定的重大危险源）。	8	未进行辨识和评估的，不得分；未按制度规定严格进行的，不得分；辨识和评估不充分、准确的，每处扣2分。		
	9.2 登记建档与备案	对确认的危险源及时登记建档。	3	无危险源档案资料的，不得分；档案资料不全的，每处扣1分。		
		按照相关规定，将重大危险源向安全生产监督管理部门和相关部门备案。	2	未备案的，不得分；备案资料不全的，每个扣1分。		
		计量检测用的放射源应当按照有关规定取得放射物品使用许可证。	3	未办理许可证的，不得分；每少一个许可证，扣1分。		
	9.3 监控与管理	对重大危险源（包括企业确定的重大危险源）采取措施进行监控，包括技术措施（设计、建设、运行、维护、检查、检验等）和组织措施（职责明确、人员培训、防护器具配置、作业要求等）。	15	未监控的，不得分；**有重大隐患或带病运行，严重危及安全生产的，除本分值扣完后外，加扣15分**；监控技术措施和组织措施不全的，每项扣1分。		
		在危险源现场设置明显的安全警示标志和危险源点警示牌（内容包含名称、地点、责任人员、事故模式、控制措施等）。	3	无安全警示标志的，每处扣1分；内容不全的，每处扣1分；警示标志污损或不明显的，每处扣1分。		
		相关人员应按规定对危险源进行检查，并在检查记录本上签字。	2	未按规定进行检查的，不得分；检查未签字的，每次扣1分；检查结果与实际状态不符的，每处扣1分。		
		小计	38	得分小计		
十、职业健康	10.1 职业健康管理	建立职业健康的管理制度。	2	无该项制度的，不得分；制度与有关法规规定不一致的，扣1分。		
		按有关要求，为员工提供符合职业健康要求的工作环境和条件。	3	有一处不符合要求的，扣1分；**一年内有新增职业病患者的，此类目不得分。**		

续表

考评类目	考评项目	考评内容	标准分值	考评办法	自评/评审描述	实际得分
十、职业健康	10.1 职业健康管理	建立、健全职业卫生档案和员工健康监护档案。	2	未进行员工健康检查的，不得分；未进行入厂和离职健康检查的，不得分；健康检查每少一人次的，扣1分；无档案的，不得分；每缺少一人档案的，扣1分；档案内容不全的，每缺一项资料，扣1分。		
		对职业病患者按规定给予及时的治疗、疗养。对患有职业禁忌证的，应及时调整到合适岗位。	3	未及时给予治疗、疗养的，不得分；治疗、疗养每少一人的，扣1分；没有及时调整职业禁忌证患者的，每人扣1分。		
		定期对职业危害场所进行检测，并将检测结果公布、存入档案。	3	未定期检测的，不得分；检测的周期、地点、有毒有害因素等不符合要求的，每项扣1分；结果未公开公布的，不得分；结果未存档的，一次扣1分。		
		对可能发生急性职业危害的有毒、有害工作场所，应当设置报警装置，制定应急预案，配置现场急救用品和必要的泄险区。	3	无报警装置的，不得分；缺少报警装置或不能正常工作的，每处扣1分；无应急预案的，不得分；无急救用品、冲洗设备、应急撤离通道和必要的泄险区的，不得分。		
		指定专人负责保管、定期校验和维护各种防护用具，确保其处于正常状态。	2	未指定专人保管或未全部定期校验维护的，不得分；未定期校验和维护的，每次扣1分；校验和维护记录未存档保存的，不得分。		
		指定专人负责职业健康的日常监测及维护监测系统处于正常运行状态。	3	未指定专人负责的，不得分；人员不能胜任的（含无资格证书或未经专业培训的），不得分；日常监测每缺少一次，扣1分；监测装置不能正常运行的，每处扣1分。		
		生产作业环境应符合《工作场所化学有害因素职业接触限值》（GBZ 2.1—2）与《水泥生产防尘技术规程》（GB/T 16911）及《车间空气中呼吸性水泥粉尘卫生标准》（GB 16238）的相关要求。	5	监测报告上有一处不符合要求的，扣1分。		

续表

考评类目	考评项目	考评内容	标准分值	考评办法	自评/评审描述	实际得分
十、职业健康	10.2 职业危害告知和警示	与从业人员订立劳动合同（含聘用合同）时，应将工作过程中可能产生的职业危害及其后果、职业危害防护措施和待遇等如实以书面形式告知从业人员，并在劳动合同中写明。	2	未书面告知的，不得分；告知内容不全的，每缺一项内容，扣1分；未在劳动合同中写明的（含未签合同的），不得分；劳动合同中写明内容不全的，每缺一项内容，扣1分。		
		对员工及相关方宣传和培训生产过程中的职业危害、预防和应急处理措施。	2	无培训及记录的，不得分；培训无针对性或缺失内容的，每次扣1分；员工及相关方不清楚的，每人次扣1分。		
		对存在严重职业危害的作业岗位，按照《工作场所职业病危害警示标识》（GBZ 158）要求，在醒目位置设置警示标志和警示说明。	2	未设置标志的，不得分；缺少标志的，每处扣1分；标志内容（含职业危害的种类、后果、预防以及应急救治措施等）不全的，每处扣1分。		
	10.3 职业危害申报	按规定及时、如实地向当地主管部门申报生产过程存在的职业危害因素。	2	未申报材料的，不得分；申报内容不全的，每缺少一类扣2分。		
		下列事项发生重大变化时，应向原申报主管部门申请变更： （1）新、改、扩建项目。 （2）因技术、工艺或材料等发生变化导致原申报的职业危害因素及其相关内容发生重大变化。 （3）企业名称、法定代表人或主要负责人发生变化。	4	未申报的，不得分；每缺少一类变更申请的，扣2分。		
	小计		38	得分小计		
十一、应急救援	11.1 应急机构和队伍	建立事故应急救援制度。	2	无该项制度的，不得分；制度内容不全或针对性不强的，扣1分。		
		按相关规定建立安全生产应急管理机构或指定专人负责安全生产应急管理工作。	2	没有建立机构或专人负责的，不得分；机构或专人未及时调整的，每次扣1分。		
		建立与本单位安全生产特点相适应的专兼职应急救援队伍或指定专兼职应急救援人员。	2	未建立队伍或指定专兼职人员的，不得分；队伍或人员不能满足应急救援工作要求的，不得分。		

续表

考评类目	考评项目	考评内容	标准分值	考评办法	自评/评审描述	实际得分
十一、应急救援	11.1　应急机构和队伍	定期组织专兼职应急救援队伍和人员进行训练。	2	无训练计划和记录的，不得分；未定期训练的，不得分；未按计划训练的，每次扣1分；训练科目不全的，每项扣1分；救援人员不清楚职能或不熟悉救援装备使用的，每人次扣1分。		
	11.2　应急预案	按规定制定安全生产事故应急预案，重点作业岗位有应急处置方案或措施。	2	无应急预案的，不得分；应急预案的格式和内容不符合有关规定的，不得分；无重点作业岗位应急处置方案或措施的，不得分；未在重点作业岗位公布应急处置方案或措施的，每处扣1分；有关人员不熟悉应急预案和应急处置方案或措施的，每人次扣1分。		
		根据有关规定将应急预案报当地主管部门备案，并通报有关应急协作单位。	1	未进行备案的，不得分；未通报有关应急协作单位的，每个扣1分。		
		定期评审应急预案，并进行修订和完善。	1	未定期评审或无有关记录的，不得分；未及时修订的，不得分；未根据评审结果或实际情况的变化修订的，每缺一项，扣1分；修订后未正式发布或培训的，扣1分。		
	11.3　应急设施、装备、物资	按应急预案的要求，建立应急设施，配备应急装备，储备应急物资。	2	每缺少一类，扣1分。		
		对应急设施、装备和物资进行经常性的检查、维护、保养，确保其完好可靠。	2	无检查、维护、保养记录的，不得分；每缺少一项记录的，扣1分；有一处不完好、可靠的，扣1分。		
	11.4　应急演练	按规定组织安全生产事故应急演练。	2	未进行演练的，不得分；无应急演练方案和记录的，不得分；演练方案简单或缺乏执行性的，扣1分；高层管理人员未参加演练的，每次扣1分。		
		对应急演练的效果进行评估。	1	无评估报告的，不得分；评估报告未认真总结问题或未提出改进措施的，扣1分；未根据评估的意见修订预案或应急处置措施的，扣1分。		

续表

考评类目	考评项目	考评内容	标准分值	考评办法	自评/评审描述	实际得分
十一、应急救援	11.5 事故救援	发生事故后，应立即启动相关应急预案，积极开展事故救援。	2	未及时启动的，不得分；未达到预案要求的，每项扣1分。		
		应急结束后应编制应急救援报告。	1	无应急救援报告的，不得分；未全面总结分析应急救援工作的，每缺一项，扣1分。		
		小计	22	得分小计		
十二、事故报告、调查和处理	12.1 事故报告	建立事故的管理制度，明确报告、调查、统计与分析、回顾、书面报告样式和表格等内容。	2	无该项制度的，不得分；制度与有关规定不符的，扣1分；制度中每缺少一项内容，扣1分。		
		发生事故后，主要负责人或其代理人应立即到现场组织抢救，采取有效措施，防止事故扩大。	2	有一次未到现场组织抢救的，不得分；有一次未采取有效措施，导致事故扩大的，不得分。		
		按规定及时向上级单位和有关政府部门报告，并保护事故现场及有关证据。	2	未及时报告的，不得分；未有效保护现场及有关证据的，不得分；报告的事故信息内容和形式与规定不相符的，扣1分。		
		对事故进行登记管理。	1	无登记记录的，不得分；登记管理不规范的，每次扣1分。		
	12.2 事故调查和处理	按照相关法律、法规、管理制度的要求，组织事故调查组或配合有关政府部门对事故、事件进行调查。	2	无调查报告的，不得分；未按“四不放过”和“依法依规、实事求是、注重实效”原则处理的，不得分；调查报告内容不全的，每次扣2分；相关的文件资料未整理归档的，每次扣2分。		
		按照《企业职工伤亡事故分类标准》（GB 6441）定期对事故、事件进行统计、分析。	1	未统计分析的，不得分；统计分析不符合规定的，扣1分；未向领导层汇报结果的，扣1分。		
	12.3 事故回顾	对本单位的事故及其他单位的有关事故进行回顾、学习。	2	未进行回顾的，不得分；有关人员对原因和防范措施不清楚的，每人次扣1分。		
		小计	12	得分小计		

续表

考评类目	考评项目	考评内容	标准分值	考评办法	自评/评审描述	实际得分
十三、绩效评定和持续改进	13.1　绩效评定	建立安全生产标准化绩效评定的管理制度，明确对安全生产目标完成情况、现场安全状况与标准化条款的符合情况及安全生产管理实施计划落实情况的测量评估方法、组织、周期、过程、报告与分析等要求，测量评估应得出可量化的绩效指标。	2	无该项制度的，不得分；制度中每缺少一项要求的，扣1分；制度缺乏操作性和针对性的，扣1分。		
		通过评估与分析，发现安全生产管理过程中的责任履行、系统运行、检查监控、隐患整改、考评考核等方面存在的问题，由安全生产委员会或安全生产领导机构讨论提出纠正、预防的管理方案，并纳入下一周期的安全生产工作实施计划当中。	2	未进行讨论并未形成会议纪要的，不得分；纠正、预防的管理方案，未纳入下一周期实施计划的，扣1分。		
		每年至少一次对安全生产标准化实施情况进行评定，并形成正式的评定报告。发生死亡事故后，应重新进行评定。	3	少于每年一次评定的，扣2分；无评定报告的，不得分；主要负责人未组织和参与的，不得分；评定报告未形成正式文件的，扣2分；评定中缺少元素内容或其支撑性材料不全的，每个扣1分；未对前次评定中提出的纠正措施的落实效果进行评价的，扣2分；发生死亡事故后未及时重新进行安全生产标准化系统评定的，不得分。		
		将安全生产标准化工作评定报告向所有部门、所属单位和从业人员通报。	1	未通报的，不得分；被抽查的有关部门和人员对相关内容不清楚的，每人次扣1分。		
		将安全生产标准化实施情况的评定结果，纳入部门、所属单位、员工年度安全绩效考评。	2	未纳入年度考评的，不得分；评定结果每少纳入年度考评一项，扣1分；年度考评每少一个部门、单位、人员的，扣1分；年度考评结果未落实兑现到部门、单位、人员的，每项扣1分。		

续表

考评类目	考评项目	考评内容	标准分值	考评办法	自评/评审描述	实际得分
十三、绩效评定和持续改进	13.2 持续改进	根据安全生产标准化的评定结果和安全预警指数系统，对安全生产目标与指标、规章制度、操作规程等进行修改完善，制定完善安全生产标准化的工作计划和措施，实施PDCA循环，不断提高安全绩效。	2	未进行安全生产标准化系统持续改进的，不得分；未制定完善安全生产标准化工作计划和措施的，扣1分；修订完善的记录与安全生产标准化系统评定结果不一致的，每处扣1分。		
		安全生产标准化的评定结果要明确下列事项： (1) 系统运行效果。 (2) 系统运行中出现的问题和缺陷，所采取的改进措施。 (3) 统计技术、信息技术等在系统中的使用情况和效果。 (4) 系统各种资源的使用效果。 (5) 绩效监测系统的适宜性以及结果的准确性。 (6) 与相关方的关系。	2	安全生产标准化的评定结果要明确的事项缺项，或评定结果与实际不符的，每项扣1分。		
小计			14	得分小计		
总计			660	得分总计		

第四节　纺织企业安全生产标准化评定标准

一、考评说明

(1) 本评定标准适用于棉纺、织造、化纤、染整、成衣等纺织企业，其他纺织企业参照执行。

(2) 本评定标准共13项考评类目、47项考评项目和143条考评内容。

(3) 在本评定标准的“自评/评审描述”列中，企业及评审单位应根据“考评内容”和“考评办法”的有关要求，针对企业实际情况，如实进行扣分点说明、描述，并在自评扣分点及原因说明汇总表中逐条列出。

(4) 本评定标准中累计扣分的，直到该考评内容分数扣完为止，不得出现负分。有需要追加扣分的，在该考评类目内进行扣分，也不得出现负分。

(5) 在6.2设备设施运行管理部分中“专用设备（一）至（五）”分别列举了棉纺、织造、化纤、染整、成衣五类专用设备，每类专用设备均为 40 分，参评企业根据各自生产性质选择一类进行评定，其他类别不再评定、分数不计入总分。

在 7.1 生产现场管理和生产过程控制部分中“生产过程控制（一）至（五）”分别列举了棉纺、织造、化纤、染整、成衣五类生产过程控制要求，每类生产过程控制均为 40 分，参评企业根据各自生产性质选择一类进行评定，其他类别不再评定、分数不计入总分。

（6）本评定标准共计 1 000 分。最终评审评分换算成百分制，换算公式如下：

$$评审评分=\frac{评定标准实际得分总计}{1\,000-空项考评内容分数之和}\times 100$$

最后得分采用四舍五入，取小数点后一位数。

（7）标准化等级分为一级、二级和三级，一级为最高。评定所对应的等级须同时满足评审评分和安全绩效等要求，取最低的等级来确定标准化等级（见下表）。

评定等级	评审评分	安全绩效
一级	≥90	申请评审前一年内未发生重伤及以上的生产安全事故。
二级	≥75	申请评审前一年内未发生人员死亡的生产安全事故。
三级	≥60	申请评审前一年内发生生产安全事故死亡不超过 1 人。

二、评定标准

自评/评审单位：____________________

自评/评审时间：从______年____月____日到______年____月____日

自评/评审组组长：____________　　自评/评审组主要成员：____________

考评类目	考评项目	考评内容	标准分值	考评办法	自评/评审描述	空项	实际得分
一、安全生产目标	1.1 目标	建立安全生产目标的管理制度，明确目标与指标的制定、分解、实施、考核等环节内容。	2	无该项制度的，不得分；未以文件形式发布生效的，不得分；安全生产目标管理制度缺少制定、分解、实施、绩效考核等任一环节内容的，扣 1 分；未能明确相应环节的责任部门或责任人相应责任的，扣 1 分。			
		按照安全生产目标管理制度的规定，制定文件化的年度安全生产目标与指标。	2	无年度安全生产目标与指标的，不得分；安全生产目标与指标未以企业正式文件印发的，不得分。			

续表

考评类目	考评项目	考评内容	标准分值	考评办法	自评/评审描述	空项	实际得分
一、安全生产目标	1.2 监测与考核	根据所属基层单位和部门在安全生产中的职能，分解年度安全生产目标与指标，并制订实施计划和考核办法。	2	无年度安全生产目标与指标分解的，不得分；无实施计划或考核办法的，不得分；实施计划无针对性的，不得分；缺一个基层单位和职能部门的指标实施计划或考核办法的，扣1分。			
		按照制度规定，对安全生产目标和指标实施计划的执行情况进行监测，并保存有关监测记录资料。	2	无安全生产目标与指标实施情况的检查或监测记录的，不得分；检查和监测不符合制度规定的，扣1分；检查和监测资料不齐全的，扣1分。			
		定期对安全生产目标的完成效果进行评估和考核，根据考核评估结果，及时调整安全生产目标和指标的实施计划。 评估结果、实施计划的调整、修改记录应形成文件并加以保存。	2	未定期进行效果评估和考核的，不得分；未及时调整实施计划的，不得分；调整后的目标与指标以及实施计划未以文件形式颁发的，扣1分；记录资料保存不齐全的，扣1分。			
		小计	10	得分小计			
二、组织机构和职责	2.1 组织机构和人员	按规定设置安全生产管理机构或配备安全生产管理人员。	4	未设置或配备的，不得分；未以文件形式进行设置或任命的，不得分；设置或配备不符合规定的，每处扣1分；扣满4分的，追加扣除10分。			
		根据有关规定和企业实际，设立安全生产领导机构。	3	未设立的，不得分；未以文件形式任命的，扣1分；成员未包括主要负责人、部门负责人等相关人员的，扣1分。			
		安全生产领导机构每季度应至少召开一次安全生产专题会，协调解决安全生产问题。会议纪要中应有工作要求并保存。	3	未定期召开安全生产专题会的，不得分；无会议记录的，扣2分；未跟踪上次会议工作要求的落实情况的或未制定新的工作要求的，不得分；有未完成项且无整改措施的，每一项扣1分。			

续表

考评类目	考评项目	考评内容	标准分值	考评办法	自评/评审描述	空项	实际得分
二、组织机构和职责	2.2　职责	建立、健全安全生产责任制，并对落实情况进行考核。	4	未建立安全生产责任制的，不得分；未以文件形式发布生效的，不得分；每缺一个部门、岗位的责任制的，扣1分；责任制内容与岗位工作实际不相符的，每处扣1分；没有对安全生产责任制落实情况进行考核的，扣1分。			
		企业主要负责人应按照安全生产法律、法规赋予的职责，全面负责安全生产工作，并履行安全生产义务。	3	主要负责人的安全生产职责不明确的，不得分；未按规定履行职责的，不得分，并追加扣除10分。			
		各级人员应掌握本岗位的安全生产职责。	3	未掌握岗位安全生产职责的，每人扣1分。			
		小计	20	得分小计			
三、安全生产投入	3.1　安全生产费用	建立安全生产费用提取和使用管理制度。	3	无该项制度的，不得分；制度中职责、流程、范围、检查等内容，每缺一项扣1分。			
		保证安全生产费用投入，专款专用，并建立安全生产费用使用台账。	3	未保证安全生产费用投入的，不得分；财务报表中无安全生产费用归类统计管理的，扣2分；无安全生产费用使用台账的，不得分；台账不完整齐全的，扣1分。			
		制定并实施包含以下方面的安全生产费用的使用计划： （1）完善、改造和维护安全健康防护设备设施。 （2）安全生产教育培训和配备个体防护装备。 （3）安全评价、职业危害评价、重大危险源监控、事故隐患排查和治理。 （4）职业危害防治，职业危害因素检测、监测和职业健康体检。 （5）设备设施安全性能检测检验。 （6）应急救援器材、装备的配备及应急救援演练。 （7）安全标志及标识和职业危害警示标识。 （8）其他与安全生产直接相关的物品或者活动。	8	无该使用计划的，不得分；计划内容缺失的，每缺一个方面扣1分；未按计划实施的，每一项扣1分；有超范围使用的，每次扣2分。			

续表

考评类目	考评项目	考评内容	标准分值	考评办法	自评/评审描述	空项	实际得分
三、安全生产投入	3.2 相关保险	缴纳足额的保险费（工伤保险、安全生产责任险）。	3	未缴纳的，不得分；无缴费相关资料的，不得分。			
		保障受伤害员工享受工伤保险待遇。	3	有关保险评估、年费、赔偿等资料不全的，每一项扣1分；未进行伤残等级鉴定的，不得分；赔偿不到位的，本项目不得分。			
	小计		20	得分小计			
四、法律、法规与安全生产管理制度	4.1 法律、法规、标准规范	建立识别、获取、评审、更新安全生产法律、法规、标准规范与其他要求的管理制度。	5	无该项制度的，不得分；缺少识别、获取、评审、更新等环节要求以及部门、人员职责等内容的，每缺少一项扣1分；未以文件形式发布生效的，扣2分。			
		各职能部门和基层单位应定期、及时识别和获取本部门适用的安全生产法律、法规、标准规范与其他要求，向归口部门汇总，并发布清单。	5	未定期识别和获取的，不得分；不及时的，每次扣1分；每少一个部门和基层单位定期识别和获取的，扣1分；未及时汇总的，扣1分；无清单的，不得分；每缺一个安全生产法律、法规、标准规范与其他要求文本或电子版的，扣1分。			
		及时将识别和获取的安全生产法律、法规、标准规范与其他要求融入企业安全生产管理制度中。	5	未及时融入的，每项扣2分；制度与安全生产法律、法规与其他要求不符的，每项扣2分。			
		及时将适用的安全生产法律、法规、标准规范与其他要求传达给从业人员，并进行相关培训和考核。	5	未传达的，不得分；未培训考核的，不得分；无培训考核记录的，不得分；缺少培训和考核的，每人次扣1分。			
	4.2 规章制度	按照相关规定建立和发布健全的安全生产规章制度，至少包含下列内容：安全生产责任制管理，法律、法规和标准规范管理，安全生产投入管理，文件和档案管理，安全教育培训管理，特种作业人员管理，设备设施安全管理，建设项目安全设施“三同时”管理，生产设备设施验收管理，生产设备设施报废管理，施工和检修安全管理，危险物品及重大危险源管理，作业安全管理，相关方及外用工（单位）管理，职业健康管理，个体防护装备管理，安全检查，隐患排查治理，消防安全管理，应急管理，事故管理，安全绩效评定管理等。	15	未以文件形式发布的，不得分；每缺一项制度，扣2分（其他考评内容中已有的不重复扣分）；制度内容不符合规定或与实际不符的，每项制度扣1分；无制度执行记录的，每项制度扣1分。			

续表

考评类目	考评项目	考评内容	标准分值	考评办法	自评/评审描述	空项	实际得分
四、法律、法规与安全生产管理制度	4.2　规章制度	将安全生产规章制度发放到相关工作岗位，员工应掌握相关内容。	5	未发放的，扣2分；发放不到位的，每处扣1分；员工未掌握相关内容的，每人次扣1分。			
	4.3　操作规程	基于岗位风险辨识，编制完善、适用的岗位安全操作规程。	10	无岗位安全操作规程的，不得分；岗位操作规程不完善、不适用的，每个扣2分；内容没有风险分析、评估和控制的，每个扣1分。			
		向员工下发岗位安全操作规程，员工应掌握相关内容。	5	未发放至岗位的，不得分；发放不到位的，每处扣1分；员工未掌握相关内容的，每人次扣1分。			
		员工操作要严格按照操作规程执行。	5	现场发现违反操作规程的，每人次扣1分。			
	4.4　评估	每年至少一次对安全生产法律、法规、标准规范、规章制度、操作规程的执行情况和适用情况进行检查、评估。	10	未进行检查、评估的，不得分；无评估报告的，不得分；评估报告每缺少一个方面内容的，扣1分；评估结果与实际不符的，扣2分。			
	4.5　修订	根据评估情况、安全检查反馈的问题、生产安全事故案例、绩效评定结果等，对安全生产管理规章制度和操作规程进行修订，确保其有效和适用。	10	应组织修订而未组织进行的，不得分；该修订而未修订的，每项扣1分；无记录资料的，扣5分。			
	4.6　文件和档案管理	建立文件和档案的管理制度，明确职责、流程、形式、权限及各类安全生产档案及保存要求等事项。	5	无该项制度的，不得分；未以文件形式发布的，不得分；未明确安全生产规章制度和操作规程编制、使用、评审、修订等责任部门/人员、流程、形式、权限等的，每处扣1分；未明确具体档案资料、保存周期、保存形式等的，每处扣1分。			
		确保安全生产规章制度和操作规程编制、使用、评审、修订的效力。	5	未按文件管理制度执行的，不得分；缺少环节记录资料的，每处扣1分。			

续表

考评类目	考评项目	考评内容	标准分值	考评办法	自评/评审描述	空项	实际得分
四、法律、法规与安全生产管理制度	4.6 文件和档案管理	对下列主要安全生产资料实行档案管理：主要安全生产文件、安全生产会议记录、隐患管理信息、培训记录、资格资质证书、检查和整改记录、职业健康管理记录、安全生产活动记录、法定检测记录、关键设备设施档案、相关方信息、应急演练信息、事故管理记录、标准化系统评价报告、维护和校验记录、技术图纸等。	10	未实行档案管理的，不得分；档案管理不规范的，扣2分；每缺少一类档案的，扣1分。			
		小计	100	得分小计			
五、教育培训	5.1 教育培训管理	建立安全教育培训的管理制度。	5	无该项制度的，不得分；未以文件形式发布生效的，不得分；制度中每缺少一类培训规定的，扣1分；培训要求不符合《生产经营单位安全培训规定》（国家安全生产监督管理总局令第3号）和《特种作业人员安全技术培训考核管理规定》（国家安全生产监督管理总局令第30号）等有关规定的，每处扣1分。			
		确定安全教育培训主管部门，定期识别安全教育培训需求，制订各类人员的培训计划。	5	未明确主管部门的，不得分；未定期识别需求的，扣1分；识别不充分的，扣1分；无培训计划的，不得分；培训计划中每缺一类培训的，扣1分。			
		按计划进行安全教育培训，对安全培训效果进行评估和改进。做好培训记录，并建立档案。	20	未按计划进行培训的，每次扣2分；记录不完整的，每缺一项扣1分；未进行效果评估的，每次扣1分；未根据评估作出改进的，每次扣1分；未实行档案管理的，扣10分；档案资料不完整的，每个扣1分。			

续表

考评类目	考评项目	考评内容	标准分值	考评办法	自评/评审描述	空项	实际得分
五、教育培训	5.2 安全生产管理人员教育培训	主要负责人和安全生产管理人员，必须具备与本单位所从事的生产经营活动相应的安全生产知识和管理能力，须经考核合格后方可任职，并应按规定进行再培训。	10	主要负责人未经考核合格上岗的，不得分；主要负责人未按有关规定进行再培训的，扣2分；安全生产管理人员未经培训考核合格或未按有关规定进行再培训的，每人次扣2分。			
	5.3 操作岗位人员教育培训	对操作岗位人员进行安全教育和生产技能培训和考核，考核不合格的人员，不得上岗。 对新员工进行“三级”安全教育。 在新工艺、新技术、新材料、新设备设施投入使用前，应对有关操作岗位人员进行专门的安全教育和培训。 操作岗位人员转岗、离岗6个月以上重新上岗者，应进行车间（工段）、班组安全教育培训，经考核合格后，方可上岗工作。	20	未经培训考核合格就上岗的，每人次扣2分；未进行“三级”安全教育的，每人次扣2分；在新工艺、新技术、新材料、新设备设施投入使用前，未对岗位操作人员进行专门的安全教育培训的，每人次扣2分；未按规定对转岗、离岗者进行培训考核合格就上岗的，每人次扣2分。			
	5.4 特种作业人员教育培训	从事特种作业的人员应取得特种作业操作资格证书，方可上岗作业。	15	无特种作业操作资格证书上岗作业的，每人次扣4分；证书过期未及时审核的，每人次扣2分；缺少特种作业人员档案资料的，每人次扣1分；扣满15分的，追加扣除10分。			
	5.5 其他人员教育培训	企业应对相关方的作业人员进行安全教育培训。作业人员进入作业现场前，应由作业现场所在单位对其进行进入现场前的安全教育培训。 对外来参观、学习等人员进行有关安全生产规定、可能接触到的危害及应急知识等内容的安全教育和告知，并由专人带领。	15	未对相关方作业人员进行培训的，扣10分。相关方作业人员未经安全教育培训进入作业现场的，每人次扣2分；对外来人员未进行安全教育和危害告知的，每人次扣2分；内容与实际不符的，每处扣1分；未按规定正确使用个体防护用品的，每人次扣1分；无专人带领的，扣3分。			

续表

考评类目	考评项目	考评内容	标准分值	考评办法	自评/评审描述	空项	实际得分
五、教育培训	5.6 安全文化建设	采取多种形式的活动来促进企业的安全文化建设，促进安全生产工作。	10	未开展企业安全文化建设的，不得分；安全文化建设与《企业安全文化建设导则》（AQ/T 9004）不符的，每项扣1分。			
		小计	100	得分小计			
六、生产设备设施	6.1 生产设备设施建设	企业新改扩工程应建立建设项目安全设施“三同时”管理制度。	5	无该项制度的，不得分；制度不符合有关规定的，每处扣1分。			
		新、改、扩建设项目应严格执行安全设施“三同时”制度，根据国家、地方及行业等规定执行建设项目安全预评价、安全专篇、安全验收评价和项目安全验收等审查、批复和备案等程序；按照《建设工程消防监督管理规定》（公安部令第106号）的要求，进行消防设计审核和消防验收。	15	未执行“三同时”要求的，不得分；未按照规定进行安全预评价、安全专篇审查、安全验收评价和项目安全验收程序的，一个项目扣3分；未按照《建设工程消防监督管理规定》进行消防设计审核和消防验收的，不得分。			
		厂址选择、厂区布置和主要车间的工艺布置、主要生产场所的火灾危险性分类及建构筑物防火最小安全间距、设备设施、变配电等电气设施、爆炸危险场所通风设施、防爆型电气设施设备、设施设备双重接地保护、防雷设施、集中监视和显示的防控中心、厂区和厂房照明、人员通行安全路线等应符合有关法律、法规、标准规范的要求。	10	不符合规定的，每项扣2分；构成重大隐患的，不得分，并追加扣除20分。			
	6.2 设备设施运行管理	建立设备、设施的运行、检修、维护、保养管理制度。	3	无该项制度的，不得分；缺少内容或操作性差的，扣1分。			
		建立设备设施运行台账，制定检修计划。 检修计划（方案）应包含作业危险分析和控制措施。	3	无台账或检修计划的，不得分；资料不齐全的，每次（项）扣1分。检修计划（方案）没有作业危险分析和控制措施的，每项扣1分。			

续表

考评类目	考评项目	考评内容	标准分值	考评办法	自评/评审描述	空项	实际得分
六、生产设备设施	6.2　设备设施运行管理	按检修计划定期对设备设施和安全设备设施进行检修。 安全、消防设备设施不得随意拆除、挪用或弃置不用。确因检修需要而拆除的，必须经企业安全生产、消防主管部门同意，并采取临时安全措施，检修完毕后立即复原。	6	未按计划检修的，每项扣2分；未对检修人员进行安全教育和作业现场安全交底的，每次扣1分；失修每处扣1分；未经企业安全生产、消防主管部门同意就拆除安全设备设施的，每处扣2分；未采取临时措施的，每处扣2分；检修完毕未及时恢复的，每处扣1分；检修记录归档不规范、不及时的，每处扣1分；检修完毕后未按程序试车的，每项扣2分。			
		生产现场的机电、操控设备应有安全联锁、快停、急停等本质安全设计与装置。	3	不符合规定的，每处扣1分。			
		专用设备（一）：棉纺 1. 开清棉设备： （1）抓棉机吸斗观察窗必须配备机械和电气联锁，机械联锁装置的销杆与观察窗的长度不小于50 mm，间隙不大于20 mm，抓棉机打手的抓棉口处应有护栏，抓棉设备必须配备上、下定位装置，平台式抓棉机必须配备运行碰撞自停装置和防止误入的隔离措施。 （2）混开棉机滚筒部位必须配备机械和电气联锁，滚筒顶盖的机械联锁的锁杆长度不小于设备宽度的三分之二，打手部位应同时配备机械和电气联锁，观察窗应使用不易破碎的有机玻璃。 （3）清棉机打手传动轴应配置轴套，危险点应有联锁装置。 （4）开棉机打手部位应配备机械和电气联锁，机械联锁销杆的长度必须大于观察窗30 mm，观察窗与打手距离不小于800 mm。 （5）成卷机紧压罗拉手轮处应加装防护板，手轮弹簧必须处于松弛状态，各传动部位必须加装防护栏或防护罩。	40	不符合规定的，每处扣1分。			

续表

考评类目	考评项目	考评内容	标准分值	考评办法	自评/评审描述	空项	实际得分
六、生产设备设施	6.2 设备设施运行管理	(6) 成卷机综合打手处必须配备机械或电气等联锁装置，机械联锁与观察窗的上下间隙不大于 20 mm，压辊棉层输出部位必须安装生头器，或配置生头板。 (7) 清棉机应按规定安装操作和检修平台。 (8) 在抓棉机吸斗观察窗、混开棉机滚筒部、开棉机打手等存在打击伤害部位如没有配备机械和电气联锁，应加锁，开锁钥匙由当班值班长保存，当转动机械完全停稳后，才能开锁处理故障。 2. 梳棉机： (1) 锡林抄针门间隙不大于 10 mm，并有安全警示标志，联锁装置灵活有效。 (2) 刺辊后车肚应有安全措施，有安全警示标志。各传动部位应安装安全防护罩。 (3) 剥棉部位应安装安全防护罩，上绒辊应安装绒辊防绕断电限位装置。 (4) 锡林道夫三角区应有安全挡板。 3. 精梳机：传动部位安全防护罩必须安装断电限位装置。分离皮辊安全防护罩应齐全，抬高超过 200 mm 时，联锁装置应灵敏启动。车头车尾自停开关、工艺自停装置有效。 4. 细纱机：车头传动齿轮安全门应有安全断电限位装置。游动电机及导轨应完整、牢固可靠。计长表、导纱横动装置、车头、车尾应安装安全防护罩。车头、车尾箱门的门钩、插门应配有自锁装置。 5. 气流纺机：转杯、分梳辊、压轮、轴承不允许过热、振动、异响。工艺排风、排杂装置辅助吸嘴无破损、漏风、堵塞。龙带不允许有异响。 6. 以上设备及场所均应符合防爆要求。	40	不符合规定的，每处扣 1 分。			

续表

考评类目	考评项目	考评内容	标准分值	考评办法	自评/评审描述	空项	实际得分
六、生产设备设施	6.2　设备设施运行管理	专用设备（二）：织造 1. 整经机：经轴两端应加装安全防护罩，并应设置自停保险装置。主电动机摩擦盘皮带、落轴电动机传动部位、制动锯齿轮等处安全防护罩应牢固。游动风扇电动机及导轨应完整、牢固。 2. 浆纱机： （1）传动部位、齿轮、链轮必须设置安全防护罩，铁炮轴、拖行辊露出机外部位应安装轴套。 （2）压力表、安全阀的工作压力应根据生产工艺要求控制在额定范围之内，压力表最高工作压力应标有红线，按周期经专业部门检测、检验合格后方可使用。 （3）蒸汽管道、箱体、排气装置应当采取隔热防烫措施。 （4）浆纱和浆纱烘箱设备内及潮湿处的电气装置、工作照明等必须采用安全电压及防水、防潮灯具。 3. 有梭织机： （1）传动部位应设置安全防护罩。 （2）梭子运行过程中应设置防飞梭装置和防护挡板。 （3）探针及换梭作用良好、飞梭装置完好。 （4）三大关车（断经、换梭、轧梭）自停装置必须灵敏有效。 （5）36 牙、72 牙齿轮安全防护罩、送经侧轴伞齿轮、送经蜗杆安全防护罩均应完整、牢固可靠。 4. 无梭织机：各种气管、气阀、油管、油阀等不允许漏气、漏油、堵塞。断经、断纬必须停车，检修开关电器联锁可靠有效。 5. 针织大圆机：大圆机油箱处于完好正常工作状态，油路不渗油、不漏气，保证机台周围地面干净；大圆机运转状态正常，无异常振动、噪声、发热等现象。	40	不符合规定的，每处扣 1 分。			

续表

考评类目	考评项目	考评内容	标准分值	考评办法	自评/评审描述	空项	实际得分
六、生产设备设施	6.2 设备设施运行管理	专用设备（三）：化纤工序设备 1. 热媒生产设备： （1）热媒系统中所有导热管道必须用压缩空气进行气密性试验，不得有泄漏，合格后方可正式投入使用。 （2）确认电机转向正确，风机叶轮能自由转动，润滑良好，风机启动前消声器上的手动阀门应处于关闭状态，风机启动后应骤然打开。 （3）热媒泵出口的压力表要定期检测，温度表处于完好状态。 （4）热媒系统中每个阀门操作均必须灵活可靠。 2. 酯化生产设备： （1）酯化、聚合等专用设备中，各反应釜或者酯交换塔必须做到管道完整无泄漏。 （2）安全阀和压力表应齐全可靠、定期检测、合格使用。 （3）反应釜的反应装置、贮罐降温设施及温度报警装置灵敏有效。 （4）联苯加热器液位标志明显清晰，温度和压力上下限位联锁报警装置、防爆片等可靠到位；现场应当有明显的安全警示标志。 3. PTA 投料设备： （1）电动葫芦必须定期检测。 （2）限位开关、钢丝绳、吊钩等设施必须安全可靠。 （3）风机等各电气设备的金属外壳必须可靠接地。 4. 二硫化碳计量设备： （1）二硫化碳计量室、贮库的照明、电气开关等装置应当符合防爆要求，并应装设单独的避雷装置。 （2）必须装置可靠、良好的送风、排风装置。 （3）二硫化碳的设备、管道、阀门、考克、液面计等应当严密无泄漏。	40	不符合规定的，每处扣1分。			

续表

考评类目	考评项目	考评内容	标准分值	考评办法	自评/评审描述	空项	实际得分
六、生产设备设施	6.2 设备设施运行管理	（4）各法兰处必须装设接地片，接地良好。 5. 五合机设备： （1）磺化机、五合机等专用设备的管道必须密闭无泄漏，装设符合设计要求的防爆装置。 （2）二硫化碳管道、排毒风管、开关、法兰片等处应有接地装置。 （3）操作平台应当铺设木制地板或者橡胶地毯。 （4）磺化、五合工序使用的工具必须使用不产生火花的材料制成，严禁使用金属制成的工具。 6. 后溶解设备： （1）玻璃液位管必须有安全防护装置。 （2）进出料口考克、盐水进口阀门应灵活、可靠。 （3）电动机、开关箱等电气设施应有防潮措施。 7. 纺丝设备： （1）短丝纺丝机等专用设备中，联苯箱体以及直（弯）管应当完整无泄漏。 （2）安全阀和压力表应当齐全可靠、定期检测、合格使用。 （3）联苯加热器的装置应当具备液面镜、超温超压联锁、安全阀、压力表等，并且齐全可靠。 （4）熔体过滤器的前后电接点压力表、熔体压力联锁装置必须灵敏有效。 8. 欠伸设备： （1）紧张热定形设备的蒸汽加热系统、温度表、压力表、安全阀应当齐全有效、定期检测。 （2）牵伸机轧点处必须设置安全挡板。 （3）各种电气安全联锁、信号装置、报警装置等应当齐全可靠。	40	不符合规定的，每处扣1分。			

续表

考评类目	考评项目	考评内容	标准分值	考评办法	自评/评审描述	空项	实际得分
六、生产设备设施	6.2 设备设施运行管理	(4) 安装于高处的阀门必须灵活可靠。 (5) 钩刀、剪刀要放在规定位置，以防被丝束带入设备造成意外事故。 9. 涤纶短丝打包设备： (1) 液压打包机的油箱及液压管路必须密闭，不得有泄漏。 (2) 机器各润滑处应按要求定期加注润滑油。 (3) 打包机上的压力表应定期检测，显示明显、清晰。 (4) 定期对打包机上的泵、阀、压力表进行调整。	40	不符合规定的，每处扣1分。			
		专用设备（四）：染整工序设备 1. 烧毛机： (1) 烧毛间厂房结构及材料符合建筑设计防火规范（GB 50016—2006）及印染工厂设计规范（GB 50426—2007）要求。 (2) 自动联锁点火装置要定期检查、及时维修更换。 (3) 汽油、液化气或煤气的储油房、风泵、油泵等有单独的符合规范的作业间。 (4) 排气隔热装置应完整，牢固可靠。 (5) 烧毛间装有可燃气体浓度报警装置，并灵敏可靠。 (6) 汽化器的各类阀门必须无缺损，输油泵、供油管路要确保完好畅通、无泄漏。 (7) 热板烧毛设备的炉灶、炉门无破裂、漏火现象。 (8) 烧毛间有良好的自然或强制通风、降温措施。 (9) 防爆膜完好、可靠，符合防爆要求。	40	不符合规定的，每处扣1分。			

续表

考评类目	考评项目	考评内容	标准分值	考评办法	自评/评审描述	空项	实际得分
六、生产设备设施	6.2　设备设施运行管理	2. 漂白设备： （1）采用氯漂的生成车间内应装有有毒有害气体报警仪，同时符合氯气使用规程。 （2）漂白车间内应定期检查设备、设施、门窗等的腐蚀情况。 （3）定期监测漂槽的浓度和温度。 （4）贮存漂白液的容器和池、槽均应加盖。 （5）车间和配液室应设置防腐蚀的通风排气设备。 3. 铜辊印花机： （1）印花机花筒轧点进口处装有插口式安全挡板或光电自动停车装置。 （2）机架上装有紧急停车的保险开关。 （3）刮浆刀用毕后放在专用刀架上，并加上刀口保护套。 （4）液压系统、气压系统符合要求无泄漏。 （5）定期检查花筒轴梗，发现裂纹及时更换。 4. 平网印花机： （1）自动导布机构的顶头与筛框柱头接近剪切口处应装有机玻璃安全挡板。 （2）台板筛框架旁纬向搁置踏脚板。 （3）橡皮衬布受压小导辊应装有安全防护圈与防护托网。 （4）烘燥部分有撑挡的大烘筒，两侧应安装防护装置。 （5）车间内通风良好。 （6）印花机应安装紧急停车装置。 5. 圆网印花机： （1）进布轧点（近打样处）应安装安全挡板或防护罩，花筒轴头应装有防护罩。	40	不符合规定的，每处扣1分。			

续表

考评类目	考评项目	考评内容	标准分值	考评办法	自评/评审描述	空项	实际得分
六、生产设备设施	6.2 设备设施运行管理	(2) 机器两旁设有专用的防滑排水铁栅平台，平台下有畅通的排水沟。 (3) 清洗机架时不得用水冲。 (4) 烘燥部分有撑挡的大烘筒，两侧应安装防护装置。 (5) 车间内通风良好。 6. 预缩机、轧光机及磨、起、刷毛机： (1) 预缩机加热辊进出口处及橡胶毯上下装有安全防护网，并有灵敏可靠的电气安全联锁装置。 (2) 预缩机两边装有安全防护网。 (3) 采用气体燃烧的轧光机应安装防爆设施。 (4) 预缩机、轧光机及磨、起、刷毛机的电气、线路定期进行检查防止老化。 (5) 磨、起、刷毛机应安装吸尘装置，牢固可靠。 (6) 磨、起、刷毛室及其设备定期清理，去除积尘。	40	不符合规定的，每处扣1分。			
		专用设备（五）：成衣工序部分设备 1. 卧式、移动裁断等专用设备必须定期进行安全检测，合格有效，电气装置符合设计要求，绝缘可靠，安全防护装置完整、牢固。 2. 电熨斗等定型工具、设备应当符合移动电具安全设计要求，电线、插头、温控等完好无损，绝缘可靠；严格使用管理，定期进行安全检测。 3. 缝制机、拷边机、锁边机、钉扣机、锁洞机等缝纫专用生产设备涉及旋转、冲压、用刀等部位应当做到防护装置齐全、完整、安全、有效。	40	不符合规定的，每处扣1分。			

续表

考评类目	考评项目	考评内容	标准分值	考评办法	自评/评审描述	空项	实际得分
六、生产设备设施	6.2　设备设施运行管理	仓库： 1. 物品存放区与墙距、梁距、柱距，以及物品之间应符合安全距离的要求。 2. 车行道、人行道宽度符合标准。 3. 作业点和安全通道采光符合标准。 4. 按规定采取防爆措施。 5. 消防设施标识及防火安全标志准确、齐全。 6. 按规定的数量和种类配备消防器材，且灵敏可靠。 7. 照明灯具完好率为100%。	10	不符合规定的，每处扣1分。			
		变配电系统： 1. 各高、低压供电系统图注明变配电站位置、架空线路和地下电缆走向、坐标、编号及型号、规格、长度、杆型和敷设方式等。 2. 应有配电室、变压器室、电容室、发电机室平面布置图；降压站、中央变电室、高压配电室及各分变电室和发电站的接地网络图。 3. 应有主要电气设备和安全防护用品的绝缘强度、继电保护、接地电阻、安全工具的试验报告和测试数据。 4. 位置不应在危险源的正上方或正下方，地势不应低洼，现场无漏雨、无积水。 5. 变配电间门向外开，高压间门应向低压间开，相邻配电间门应双向开。门应为非燃烧体或难燃烧体材料制作的实体门。 6. 门、窗、自然通风的孔洞都应采用金属网和建筑材料封闭，金属网孔应小于10 mm×10 mm。 7. 油浸式变压器应设有100%变压器油量的储油池或排油设施。	8	不符合规定的，每处扣1分。			

续表

考评类目	考评项目	考评内容	标准分值	考评办法	自评/评审描述	空项	实际得分
六、生产设备设施	6.2 设备设施运行管理	8. 加设遮栏、护板、箱闸，安全距离符合规定；遮拦高度不低于1.7 m，固定式遮拦网孔不应大于40 mm×40 mm。 9. 高压配电室、电容器室、控制室应隔离，电缆通道用防火材料封堵。 10. 保存完整规定存档期限内的工作票、操作票。	8	不符合规定的，每处扣1分。			
		固定式低压电气线路： 1. 线路布线安装应符合电气线路安装规程。 2. 架空绝缘导线各种安全距离应符合要求。 3. 线路保护装置齐全可靠，装有能满足线路通、断能力的开关、短路保护、过负荷保护和接地故障保护等。 4. 线路穿墙、楼板或地埋敷设时，都应穿管或采取其他保护；穿金属管时管口应装绝缘护套；室外埋设，上面应有保护层；电缆沟应有防火、排水设施。 5. 地下线路应有清晰坐标或标志以及施工图。	8	不符合规定的，每处扣1分。			
		动力照明箱（柜、板）： 1. 触电危险性大或作业环境差的生产车间、锅炉房等场所，应采用与环境相适应的防尘、防水、防爆等动力照明箱、柜。 2. 符合电气设计安装规范要求，各类电气元件、仪表、开关和线路排列整齐，安装牢固，操作方便，内外无积尘、积水和杂物。 3. 各种电气元件及线路接触良好，连接可靠，无严重发热、烧损或裸露带电体现象。	8	不符合规定的，每处扣1分。			

续表

考评类目	考评项目	考评内容	标准分值	考评办法	自评/评审描述	空项	实际得分
六、生产设备设施	6.2　设备设施运行管理	电气设备的金属外壳、底座、传动装置、金属电线管、配电盘以及配电装置的金属构件、遮拦和电缆线的金属外包皮等，均应采用保护接地或接零。接零系统应有重复接地，对电气设备安全要求较高的场所，应在零线或设备接零处采用网络埋设的重复接地。低压电气设备非带电的金属外壳和电动工具的接地电阻，不应大于 4 Ω。	8	不符合规定的，每处扣 1 分。			
		临时用电线路： 1. 有完备的临时电气线路审批制度和手续，其中应明确架设地点、用电容量、用电负责人、审批部门意见、准用日期等内容。 2. 临时电气线路审批期限：一般场所使用不超过 15 天；建筑、安装工程按计划施工周期确定。 3. 不得在易燃、易爆等危险作业场所架设临时电气线路。 4. 必须按照电气线路安装规程进行布线。 5. 必须装有总开关控制和剩余电流保护装置，每一个分路应装设与负荷匹配的熔断器。	8	不符合规定的，每处扣 1 分。			
		电焊机： 1. 电源线、焊接电缆与电焊机连接处的裸露接线板，应采取安全防护罩或防护板隔离，以防止人员或金属物体接触。 2. 电焊机外壳必须接地或接零保护，接地或接零装置连接良好，并定期检查。 3. 严禁使用易燃易爆气体管道作为接地装置。 4. 每半年应对电焊机绝缘电阻检测一次，且记录完整。	4	不符合规定的，每处扣 1 分。			

续表

考评类目	考评项目	考评内容	标准分值	考评办法	自评/评审描述	空项	实际得分
六、生产设备设施	6.2 设备设施运行管理	5. 电焊机一次侧电源线长度不超过5 m，电源进线处必须设置防护罩。 6. 电焊机二次线应连接紧固，无松动，接头不超过3个，长度不超过30 m。 7. 电焊钳夹紧力好，绝缘良好，手柄隔热层完整，电焊钳与导线连接可靠。 8. 严禁使用厂房金属结构、管道、轨道等作为焊接二次回路使用。 9. 在有接地或接零装置的焊件上进行弧焊操作，或焊接与地面密切连接的焊件时，应特别注意避免电焊机和工件的双重接地。 10. 电焊机应安放在通风、干燥、无碰撞、无剧烈震动、无高温、无易燃品存在的地方；在室外或特殊环境下使用，应采取防护措施保证其正常使用；使用场所应清洁，无严重粉尘。	4	不符合规定的，每处扣1分。			
		手持电动工具： 1. 手持电动工具根据使用的环境不同选择相应的绝缘等级。 2. 手持电动工具至少每3个月进行一次绝缘电阻检测，且记录完整有效。 3. 手持电动工具的防护罩、盖板及手柄应完好，无破损，无变形，不松动。 4. 电源线中间不允许有接头和破损。 5. 不得跨越通道使用。	4	不符合规定的，每处扣1分。			

续表

考评类目	考评项目	考评内容	标准分值	考评办法	自评/评审描述	空项	实际得分
六、生产设备设施	6.2　设备设施运行管理	管线： 1. 应有全厂管网平面布置图，标记完整，位置准确，管网设计、安装、验收技术资料齐全。 2. 不同介质的管线，应按照《工业管道的基本识别色、识别符号和安全标识》（GB 7231）的规定涂上不同的颜色，并注明介质名称和流向。 3. 埋地管道敷层完整无破损，架空管道支架牢固合理，无严重腐蚀、无泄漏，设置限高警示，有隔热措施。	4	不符合规定的，每处扣1分。			
		作业场所应划出人员行走的安全路线，其宽度一般不小于1.5 m。 下列工作场所应设置应急照明：主要通道及主要出入口、通道楼梯、变配电室、中控室。	4	不符合规定的，每处扣1分。			
		设备裸露的转动或快速移动部分，应设有结构可靠的安全防护罩、防护栏杆或防护挡板。	4	不符合规定的，每处扣1分。			
	6.3　特种设备管理	建立特种设备（锅炉、压力容器、压力管道、电梯、起重机械、场或厂内专用机动车辆、安全附件及安全保护装置等）管理制度。	5	无该项制度的，不得分；制度与有关规定不符的，每处扣1分。			
		按规定登记、建档、使用、维护保养和每月自检，按期由特种设备检验检测机构定期检验。	10	未进行检验的，不得分；档案资料不全的（含生产、安装、验收、登记、使用、维护等），每台套扣1分；使用无资质厂家生产的，每台套扣2分；未经检验合格或检验不合格就使用的，每台套扣2分；检验周期超过规定时间的，每台套扣2分。本考评内容已经扣分的，后面4个考评内容中相同情况不再重复扣分。			

续表

考评类目	考评项目	考评内容	标准分值	考评办法	自评/评审描述	空项	实际得分
六、生产设备设施	6.3 特种设备管理	压力容器等设备（包括空气压缩机、气泵、储气罐等）： 1. 应有《压力容器使用登记证》、注册证件、质量证明书、出厂合格证、年检报告等。 2. 本体、接口、焊接接头等部位无裂纹、变形、过热、泄漏、腐蚀现象等缺陷。 3. 相邻管件或构件无异常振动、声响或相互摩擦等现象。 4. 压力表指示灵敏、刻度清晰，安全阀每年检验一次，记录齐全，且铅封完整，在检验周期内使用。 5. 生产过程中使用的压缩空气、循环水、润滑油等管路，应安装压力表，储气罐应安装安全阀，各种阀门应采用不同颜色和不同几何形状的标志，还应有表明开、闭状态的标志。	7	不符合规定的，每处扣1分。			
		工业气瓶： 1. 对购入气瓶入库和发放实行登记制度，登记内容包括气瓶类型、编号、检验周期、外观检查、入出库日期、领用单位、管理责任人。 2. 在检验周期内使用。 常用气瓶的检验周期为：一般气瓶（氧气、乙炔）每3年检验一次。惰性气体（氮气）每5年检验一次。超过30年的应按报废处理。 3. 外观无机械性损伤及严重腐蚀，表面漆色、字样和色环标记正确、明显；瓶阀、瓶帽、防震圈等安全附件齐全、完好。 4. 气瓶立放时应有可靠的防倾倒装置或措施；瓶内气体不得用尽，按规定留有剩余重量。 5. 氧气瓶、乙炔气瓶应分库存放，并存放在气瓶专用库中，库房应符合建筑防火规范。	7	不符合规定的，每处扣1分。			

续表

考评类目	考评项目	考评内容	标准分值	考评办法	自评/评审描述	空项	实际得分
六、生产设备设施	6.3　特种设备管理	6. 同一作业点气瓶放置不超过5瓶；若超过5瓶，但不超过20瓶应有防火防爆措施；超过20瓶以上，应设置二级瓶库。 7. 气瓶不得靠近热源，可燃、助燃气瓶与明火距离应大于10 m。 8. 不得有地沟、暗道，严禁明火和其他热源，有防止阳光直射措施，通风良好，保持干燥。 9. 空、实瓶应分开放置，保持1.5 m以上距离，且有明显标记；存放整齐，瓶帽齐全。立放时妥善固定，卧放时头朝一个方向，库内应设置足量消防器材。	7	不符合规定的，每处扣1分。			
		起重机械设备（吊机、吊车、吊具等）： 1. 吊车应设有下列安全装置并正常使用： （1）吊车之间防碰撞装置。 （2）大、小行车端头缓冲以及防冲撞装置。 （3）过载保护装置。 （4）主、副卷扬限位、报警装置。 （5）登吊车信号装置及门联锁装置。 （6）露天作业的防风装置。 （7）电动警报器或大型电铃以及警报指示灯。 2. 吊车应装有能从地面辨别额定荷重的标识，不应超负荷作业。 3. 吊运物行走的安全路线，不应跨越有人操作的固定岗位或经常有人停留的场所，且不应随意越过主体设备。 4. 与机动车辆通道相交的轨道区域，应有必要的安全措施。	7	不符合规定的，每处扣1分。			

续表

考评类目	考评项目	考评内容	标准分值	考评办法	自评/评审描述	空项	实际得分
六、生产设备设施	6.3 特种设备管理	5. 起重机械应定期检验，并检验周期内使用，合格的检验报告，要长期完整保存。 6. 应有吊索具管理制度，车间有吊索具管理办法，明确规定集中存放地点，存放点有选用规格与对应载荷的标牌，有专人管理和保养。 7. 普通麻绳和白棕绳只能用于轻质物件捆绑和吊运，有断股、割伤、磨损严重的应报废。 8. 钢丝绳编接长度应大于15倍绳直径，且不小于300 mm，卡接绳间距离应不小于6倍绳直径，压板应在主绳侧。 9. 链条有裂纹、塑性变形、伸长达原长度的5%或下链环直径磨损达原直径的10%时应报废。 10. 报废吊索具不得在现场存放或使用。	7	不符合规定的，每处扣1分。			
		场（厂）内专用机动车辆： 1. 安装场（厂）内机动车辆牌照并粘贴安全检验合格标志。 2. 技术资料和档案、台账齐全，无遗漏。 3. 进行日常检查、保养和维护，保证正常的安全状态。 4. 每年检验一次，检验数据齐全有效。	4	不符合规定的，每处扣1分。			
	6.4 新设备设施验收及旧设备设施拆除、报废	建立新设备设施验收和旧设备设施拆除、报废的管理制度。	5	无该项制度的，不得分；缺少内容或操作性差的，扣1分。			
		按规定对新设备设施进行验收，确保使用质量合格、设计符合要求的设备设施。	5	未进行验收的（含其安全设备设施），每项扣1分；使用不符合要求的，每项扣1分。			

续表

考评类目	考评项目	考评内容	标准分值	考评办法	自评/评审描述	空项	实际得分
六、生产设备设施	6.4　新设备设施验收及旧设备设施拆除、报废	按规定对不符合要求的设备设施进行报废或拆除。	5	未按规定进行报废或拆除的，不得分；涉及危险物品的生产设备设施的拆除，无危险物品处置方案的，不得分；未执行作业许可的，扣1分；未进行作业前的安全、技术交底的，扣1分；资料保存不完整的，每项扣1分。			
		小计	210	得分小计			
七、作业安全	7.1　生产现场管理和生产过程控制	建立至少包括下列危险作业的作业安全管理制度，明确责任部门、人员、许可范围、审批程序、许可签发人员等： 1. 危险区域动火作业。 2. 进入受限空间作业。 3. 高处作业。 4. 大型吊装作业。 5. 临时用电作业。 6. 其他危险作业。	20	没有制度的，不得分；缺少一项危险作业规定的，扣5分；内容不全或操作性差的，每处扣2分。			
		应对生产现场和生产过程、环境存在的事故隐患进行排查、评估分级，并制定相应的控制措施。	20	未进行隐患排查、评估分级的，不得分；无记录、档案的，不得分；所涉及的范围未全部涵盖的，每少一处扣1分；排查、评估分级不符合规定的，每处扣1分；缺少控制措施或针对性不强的，每处扣1分；现场岗位人员不清楚岗位有关隐患及其控制措施的，每人次扣1分。			
		应禁止与生产无关人员进入生产操作现场。	5	有与生产无关人员进入生产操作现场的，不得分。			

续表

考评类目	考评项目	考评内容	标准分值	考评办法	自评/评审描述	空项	实际得分
七、作业安全	7.1 生产现场管理和生产过程控制	生产过程控制（一）：棉纺 1. 抓棉机开车应严格执行开关车顺序，应先开风机，再启动抓棉机；做平台升降型抓棉机下部清洁工作前必须切断电源。 2. 混棉机上部清洁工作或处理故障时，登高作业必须用专用登高用具，严禁手攀、脚踩传动部件登高。 3. 搬运给棉罗拉时必须有两人配合。 4. 成卷机重新生头时必须使用生头板操作；斜帘导盘处、V形帘与导盘处做清洁工作时，必须关车。 5. 梳棉机喂卷生头时，手指不准平行伸直，手应屈指，用手背推送棉卷头，给棉罗拉换卷时应先将铁钎安放妥当，上卷后要注意铁钎两端长度适当，防止滑落；严禁锡林未停稳开启抄针门；锡林、刺辊未停稳时，严禁刷大小漏底；道夫未停稳，不准做吸风罩内的清洁工作；道夫上绕棉网时，严禁用手剥取，应使用专用工具进行；清除锡林、道夫三角区域花，必须使用专用工具；当锡林缠绕花时必须先停止给棉，再关车，待设备停稳后再进行处理。 6. 细纱机锭子传动时不准从筒管底部拔取管纱，拿下皮圈花衣时应防止手指轧伤。取大铁辊或大木杆时必须放置平稳，防止坠落；罗拉上和罗拉颈处缠绕花衣时，应按安全操作要求处理。落纱时严禁脱手推送落纱小车；落纱机上车后才能开电源装置，用毕后及时切断电源；车上槽板、脱电装置及落纱机电刷保持清洁；运输小车使用时必须慢行，并随时使用信号或吹哨；理管机开车前应环顾车旁人员，人离机时随手切断电源。 7. 气流纺机禁止开车处理缠花，落筒要稳，防止筒子落地砸伤脚。	40	未按要求做到的，每处扣1分。			

续表

考评类目	考评项目	考评内容	标准分值	考评办法	自评/评审描述	空项	实际得分
七、作业安全	7.1　生产现场管理和生产过程控制	生产过程控制（二）：织造 1. 络筒机在运转中槽筒或槽筒轴缠绕回丝时，必须关机后处置；生头落纱时要把缠绕在二指上的回丝取下。坐车运行时要注意左右两侧，纱管落地时须下车捡取。 2. 整经机运转时不准在大经轴及车肚做清洁；落轴时应检查两端顶杆是否脱开，并应两人配合；经轴落下后应慢速滚动，不可冲撞，并注意滚动下方状态；风扇清洁须关车进行，开车时须用慢速操作。 3. 浆纱机开冷车前应放尽锡林和管道内的冷凝水；关车后应放出余汽。上、下经轴时，必须两人同时配合协调操作；上轴当心轧手，下轴小心砸脚；浆轴下车要将织轴小车两头卡子扣紧；烘房内禁止烘烤于生产无关的物品。 4. 调浆设备：烘房操作要戴防烫袖套，在浆槽部位工作时要注意水汀管和沸管，防止烫伤，不可将手伸进浆锅内取物，处理浆槽工作时必须关水汀；车头未装好防轧装置不得开车；地面应保持清洁干燥，防止滑跌。 5. 有梭织机严禁双手同时开、关车；机器运转中，梭库内少于两把梭子时，严禁挡车、帮接、修机工从梭库内取梭。 6. 无梭织机严禁双手同时开、关车，严禁两人同时操作一台机器；处理断头和故障时应先观察报警指示灯，确定机器停稳后才可操作。	40	未按要求做到的，每处扣 1 分。			

续表

考评类目	考评项目	考评内容	标准分值	考评办法	自评/评审描述	空项	实际得分
七、作业安全	7.1 生产现场管理和生产过程控制	生产过程控制（三）：化纤 1. 聚酯热媒安全操作： （1）操作带压设备，开、关、带压阀门以及设备检查、必须戴石棉（布）手套、防护眼镜或面罩。 （2）设备检修前必须经工艺技术人员的确认，带压检修必须加盲板，并在电器开关、阀门处挂上“禁止乱动”标牌。 （3）禁止用汽油等危险物品生火或清洗设备，岗位周围禁止堆放易燃易爆物品。送排气、液等介质要缓慢，严禁粗野操作，严禁将有害气体、物质（重油）等排入大气或下水道。 （4）经常检查地下槽内的废水，并及时抽排，以免因水泵故障积水过多而造成槽内设备淹侵，槽内废水严禁排入下水道。 2. 聚酯酯化安全操作： （1）严禁擅自在装置内动火及拉临时电线，根据生产需要必须在现场动火时，要填写动火单，执行审批程序。 （2）各岗位操作人员必须做到掌握本岗位生产过程中的火灾的危害性、懂得预防火灾的措施、懂得扑救火灾的方法，会报警、会使用消防器材、会扑救初起火灾。 （3）对所有设备装置管道上的安全阀、压力表、温度计、液位计、阻火器、氮封系统、放空系统、防爆系统、接地和防静电线，不得擅自拆除，发现失灵、损坏，及时检修和汇报。 3. 聚酯投料岗位安全操作： （1）操作时必须戴好防尘口罩。	40	未按要求做到的，每处扣1分。			

续表

考评类目	考评项目	考评内容	标准分值	考评办法	自评/评审描述	空项	实际得分
七、作业安全	7.1　生产现场管理和生产过程控制	(2) 电动葫芦必须由专人操作，使用前必须检查防爆装置，限位开关、钢丝绳、吊钩等的可靠性。使用时起吊、行走按钮不得同时按住，禁止同一台葫芦同时起吊两包PTA，禁止斜吊。 (3) 在使用剪刀后，必须将剪刀放在指定位置，以防掉入PTA输送系统，不得将剪刀随手玩弄，以免失手伤人。 (4) 在系统运转前，要确认系统中的含氧量低于5%（体积），启动输送PTA风机的顺序是：先开风机，后开出口阀；停机则相反，即先关出口阀，后关风机。 (5) 必须保持良好的通风，车间内PTA粉尘必须每班清扫，清扫的粉尘禁止随意乱倒或倒入下水道，PTA投料要尽量避免粉尘飞扬，严禁在车间内明火作业或吸烟。 4. 粘胶纤维二硫化碳计量安全操作： (1) 碱液、水及CS_2等应该预先按工艺要求分别压入各计量桶内待用，当五合机加料前必须首先查对记录液位上限。料加完后必须查对液位下限，保证数量正确。 (2) 计量室所有阀门随开，用后既关，停车时必须将所有阀门关闭。 (3) 加料时密切注意各考克启闭情况，防止边打边加，在加压CS_2和碱液时不可离开岗位，防止事故产生。 (4) 每班要将CS_2溢流桶的考克开一次，放尽桶内CS_2，以保持畅通和计量正确。 (5) 每班将压缩空气气液分离器放水一次。	40	未按要求做到的，每处扣1分。			

续表

考评类目	考评项目	考评内容	标准分值	考评办法	自评/评审描述	空项	实际得分
七、作业安全	7.1 生产现场管理和生产过程控制	5. 粘胶纤维五合机安全操作： (1) 投料前应检查机内清洁，各阀门是否处于正常位置。 (2) 投料操作开反车、加碱、见碱液喷出后，放投料袋拉铃通知轧粕间投料。倘若浆粕未投立即关闭碱阀、并与轧粕间联系。 (3) 投料过程中，随时注意机械运转情况，防止轧刹。 (4) 投料完毕调正车、注意机台温度变化情况。 (5) 碱液加完、关闭加碱阀，在另一点测温，温差控制在±2℃。 (6) 按规定掌握黄化初温，使真空度达 0.08×10^{-3}Pa 以上。 6. 后溶解安全操作： (1) 接到五合机出料信号，先检查进出料口考克是否正确，再开动进料泵，待进到玻璃液位管看见料时，开动搅拌，进行研磨，进料时人不得离开岗位，注意泵是否有异常响声，进料完毕，即刻停泵，关进料阀。 (2) 进料后，开足内外夹套盐水，以尽可能降低温度，每半小时记录温度一次，出料前应调节盐水进口阀门，以保证出料时达到工艺规定的温度。 (3) 后溶解要准时出料，出料时应停止搅拌，混合桶高位铃响不能出料时，要与当班者取得联系，等待通知再次出料。 (4) 提前半小时取测定 KW 值试样，并注明机号批号。 7. 涤纶纺丝安全操作： (1) 在修整清洁纺丝板面时，要戴好防护手套和防护眼镜，严禁手臂裸露，防止灼伤和高温熔体溅入面部。	40	未按要求做到的，每处扣1分。			

续表

考评类目	考评项目	考评内容	标准分值	考评办法	自评/评审描述	空项	实际得分
七、作业安全	7.1 生产现场管理和生产过程控制	（2）在添加热媒时，严防跑、冒、滴、漏，如渗透到保温层，须将保温层浸湿部分全部清除更新。拆装该系统管道阀门和法兰时，要放好盛器，备好相应灭火机，严格执行用火制度。 （3）清洁甬道、视镜、环形上油器时，虽然环吹头可自行锁定，但也要采取进一步安全措施，防止环吹头滑下伤人。 （4）各控制系统和现场仪表显示值不相符及时通知电仪部门并做好记录。 （5）控制柜仪表失灵，要观察现场仪表显示值，各报警装置仪表失灵要立即限时修复。 （6）汽相热媒升温时，要严格按要求升温，速率不可过快，以免引起事故。 （7）环形上油器需要拆卸时工具要拿牢，防止落入甬道造成伤害事故。 （8）计量泵启动前先要盘动，否则不能启动，调换泵或泵轴时，要防止身体或头部碰撞到其他的泵轴。 8. 涤纶短丝欠伸安全操作： （1）升头时须先放下各道压辊，在慢速下由卷曲控制台配合进行。 （2）牵伸机绕辊时，待车速停稳时，需用专用工具清除，严禁使用剪刀钩刀处理。 （3）开关蒸汽要戴防护手套，操作高处阀门不要用力过猛，保持身子平稳。 （4）紧张热定型升温要缓慢，应先检查疏水器阀门是否打开。 （5）生头和处理绕辊后，身子及面部不准进入辊筒区内。	40	未按要求做到的，每处扣1分。			

续表

考评类目	考评项目	考评内容	标准分值	考评办法	自评/评审描述	空项	实际得分
七、作业安全	7.1 生产现场管理和生产过程控制	（6）当紧张热定形门较长时间开启或检修辊筒时，要插好安全销。 9. 涤纶短丝打包安全操作： （1）主压上升或下降时，手严禁伸进棉箱，以防止手被带入造成伤害。 （2）穿包带时，注意配合，避免刺伤对方面部、眼睛。 （3）拆包剪断包带时，须防包带反弹伤人。 （4）轨道上和包输送辊上不能站人，防止滑倒意外事故发生。 （5）做清洁工作时，严格按规定路线操作，不许站在操作平台上，防止摔落。 （6）打包机工作时，严禁他人进入工作区域，防止转箱伤人。	40	未按要求做到的，每处扣1分。			
		生产过程控制（四）：染整 1. 烧毛机安全操作： （1）开车前做好一切准备工作，开车时必须做好确认。 （2）开车前必须检查机械、电气设备及安全防火设备是否完好。如发现不妥处，应立即汇报，待装妥后再开车。 （3）煤气烧毛机开车点火，必须指定熟悉煤气操作的专人负责。 （4）煤气点火先排风3～5分钟，然后点火，最后开煤气考克发火。停机先关煤气再停机，最后关风泵，以防煤气爆炸。 （5）停机后一定要关闭煤气总考克，以防煤气溢漏，产生中毒或爆炸。 （6）检查煤气考克是否漏气时，不可用火点，不可用鼻子去闻，要用肥皂水去检查。	40	未按要求做到的，每处扣1分。			

续表

考评类目	考评项目	考评内容	标准分值	考评办法	自评/评审描述	空项	实际得分
七、作业安全	7.1　生产现场管理和生产过程控制	(7) 发现火警时，应及时切断火源，同时关闭煤气，切断电源，在机上燃烧的布不要用手去拉，特别是化纤织物，以防烧伤皮肤。 (8) 干落布时，出布操作要注意布面上是否有火星残留。 (9) 用人工甩布时，不准坐在或立在退浆池边上，以防跌入池内。 2. 丝光机安全操作： (1) 开车前，检查电气设备、传动设备及一切安全防护装置是否完好，检查轧车、布铗、蒸箱、平洗槽、落布架及传动设备齿轮等是否有异常，如发现问题及时与车间联系。 (2) 开车时要前后联系呼应后方能开车，须由低起步，慢慢调节至工艺要求的车速。 (3) 发现卷边，不得在轧辊进口处剥，必须用竹夹子纠正。 (4) 机械运转时如要上机台旁的轧栏亭，水平台必须注意上面是否有油污及碱液，防止站上去后脚底打滑，人跌倒发生伤害事故。 (5) 在修理浓、淡碱泵时要戴好防护眼镜，在打碱时应先检查出液考克是否已开启。 (6) 眼睛万一溅到碱液要立即用大量的清水冲洗，然后到医务室处理。 (7) 手与浓碱接触要戴橡皮手套，防止浓碱腐蚀皮肤。 (8) 进入蒸箱穿头处理故障，先检查蒸箱铁盖上的钢丝绳和链条是否牢靠，吊蒸箱盖时人不可站在蒸箱盖下面，起吊后蒸箱铁盖一定要用保险梗保护好，防止发生意外事故。	40	未按要求做到的，每处扣1分。			

续表

考评类目	考评项目	考评内容	标准分值	考评办法	自评/评审描述	空项	实际得分
七、作业安全	7.1 生产现场管理和生产过程控制	(9) 人在热平洗槽内处理故障穿头时，脚要站稳，不可踏在导辊上，并要切断总电源。 (10) 烘缸停车时必须关闭水汀，并把回汽鬏打开，烘缸水汀压力不得超过红线。 3. 高温染色： (1) 机器注水时，禁止超过正确的注水水位。 (2) 排水前，应先将循环泵和加料泵停下，并停止加热或冷却。 (3) 开启缸身工作门前，要确认机器温度已在85℃以下，循环泵加料泵已停止，压力表读数为零。 (4) 开启过滤器工作门前，要确认机器温度已在85℃以下，循环泵加料泵已停止，压力表读数为零，染液已排走。 (5) 机器内还有液体和压力时，禁止对其进行维修工作。	40	未按要求做到的，每处扣1分。			
		生产过程控制（五）：成衣 1. 裁剪工安全操作： (1) 使用手推落布机、电刀、钢带裁剪机时，必须集中思想，应避免与他人讲话谈笑，做到仔细认真操作。 (2) 手推落布机在操作前，应检查电线、插头等是否完好，电线不得放在刀口前，落布幅度控制在15 cm之内、不能超过手推刀前面挡板，手不能放在刀口前面。 (3) 手推电刀在操作前，应检查电线、插头等是否完好。电线不得放在刀口前，应吊在电刀上端，以免割破电线。 (4) 磨或换手推落布机、电刀刀片时，必须关闭电源，不准开车磨刀。调换刀片后要拧紧刀架上的固定螺丝。	40	未按要求做到的，每处扣1分。			

续表

考评类目	考评项目	考评内容	标准分值	考评办法	自评/评审描述	空项	实际得分
七、作业安全	7.1 生产现场管理和生产过程控制	(5) 钢带裁剪机在操作前，应顺手拿取裁片，不准反手拿取。取刀口边碎料时，必须在关车停稳后进行。 (6) 在钢带裁剪机抬面上理裁片时，必须关车，并要与刀口保持一定的距离。 (7) 听到裁剪电刀有异响应立即关闭马达，并通知保全工维修，闻到马达有异味应切断电源并通知电工维修。 2. 缝纫工安全操作： (1) 在开机之前，要严格检查机器各部位及安全防护装置是否处于正常状态，检查工具、夹具与量具是否完好。 (2) 在操作过程中严禁把手放到传动带中，严禁放入挑线杆和机针下面，确保安全操作。 (3) 在换取梭芯、梭套和穿线时，脚必须离开脚踏板。 (4) 要注意保持油箱和机身的清洁，油量不能低于最低油标线，要严格按照规定加油；但不得随意拆卸机器。 (5) 在缝制产品过程中，要严格按照工艺技术要求进行操作，针码均匀，大小规范，线路顺直，严格控制公差。在流水操作中，传递裁片时，不乱发，不错号。 (6) 各道缝纫工序必须严格监督前道工序的质量问题，如发现质量有误，要及时停止向下道工序传递，并向领导报告。 (7) 当离开机器时，一定要注意关机，不可空机等待。 3. 熨工安全操作： (1) 熨斗在使用前，应检查电气、接地装置是否完好，严禁带损使用，如有机械故障及时通知保全工维修。	40	未按要求做到的，每处扣1分。			

续表

考评类目	考评项目	考评内容	标准分值	考评办法	自评/评审描述	空项	实际得分
七、作业安全	7.1 生产现场管理和生产过程控制	(2) 熨斗必须放在耐火架上，操作中应随时掌握熨斗温度，防止火警。 (3) 熨斗的电线应悬吊在操作处的上端，以免熨斗烫坏电线。 (4) 熨斗旁不准堆放易燃物品，熨衣抬板上的衣服（衫裤）不要堆放过高，防止碰到熨斗上。 (5) 如需要离开岗位或下班时，必须拔掉电源插头。 (6) 使用蒸汽熨衣机，必须严格按工艺要求操作，并注意锅炉、熨斗操作中的安全。 4. 环刀工（裁刀）安全操作： (1) 使用时需先拉上护刀片罩，然后再启动电机。 (2) 使用后必须罩下护刀罩。 (3) 使用时需戴钢丝手套及穿着绝缘工作鞋（操作时左手前右手后）。 (4) 使用时如需停止钢刀转动，或因其他某种故障，应立即关闭电源，等机械全部转动停止后，再予以检修操作。 (5) 离开车位，必须关闭开关。 (6) 固定架中的轴承润滑油，每6个月更换一次。 (7) 每月去除整机中的布尘一次。 (8) 每周去除磨削装置中的布尘一次。	40	未按要求做到的，每处扣1分。			
	7.2 作业行为管理	对生产作业过程中人的不安全行为进行辨识，并制定相应的控制措施。需要规范的作业行为主要包括： (1) 遵守劳动纪律。 (2) 设备开机前按规定进行检查，确认无误后方可操作。	20	辨识不全的，每缺一个扣1分；缺少控制措施或针对性不强的，每个扣1分；作业人员不清楚风险及控制措施的，每人次扣1分。			

续表

考评类目	考评项目	考评内容	标准分值	考评办法	自评/评审描述	空项	实际得分
七、作业安全	7.2　作业行为管理	（3）运转中的设备禁止进行擦洗、清扫、拆卸和维护维修等可能直接接触运转部位的操作。 （4）工作过程中，如有故障，停机通知修理，待故障排除后再恢复工作状态。 （5）作业完成时按规定进行停机操作，关闭电源，清理岗位作业环境。	20	辨识不全的，每缺一个扣1分；缺少控制措施或针对性不强的，每个扣1分；作业人员不清楚风险及控制措施的，每人次扣1分。			
		落实危险作业管理制度，执行工作票制度。	10	未执行的，不得分；工作票中危险分析和控制措施不全的，每个工作票扣1分；授权程序不清或签字不全的，每个扣2分；工作票未有效保存的，扣2分。			
		电气、高速运转机械等设备，应实行操作牌制度。	5	未执行的，不得分；未挂操作牌就作业的，每处扣1分；操作牌污损的，每个扣1分。			
		按规定为从业人员配备与工作岗位相适应的个体防护装备，并监督、教育从业人员按照使用规则佩戴、使用。	10	无配备标准的，不得分；配备标准不符合有关规定的，每项扣1分；未及时发放的，不得分；购买、使用不合格个体防护装备的，不得分；员工未正确佩戴和使用的，每人次扣1分。			
	7.3　警示标志和安全防护	建立警示标志和安全防护的管理制度。	5	无该项制度的，不得分。			
		在存在较大危险因素的作业场所或有关设备上，按照GB 2894及企业内部规定，设置安全警示标志。	5	不符合规定的，每处扣1分；累计扣满5分的，追加扣除10分。			
		在检维修、施工、吊装等作业现场设置警戒区域，以及厂区内的坑、沟、池、井、陡坡等设置安全盖板或护栏等。	5	不符合要求的，每处扣1分。			
	7.4　相关方管理	建立有关承包商、供应商等相关方的管理制度。	5	无该项制度的，不得分；未明确双方权责或不符合有关规定的，不得分。			

续表

考评类目	考评项目	考评内容	标准分值	考评办法	自评/评审描述	空项	实际得分
七、作业安全	7.4 相关方管理	对承包商、供应商等相关方的资格预审、选择、服务前准备、作业过程监督、提供的产品、技术服务、表现评估、续用等进行管理，建立相关方的名录和档案。	5	未建立名录和档案的，不得分；未将安全绩效与续用挂钩的，不得分；名录或档案资料不全的，每一个扣1分。			
		不应将工程项目发包给不具备相应资质的单位。与承包、承租单位签订安全生产管理协议，并在协议中明确各方对事故隐患排查、治理和防控的管理职责。	10	发包给无相应资质的相关方的，除不得分外，追加扣除10分；未签订协议的，不得分；协议中职责不明确的，每项扣1分。			
		根据相关方提供的服务作业性质和行为定期识别服务行为风险，采取行之有效的风险控制措施，并对其安全绩效进行监测。 企业应统一协调管理同一作业区域内的多个相关方的交叉作业。	10	以包代管的，不得分；相关方在企业场所内发生工亡事故的，除不得分外，追加扣除5分；未定期进行风险评估的，每一次扣1分；风险控制措施缺乏针对性、操作性的，每一个扣1分；未对其进行安全绩效监测的，每次扣1分；企业未进行有效统一协调管理交叉作业的，扣3分。			
	7.5 变更	建立有关人员、机构、工艺、技术、设施、作业过程及环境变更的管理制度。	5	无该项制度的，不得分；制度与实际不符的，扣1分。			
		对变更的设施进行审批和验收管理，并对变更过程及变更后所产生的隐患进行排查、评估和控制。	10	无审批和验收报告的，不得分；未对变更导致新的风险或隐患进行辨识、评估和控制的，每项扣1分。			
		小计	**190**	**得分小计**			
八、隐患排查和治理	8.1 隐患排查	建立隐患排查治理的管理制度，明确部门、人员的责任。	5	无该项制度的，不得分；制度与有关规定不符的，扣1分。			
		制定隐患排查工作方案，明确排查的目的、范围、方法和要求等。	5	无该方案的，不得分；方案依据缺少或不正确的，每项扣1分；方案内容缺项的，每项扣1分。			
		按照方案进行隐患排查工作。	10	未按方案排查的，不得分；有未排查出来的隐患的，每处扣1分；排查人员不能胜任的，每人次扣2分；未进行汇总总结的，扣2分。			

续表

考评类目	考评项目	考评内容	标准分值	考评办法	自评/评审描述	空项	实际得分
八、隐患排查和治理	8.1　隐患排查	对隐患进行分析评估，确定隐患等级，登记建档。	10	无隐患汇总登记台账的，不得分；无隐患评估分级的，不得分；隐患登记档案资料不全的，每处扣1分。			
	8.2　排查范围与方法	隐患排查的范围应包括所有与生产经营相关的场所、环境、人员、设备设施和活动。	5	范围每缺少一类，扣2分。			
		采用综合检查、专业检查、季节性检查、节假日检查、日常检查和其他方式进行隐患排查。	20	各类检查缺少一次，扣2分；未制定检查表的，扣10分；检查表制定和使用不全的，每个扣2分；检查表针对性不强的，每一个扣1分；检查表无人签字或签字不全的，每次扣1分；扣满20分的，追加扣除20分。			
	8.3　隐患治理	根据隐患排查的结果，及时进行整改。不能立即整改的，制定隐患治理方案，内容应包括目标和任务、方法和措施、经费和物资、机构和人员、时限和要求。 重大事故隐患在治理前应采取临时控制措施，并制定应急预案。隐患治理措施应包括工程技术措施、管理措施、教育措施、防护措施、应急措施等。	20	整改不及时的，每处扣2分；需制定方案而未制定的，扣10分；方案内容不全的，每缺一项扣1分；每项隐患整改措施针对性不强的，扣1分；重大事故隐患未采取临时措施和制定应急预案的，扣10分。			
		在隐患治理完成后对治理情况进行验证和效果评估。	10	未进行验证或效果评估的，每项扣1分。			
		按规定对隐患排查和治理情况进行统计分析，并向安全生产监督管理部门和有关部门报送书面统计分析表。	5	无统计分析表的，不得分；未及时报送的，不得分。			
	8.4　预测预警	企业应根据生产经营状况及隐患排查治理情况，采用技术手段、仪器仪表及管理方法等，建立安全预警指数系统，每月进行一次安全生产风险分析。	10	无安全预警指数系统的，不得分；未对相关数据进行分析、测算，实现对安全生产状况及发展趋势进行预报的，扣2分；未将隐患排查治理情况纳入安全预警系统的，扣1分；未对预警系统所反映的问题，及时采取针对性措施的，扣1分；未每月进行风险分析的，扣1分。			
	小计		100	得分小计			

续表

考评类目	考评项目	考评内容	标准分值	考评办法	自评/评审描述	空项	实际得分
九、重大危险源监控	9.1 辨识与评估	建立重大危险源的管理制度，明确辨识与评估的职责、方法、范围、流程、控制原则、回顾、持续改进等。	5	无该项制度的，不得分；制度中每缺少一项内容要求的，扣1分。			
		按规定对本单位的生产设施或场所进行重大危险源辨识、评估，确定重大危险源。	10	未进行辨识和评估的，不得分；未按规定进行的，不得分；未明确重大危险源的，不得分。			
	9.2 登记建档与备案	对确认的重大危险源及时登记建档。	5	无档案资料的，不得分；档案资料不全的，每处扣1分。			
		按照相关规定，将重大危险源向生产监督管理部门和相关部门备案。	5	未备案的，不得分；备案资料不全的，每个扣1分。			
	9.3 监控与管理	对重大危险源采取措施进行监控，包括技术措施（设计、建设、运行、维护、检查、检验等）和组织措施（职责明确、人员培训、防护器具配置、作业要求等）。	10	未监控的，不得分；有重大隐患或带病运行，严重危及安全生产的，除本分值扣完后外，追加扣除15分；监控技术措施和组织措施不全的，每项扣1分。			
		在重大危险源现场设置明显的安全警示标志和危险源点警示牌（内容包含名称、地点、责任人员、事故模式、控制措施等）。	3	无安全警示标志的，每处扣1分；内容不全的，每处扣1分；警示标志污损或不明显的，每处扣1分。			
		相关人员应按规定对重大危险源进行检查，并做好记录。	2	未按规定进行检查的，不得分；检查未签字的，每次扣1分；检查结果与实际状态不符的，每处扣1分。			
		小计	40	得分小计			
十、职业健康	10.1 职业健康管理	建立职业健康的管理制度。	5	无制度的，不得分；制度与有关规定不一致的，每处扣1分。			
		按有关要求，为员工提供符合职业健康要求的工作环境和条件。	5	有一处不符合要求的，扣1分；一年内有新增职业病患者的，不得分，并追加扣除20分。			
		建立、健全职业健康档案和员工健康监护档案。	5	未进行员工健康检查的，不得分；未进行入厂和离职健康检查的，不得分；健康检查每少一人次的，扣1分；无档案的，不得分；每缺少一人档案扣1分；档案内容不全的，每缺一项资料，扣1分。			

续表

考评类目	考评项目	考评内容	标准分值	考评办法	自评/评审描述	空项	实际得分
十、职业健康	10.1　职业健康管理	定期对职业危害场所进行检测，并将检测结果公布、存入档案。	5	未定期检测的，不得分；检测的周期、地点、有毒有害因素等不符合要求的，每项扣1分；结果未公开公布的，不得分；结果未存档的，一次扣1分。			
		存在粉尘、有害物质、噪声、高温、放射等职业危害因素的场所和岗位应按规定进行专门管理和控制。	10	未确定有关场所和岗位的，不得分；未进行专门管理和控制的，不得分；管理和控制不到位的，每一处扣2分。			
		对可能发生急性职业危害的有毒、有害工作场所，应当设置报警装置，制定应急预案，配置现场急救用品和必要的泄险区。	5	未确定场所的，不得分；无报警装置的，不得分；缺少报警装置或不能正常工作的，每处扣1分；无应急预案的，不得分；无急救用品、冲洗设备、应急撤离通道和必要泄险区的，不得分。			
		指定专人负责保管、定期校验和维护各种防护用具，确保其处于正常状态。	5	未指定专人保管或未全部定期校验维护的，不得分；未定期校验和维护的，每次扣1分；校验和维护记录未存档保存的，不得分。			
		指定专人负责职业健康的日常监测及维护监测系统处于正常运行状态。	5	未指定专人负责的，不得分；人员不能胜任的（含无资格证书或未经专业培训的），不得分；日常监测每缺少一次的，扣1分；监测装置不能正常运行的，每处扣1分。			
		对职业病患者按规定给予及时的治疗、疗养。对患有职业禁忌证的，应及时调整到合适岗位。	5	未及时给予治疗、疗养的，不得分；治疗、疗养每少一人的，扣1分；没有及时调换职业禁忌证人员岗位的，每人次扣1分。			
		企业应按规定采取具体措施对女工实施“五期”特殊保护。	5	未按规定对女工实施“五期”特殊保护的不得分；没有采取具体措施的扣3分；每漏一项扣1分。			
	10.2　职业危害告知和警示	与从业人员订立劳动合同（含聘用合同）时，应将工作过程中可能产生的职业危害及其后果、职业危害防护措施和待遇等如实以书面形式告知从业人员，并在劳动合同中写明。	5	未书面告知的，不得分；告知内容不全的，每缺一项内容，扣1分；未在劳动合同中写明的（含未签合同的），不得分；劳动合同中写明内容不全的，每缺一项内容，扣1分。			

续表

考评类目	考评项目	考评内容	标准分值	考评办法	自评/评审描述	空项	实际得分
十、职业健康	10.2 职业危害告知和警示	对员工及相关方宣传和培训生产过程中的职业危害、预防和应急处理措施。	5	未宣传和培训或无记录的，不得分；培训无针对性或缺失内容的，每次扣1分；员工及相关方不清楚的，每人次扣1分。			
		对存在严重职业危害的作业岗位，按照《工作场所职业病危害警示标识》（GBZ 158）的要求，在醒目位置设置警示标志和警示说明。	5	未设置标志和说明的，不得分；缺少标志和说明的，每处扣1分；标志和说明内容（含职业危害的种类、后果、预防以及应急救治措施等）不全的，每处扣1分。			
	10.3 职业危害申报	按规定及时、如实地向当地主管部门申报生产过程存在的职业危害因素。	5	未申报的，不得分；申报内容不全的，每缺少一类扣1分。			
		下列事项发生重大变化时，应向原申报主管部门申请变更： （1）新、改、扩建项目。 （2）因技术、工艺或材料等发生变化导致原申报的职业危害因素及其相关内容发生重大变化。 （3）企业名称、法定代表人或主要负责人发生变化。	5	未申请变更的，不得分；每缺少一类变更申请的，扣2分。			
		小计	80	得分小计			
十一、应急救援	11.1 应急机构和队伍	建立事故应急救援制度。	5	无该项制度的，不得分；制度内容不全或针对性不强的，扣1分。			
		按相关规定建立安全生产应急管理机构或指定专人负责安全生产应急管理工作。	2	没有建立机构或专人负责的，不得分；机构或负责人员发生变化未及时调整的，每次扣1分。			
		建立与本单位安全生产特点相适应的专兼职应急救援队伍或指定专兼职应急救援人员。	3	未建立队伍或指定专兼职人员的，不得分；队伍或人员不能满足应急救援工作要求的，不得分。			
		定期组织专兼职应急救援队伍和人员进行训练。	5	无训练计划和记录的，不得分；未定期训练的，不得分；未按计划训练的，每次扣1分；训练科目不全的，每项扣1分；救援人员不清楚职能或不熟悉救援装备使用的，每人次扣1分。			

续表

考评类目	考评项目	考评内容	标准分值	考评办法	自评/评审描述	空项	实际得分
十一、应急救援	11.2　应急预案	按规定制定生产安全事故应急预案，重点作业岗位有应急处置方案或措施。	10	无应急预案的，不得分；应急预案的格式和内容不符合有关规定的，不得分；无重点作业岗位应急处置方案或措施的，不得分；未在重点作业岗位公布应急处置方案或措施的，每处扣1分；有关人员不熟悉应急预案和应急处置方案或措施的，每人次扣1分。			
		根据有关规定将应急预案报当地主管部门备案，并通报有关应急协作单位。	5	未进行备案的，不得分；未通报有关应急协作单位的，每个扣1分。			
		定期评审应急预案，并进行修订和完善。	5	未定期评审或无相关记录的，不得分；未及时修订的，不得分；未根据评审结果或实际情况的变化修订的，每缺一项，扣1分；修订后未正式发布或培训的，扣1分。			
	11.3　应急设施、装备、物资	按应急预案的要求，建立应急设施，配备应急装备，储备应急物资。	5	每缺少一类，扣1分。			
		对应急设施、装备和物资进行经常性的检查、维护、保养，确保其完好可靠。	5	无检查、维护、保养记录的，不得分；每缺少一项记录的，扣1分；有一处不完好、可靠的，扣1分。			
	11.4　应急演练	按规定组织生产安全事故应急演练。	10	未进行演练的，不得分；无应急演练方案和记录的，不得分；演练方案简单或缺乏执行性的，扣1分；高层管理人员未参加演练的，每次扣1分。			
		对应急演练的效果进行评估。	5	无评估报告的，不得分；评估报告未认真总结问题或未提出改进措施的，扣1分；未根据评估的意见修订预案或应急处置措施的，扣1分。			
	11.5　事故救援	发生事故后，应立即启动相关应急预案，积极开展事故救援。 应急结束后应分析总结应急救援经验教训，提出改进应急救援工作的建议，编制应急救援报告。	10	未及时启动的，不得分；未达到预案要求的，每项扣1分；未全面总结分析应急救援工作的，每缺一项，扣1分；无应急救援报告的，扣5分。			
小计			70	得分小计			

续表

考评类目	考评项目	考评内容	标准分值	考评办法	自评/评审描述	空项	实际得分
十二、事故报告、调查和处理	12.1 事故报告	按规定及时向上级单位和有关政府部门报告，并保护事故现场及有关证据。	5	未及时报告的，不得分；未有效保护现场及有关证据的，不得分；**有瞒报、谎报、破坏现场的任何行为的，不得分，并追加扣除20分。**			
	12.2 事故调查和处理	按照相关法律、法规、管理制度的要求，组织事故调查组或配合政府和有关部门对事故、事件进行调查、处理。	10	无调查报告的，不得分；调查报告内容不全的，每处扣2分；相关的文件资料未整理归档的，每次扣2分；处理措施未落实的，扣5分。			
		定期对事故、事件进行统计、分析。	3	未统计分析的，不得分；统计分析不完整的，扣1分。			
	12.3 事故案例教育	对员工进行有关事故案例的教育。	2	未进行教育的，不得分；有关人员对原因和防范措施不清楚的，每人次扣1分。			
小计			20	得分小计			
十三、绩效评定和持续改进	13.1 绩效评定	企业应每年至少一次对本单位安全生产标准化的实施情况进行评定，验证各项安全生产制度措施的适宜性、充分性和有效性，检查安全生产工作目标、指标的完成情况。	10	未进行评定的，不得分；少于每年一次的，扣5分；评定中缺少类目、项目和内容或其支撑性材料不全的，每个扣2分；未对前次评定中提出的纠正措施的落实效果进行评价的，扣2分。			
		主要负责人应对绩效评定工作全面负责。评定工作应形成正式文件，并将结果向所有部门、所属单位和从业人员通报，作为年度考评的重要依据。	10	主要负责人未组织和参与的，不得分；评定未形成正式文件的，扣5分；结果未通报的，扣5分；未纳入年度考评的，不得分。			
		发生死亡事故后应重新进行评定。	10	未重新评定的，不得分。			
	13.2 持续改进	企业应根据安全生产标准化的评定结果和安全生产预警指数系统所反映的趋势，对安全生产目标、指标、规章制度、操作规程等进行修改完善，持续改进，不断提高安全绩效。	10	未进行安全生产标准化系统持续改进的，不得分；未制定完善安全生产标准化工作计划和措施的，扣5分；修订完善的记录与安全生产标准化系统评定结果不一致的，每处扣1分。			
小计			40	得分小计			
总计			1 000	得分总计			

第五节　烟草企业安全生产标准化评定标准

一、考评说明

（1）YC/T 384《烟草企业安全生产标准化规范》分为三个部分：

——第 1 部分：基础管理规范；

——第 2 部分：安全技术和现场规范；

——第 3 部分：考核评价准则和方法。

本节为 YC/T 384.3《考核评价准则和方法》中的烟草企业关于安全生产标准化评定标准内容。

（2）YC/T 384《烟草企业安全生产标准化规范》以 AQ/T 9006－2010《企业安全生产标准化基本规范》为编制依据，并结合烟草企业的特点而编制；本标准以上海烟草集团有限责任公司安全生产标准化系列标准为基础重新编制。

（3）YC/T384《烟草企业安全生产标准化规范》的编制目的是为规范烟草企业安全生产标准化提供依据；为职业健康安全管理体系的有效运行提供操作层面的技术支撑，保证安全生产基础管理、生产经营设备设施、作业环境和作业人员行为处于安全受控状态，促进企业职业健康安全管理绩效的提升。

（4）考核评价是安全生产标准化的重要环节，用以验证烟草企业，含下属生产经营单位的安全生产标准化和职业健康安全管理体系运行绩效，为安全生产工作持续改进提供科学、客观的依据。

（5）YC/T 384.2 中 4.1“作业现场通用安全要求”不单独作为考评要素，其考评要求已经纳入了相关现场的考核评价表内。

（6）本部分编制了各模块及其要素的考核评价表，在考核评价时可依据其编制更加具体的考评检查表。

（7）安全生产标准化考核评价抽样方法见下表：

考评内容	抽样方法
基础管理规范	考核评价时对资料、记录、人员等进行抽样检查、询问，根据不同要素的内容，抽样方法可包括按资料数量抽样、按设备总数抽样、按班组总数抽样、按职业危害点和人员数量抽样等；抽样数量不少于总数的 10%，但最少不能少于 5 个，实际数量低于 5 个时全部检查。 当资料、记录等无法统计总数时，至少抽 5 个，实际数量低于 5 个时全部检查；当考评对象不能计数时，按定性要求进行检查。

续表

考评内容	抽样方法
安全生产技术和现场管理规范	复评时抽样按设备设施或物品、作业现场、现场资料、现场记录等的拥有量（H）比例抽样：$H \leqslant 5$，抽100%；$5 < H \leqslant 50$，抽5项；$H > 50$，抽10%； 自评按复评抽样比例的2倍抽样。

二、安全生产标准化考核评价要素及分值

第一部分：基础管理规范考评要素（各类企业通用，350分）	考评分值
1　职业健康安全方针、规划、目标和计划	15
1.1　职业健康安全方针、规划、计划和总结	5
1.2　目标和方案管理	5
1.3　安全生产投入费用管理	5
2　危险源管理	15
2.1　危险源管理要求	5
2.2　危险源辨识和风险评价要求	5
2.3　危险源控制措施的策划	5
3　法律、法规和其他要求管理	15
3.1　法律、法规和其他要求的识别、获取和更新	5
3.2　法律、法规和其他要求的贯彻和应用	5
3.3　法律、法规和其他要求的合规性评价	5
4　组织机构和职责	15
4.1　安全生产委员会	5
4.2　安全生产管理机构和人员	5
4.3　安全生产责任制	5
5　职业健康安全文件和记录	20
5.1　职业健康安全文件总体要求	5
5.2　安全生产管理文件要求	5
5.3　安全操作规程要求	5
5.4　文件和记录控制要求	5
6　能力、意识和安全生产培训教育	30
6.1　各级人员任职要求和安全生产培训	5
6.2　作业人员的培训取证	5
6.3　新员工安全三级教育和转复岗人员安全教育	5
6.4　安全教育培训管理要求	5
6.5　外来务工人员的聘用和培训教育	5

续表

第一部分：基础管理规范考评要素（各类企业通用，350分）	考评分值
6.6　安全文化建设	5
7　参与、协商和沟通	10
7.1　参与、协商和沟通管理制度	5
7.2　工会、员工代表对安全生产的监督	5
8　建设项目和安全生产技术措施项目“三同时”管理	20
8.1　建设项目“三同时”总体要求	4
8.2　可行性分析和设计阶段“三同时”管理	4
8.3　施工阶段的“三同时”管理	4
8.4　验收阶段的“三同时”管理	4
8.5　企业安全生产技术措施项目管理	4
9　车间和班组安全生产管理	10
9.1　车间安全生产管理	5
9.2　班组安全生产管理	5
10　相关方安全生产管理	20
10.1　相关方识别和管理制度	5
10.2　相关方管理要求	5
10.3　对相关方的监督检查	5
10.4　临时工作人员和外来人员管理	5
11　安全生产信息化	10
11.1　安全生产信息化系统	5
11.2　安全生产信息化系统管理	5
12　安全标识管理	10
12.1　安全标识管理要求	5
12.2　安全标识应用要求	5
13　设备设施安全管理	15
13.1　设备设施通用安全管理要求	5
13.2　特种设备管理	10
14　消防安全基础管理	20
14.1　消防安全管理机构、人员和制度	5
14.2　建筑工程消防管理	5
14.3　消防安全重点部位	5
14.4　志愿和专职消防队、灭火方案	5
15　危险物品和危险作业管理	25
15.1　危险化学品通用管理要求	5

续表

第一部分：基础管理规范考评要素（各类企业通用，350分）		考评分值
15.2 剧毒品、放射源管理		10
15.3 危险作业管理		10
16 交通安全基础管理		20
16.1 交通安全管理机构、人员和制度		5
16.2 机动车管理		5
16.3 驾驶员管理		5
16.4 个人车辆及停车场所管理		5
17 职业危害和劳动防护用品管理		20
17.1 职业危害管理机构、人员和制度		5
17.2 职业危害作业管理		5
17.3 职业危害作业人员和职业健康监护		5
17.4 劳动防护用品、急救药品和设施管理		5
18 应急准备和响应		15
18.1 应急总体要求		5
18.2 各级各类应急预案要求		5
18.3 应急预案的演练和评审		5
19 安全检查、内部审核和隐患管理		20
19.1 安全检查		10
19.2 职业健康安全管理体系内部审核		5
19.3 事故隐患管理		5
20 事件、事故管理		15
20.1 事件、事故报告、调查和处理制度		5
20.2 事件、事故的调查、分析和处理要求		5
20.3 工伤管理		5
21 安全绩效考核和管理评审		10
21.1 安全绩效考核		5
21.2 职业健康安全管理体系管理评审		5
第二部分：安全生产技术和现场规范考评要素（650分，工业或商业只选择其中一类；可删减）		考评分值
(一) 烟草企业通用 (500分)	1 库房、露天堆场和存放点	60
	1.1 一般库房（只考评库房通用要求）	5
	1.2 烟草及烟草制品库房	10
	1.3 露天堆场	10
	1.4 高架库	10
	1.5 危险化学品库房	10

续表

第二部分：安全生产技术和现场规范考评要素（650 分，工业或商业只选择其中一类；可删减）		考评分值
（一） 烟草企业通用 （500 分）	1.6　油库和加油点	10
	1.7　生产现场油品、化学品存放点	5
	2　杀虫作业	30
	2.1　杀虫作业人员和委外单位要求	5
	2.2　烟叶熏蒸杀虫	10
	2.3　车间杀虫	5
	2.4　磷化铝（镁）的采购和储存要求	10
	3　复烤生产线	30
	3.1　生产现场通用安全要求	10
	3.2　复烤生产线安全要求	15
	3.3　设备安全装置保养检修	5
	4　物流运输	40
	4.1　输送机械及作业	5
	4.2　装卸场所	5
	4.3　运输车辆	15
	4.4　加油站	15
	5　工业梯台	25
	5.1　钢直梯	3
	5.2　钢斜梯	3
	5.3　走台、平台	3
	5.4　活动轻金属梯及木质梯、竹梯	3
	5.5　轮式移动平台	3
	5.6　高处作业	10
	6　空压、真空和通风空调系统	10
	6.1　空压系统	4
	6.2　真空系统	3
	6.3　通风空调系统	3
	7　给排水系统	15
	7.1　给水系统	5
	7.2　污水处理场	10
	8　变配电、电气线路和防雷系统	55
	8.1　变配电设备设施	10
	8.2　变配电技术资料和运行检测	10
	8.3　固定电气线路	5

续表

第二部分：安全生产技术和现场规范考评要素（650分，工业或商业只选择其中一类；可删减）		考评分值
（一） 烟草企业通用 （500分）	8.4　临时低压电气线路	10
	8.5　配电箱、柜、板	5
	8.6　发电机	5
	8.7　防雷系统	10
	9　特种设备	65
	9.1　锅炉	10
	9.2　压力容器	10
	9.3　压力管道	10
	9.4　工业气瓶	10
	9.5　起重机械	5
	9.6　电梯	10
	9.7　厂内专用机动车	10
	10　除尘、异味处理设施	15
	10.1　除尘系统	10
	10.2　异味处理	5
	11　试验检测	15
	11.1　化学试剂的采购、储存、使用和废弃	10
	11.2　试验检测设备设施及作业	5
	12　维修和辅助设备设施	15
	12.1　金属切削机床	3
	12.2　电焊机	3
	12.3　砂轮机	3
	12.4　手持电动工具和移动电气装备	3
	12.5　其他维修和辅助设备设施	3
	13　后勤设施	20
	13.1　食堂	10
	13.2　绿化、保洁	5
	13.3　窨井作业	5
	14　办公设施	20
	14.1　办公车辆	10
	14.2　计算机房	5
	14.3　档案室	5
	15　消防设备设施	65
	15.1　消防设施资料和日常管理	10

续表

第二部分：安全生产技术和现场规范考评要素（650分，工业或商业只选择其中一类；可删减）		考评分值
（一） 烟草企业通用 （500分）	15.2　建筑物消防设施	10
	15.3　固定消防设施	10
	15.4　建筑灭火器	10
	15.5　火灾自动报警系统	5
	15.6　自动灭火系统	5
	15.7　消防控制室	5
	15.8　消防队（站）	10
	16　作业环境	20
	16.1　办公场所	5
	16.2　厂区作业环境	5
	16.3　车间作业环境	5
	16.4　员工宿舍	5
（二） 烟草工业企业 （150分）	1　制丝	35
	1.1　作业现场通用安全要求	10
	1.2　制丝线设备	10
	1.3　储叶（丝、梗）柜	5
	1.4　香精糖料配料间	5
	1.5　设备安全装置保养检修	5
	2　膨胀烟丝	45
	2.1　作业现场通用安全要求	10
	2.2　CO_2法膨丝冷端设备	10
	2.3　CO_2法膨丝热端设备	10
	2.4　在线膨丝设备	5
	2.5　储丝柜	5
	2.6　设备安全装置保养检修	5
	3　卷接包和滤棒成型	30
	3.1　作业现场通用安全要求	10
	3.2　卷接包	5
	3.3　滤棒成型	5
	3.4　运输和配料	5
	3.5　设备安全装置保养检修	5
	4　薄片生产	40

续表

第二部分：安全生产技术和现场规范考评要素（650分，工业或商业只选择其中一类；可删减）		考评分值
（二） 烟草工业企业 （150分）	4.1 作业现场通用安全要求	10
	4.2 造纸法薄片生产线	20
	4.3 辊压法薄片设备	5
	4.4 设备安全装置保养检修	5
（三） 烟草商业企业 （150分）	1 烟叶工作站	60
	1.1 站区环境布局	15
	1.2 站区管理	20
	1.3 分级打包作业	10
	1.4 库房、存储和装卸作业	15
	2 卷烟分拣和配送	50
	2.1 作业现场要求	10
	2.2 分拣输送系统	10
	2.3 配送运输	20
	2.4 货款结算安全要求	10
	3 烟草营销场所	40
	3.1 环境和设施	25
	3.2 安全管理和运行要求	15

三、基础管理规范考核评价标准

第一部分　职业健康安全方针、规划、目标和计划考核评价标准

考评项目	考评检查内容	考评说明	应得分	实得分	备注
1　职业健康安全方针、规划计划和总结	1.1　职业健康安全方针要求 *	带 * 项无任何资料扣全部分值；资料或内容不全、运行的不符合，一处扣1分。 其他项内的不符合，一处扣1分。	5		
	1.2　安全生产中长期规划要求 *				
	1.3　企业年度安全生产工作计划 *				
	1.4　企业年度安全生产工作总结 *				
2　目标和方案管理	2.1　企业职业健康安全目标和方案 *		5		
	2.2　企业下属部门职业健康安全目标				
	2.3　目标考核				
3　安全投入费用管理	3.1　安全生产投入保障制度 *		5		
	3.2　安全生产投入预算计划和使用 *				
合计			15		

第二部分　危险源管理考核评价标准

<table>
<tr><th>考评项目</th><th>考评检查内容</th><th>考评说明</th><th>应得分</th><th>实得分</th><th>备注</th></tr>
<tr><td rowspan="3">1　危险源管理要求</td><td>1.1　危险源管理制度和资料 *</td><td rowspan="8">带 * 项无任何资料扣全部分值；资料或内容不全、运行的不符合，一处扣 1 分。
其他项内的不符合，一处扣 1 分。</td><td rowspan="3">5</td><td rowspan="3"></td><td></td></tr>
<tr><td>1.2　危险源资料的更新</td><td></td></tr>
<tr><td>1.3　危险源资料的应用</td><td></td></tr>
<tr><td rowspan="3">2　危险源辨识和风险评价要求</td><td>2.1　危险源辨识覆盖所有场所和活动</td><td rowspan="3">5</td><td rowspan="3"></td><td></td></tr>
<tr><td>2.2　危险源辨识及其描述要求</td><td></td></tr>
<tr><td>2.3　风险评价的原则和方法</td><td></td></tr>
<tr><td rowspan="2">3　危险源控制措施的策划</td><td>3.1　危险源控制策划和效果评价 *</td><td rowspan="2">5</td><td rowspan="2"></td><td></td></tr>
<tr><td>3.2　危险源风险控制措施</td><td></td></tr>
<tr><td colspan="3">合计</td><td>15</td><td></td><td></td></tr>
</table>

第三部分　法律、法规和其他要求管理考核评价标准

<table>
<tr><th>考评项目</th><th>考评检查内容</th><th>考评说明</th><th>应得分</th><th>实得分</th><th>备注</th></tr>
<tr><td rowspan="3">1　法律、法规和其他要求的识别、获取和更新</td><td>1.1　法律、法规和其他要求管理制度 *</td><td rowspan="8">带 * 项无任何资料扣全部分值；资料或内容不全、运行的不符合，一处扣 1 分。
其他项内的不符合，一处扣 1 分。</td><td rowspan="3">5</td><td rowspan="3"></td><td></td></tr>
<tr><td>1.2　法律、法规和其他要求识别及其资料 *</td><td></td></tr>
<tr><td>1.3　法律、法规和其他要求资料的更新</td><td></td></tr>
<tr><td rowspan="2">2　法律、法规和其他要求的贯彻和应用</td><td>2.1　贯彻和应用要求</td><td rowspan="2">5</td><td rowspan="2"></td><td></td></tr>
<tr><td>2.2　学习和培训要求</td><td></td></tr>
<tr><td rowspan="3">3　法律、法规和其他要求的合规性评价</td><td>3.1　合规性评价的组织 *</td><td rowspan="3">5</td><td rowspan="3"></td><td></td></tr>
<tr><td>3.2　合规性评价的要求</td><td></td></tr>
<tr><td>3.3　整改和改进 *</td><td></td></tr>
<tr><td colspan="3">合计</td><td>15</td><td></td><td></td></tr>
</table>

第四部分　组织机构和职责考核评价标准

<table>
<tr><th>考评项目</th><th>考评检查内容</th><th>考评说明</th><th>应得分</th><th>实得分</th><th>备注</th></tr>
<tr><td rowspan="2">1　安全生产委员会</td><td>1.1　安全生产委员会的设立 *</td><td rowspan="5">带 * 项无任何资料扣全部分值；资料或内容不全、运行的不符合，一处扣 1 分。
其他项内的不符合，一处扣 1 分。</td><td rowspan="2">5</td><td rowspan="2"></td><td></td></tr>
<tr><td>1.2　安全生产委员会议事规程和监督检查机制 *</td><td></td></tr>
<tr><td rowspan="3">2　安全生产管理机构和人员</td><td>2.1　安全生产管理机构和人员设置要求 *</td><td rowspan="3">5</td><td rowspan="3"></td><td></td></tr>
<tr><td>2.2　安全生产管理人员、专兼职安全员任职资格 *</td><td></td></tr>
<tr><td>2.3　注册安全工程师的配置和工作制度</td><td></td></tr>
</table>

续表

考评项目	考评检查内容	考评说明	应得分	实得分	备注
3 安全生产责任制	3.1 安全生产职责文本 *	带 * 项无任何资料扣全部分值；资料或内容不全、运行的不符合，一处扣1分。 其他项内的不符合，一处扣1分。	5		
	3.2 “一岗双责”要求				
	3.3 安全生产责任书、承诺书和安全告知				
合计			15		

第五部分 职业健康安全文件和记录考核评价标准

考评项目	考评检查内容	考评说明	应得分	实得分	备注
1 职业健康安全文件总体要求	1.1 编制各类职业健康安全文件，形成文件系统清单 *	带 * 项无任何资料扣全部分值；资料或内容不全、运行的不符合，一处扣1分。 其他项内的不符合，一处扣1分。	5		
2 安全生产管理文件要求	2.1 建立各类安全生产管理文件		5		
3 安全操作规程要求	3.1 安全操作规程的制定		5		
	3.2 安全操作规程内容				
4 文件和记录控制要求	4.1 文件控制制度和基本要求 *		5		
	4.2 文件的评审、修改和作废				
	4.3 外来文件的识别和管理				
	4.4 记录控制制度和基本要求 *				
	4.5 记录的保存、归档和销毁				
合计			20		

第六部分 能力、意识和安全培训教育考核评价标准

考评项目	考评检查内容	考评说明	应得分	实得分	备注
1 各级人员任职要求和安全培训	1.1 能力要求和任职资格 *	带 * 项无任何资料扣全部分值；资料或内容不全、运行的不符合，一处扣1分。 其他项内的不符合，一处扣1分。	5		
	1.2 各级安全生产管理人员安全培训与取证 *				
	1.3 班组长及员工安全培训				
	1.4 相关方作业人员安全培训				
2 作业人员的培训取证	2.1 特种设备作业人员的培训取证 *		5		
	2.2 特种作业人员的培训取证 *				
	2.3 其他人员培训取证				
3 新员工安全三级教育和转复岗人员安全教育	3.1 新员工安全三级教育要求 *		5		
	3.2 转复岗人员安全教育要求 *				

续表

考评项目	考评检查内容	考评说明	应得分	实得分	备注
4 安全教育培训管理要求	4.1 安全教育培训制度和师资、教材管理	带*项无任何资料扣全部分值；资料或内容不全、运行的不符合，一处扣1分。 其他项内的不符合，一处扣1分。	5		
	4.2 安全教育培训计划*				
	4.3 安全教育培训的实施及其记录				
5 外来务工人员的聘用和培训教育	5.1 外来务工人员聘用和社会保险		5		
	5.2 外来务工人员的安全教育培训				
6 安全文化建设	6.1 依据AQ/T 9004开展安全文化建设*		5		
	6.2 将安全文化理念教育、安全氛围营造、员工安全行为培育等纳入企业教育培训计划并实施				
合计			30		

第七部分 参与、协商和沟通考核评价标准

考评项目	考评检查内容	考评说明	应得分	实得分	备注
1 参与、协商和沟通管理制度	1.1 参与、协商和沟通管理制度*	带*项无任何资料扣全部分值；资料或内容不全、运行的不符合，一处扣1分。 其他项内的不符合，一处扣1分。	5		
	1.2 信息沟通				
	1.3 安全生产事项的员工参与和协商				
	1.4 参与和协商的内容				
	1.5 资料和记录要求				
2 工会、员工代表对安全生产的监督	2.1 安全生产监督职责		5		
	2.2 职代会、工会的监督管理				
合计			10		

第八部分 建设项目和安全技术措施项目“三同时”管理考核评价标准

考评项目	考评检查内容	考评说明	应得分	实得分	备注
1 建设项目“三同时”总体要求	1.1 新、改、扩建项目“三同时”管理制度*	带*项无任何资料扣全部分值；资料或内容不全、运行的不符合，一处扣1分。 其他项内的不符合，一处扣1分。	4		
	1.2 项目“三同时”管理制度内容				
2 可行性分析和设计阶段“三同时”管理	2.1 项目可行性分析和设计资料*		4		
	2.2 安全生产条件论证、安全评价和安全评审				
3 施工阶段的“三同时”管理	3.1 项目施工的全过程监控		4		
	3.2 安全及职业病防护设施试运行和调试				

续表

考评项目	考评检查内容	考评说明	应得分	实得分	备注
4 验收阶段的“三同时”管理	4.1 安全验收评价 *	带 * 项无任何资料扣全部分值；资料或内容不全、运行的不符合，一处扣1分。 其他项内的不符合，一处扣1分。	4		
	4.2 竣工验收 *				
5 企业安全技术措施项目管理	5.1 安全评审 *		4		
	5.2 验收和记录 *				
合计			20		

第九部分　车间和班组安全生产管理考核评价标准

考评项目	考评检查内容	考评说明	应得分	实得分	备注
1 车间安全生产管理	1.1 车间各项安全生产管理要求	带 * 项无任何资料扣全部分值；资料或内容不全、运行的不符合，一处扣1分。 其他项内的不符合，一处扣1分。	5		
	1.2 车间安全生产活动				
2 班组安全生产管理	2.1 班组各项安全生产管理要求		5		
	2.2 班组安全生产活动				
	2.3 安全生产合格班组活动				
合计			10		

第十部分　相关方安全生产管理考核评价标准

考评项目	考评检查内容	考评说明	应得分	实得分	备注
1 相关方识别和管理制度	1.1 相关方识别	带 * 项无任何资料扣全部分值；资料或内容不全、运行的不符合，一处扣1分。 其他项内的不符合，一处扣1分。	5		
	1.2 相关方管理制度 *				
2 相关方管理要求	2.1 相关方的选择、资质资料和职业健康安全绩效评价 *		5		
	2.2 相关方安全生产协议				
	2.3 相关方安全交底和教育				
3 对相关方的监督检查	3.1 对相关方监督检查的频次和记录		5		
4 临时工作人员和外来人员管理	4.1 进厂和接待要求		5		
	4.2 安全告知要求				
合计			20		

第十一部分 安全生产信息化考核评价标准

考评项目	考评检查内容	考评说明	应得分	实得分	备注
1 安全生产信息化系统	1.1 系统的建立使用 *	带 * 项无任何资料扣全部分值；资料或内容不全、运行的不符合，一处扣1分。其他项内的不符合，一处扣1分。	5		
	1.2 系统的基本功能要求				
2 安全生产信息化系统管理	2.1 管理职责和制度		5		
	2.2 机房及网络设备管理				
合计			10		

第十二部分 安全标识管理考核评价标准

考评项目	考评检查内容	考评说明	应得分	实得分	备注
1 安全标识管理要求	1.1 安全标识管理制度 *	带 * 项无任何资料扣全部分值；资料或内容不全、运行的不符合，一处扣1分。其他项内的不符合，一处扣1分。	5		
	1.2 安全标识的日常管理要求				
2 安全标识应用要求	2.1 安全标识清单 *		5		
	2.2 安全标识应用				
合计			10		

第十三部分 设备设施安全基础管理考核评价标准

考评项目	考评检查内容	考评说明	应得分	实得分	备注
1 设备设施通用安全管理要求	1.1 设备设施及其安全装置管理	带 * 项无任何资料扣全部分值；资料或内容不全、运行的不符合，一处扣1分。其他项内的不符合，一处扣1分。	5		
	1.2 设备设施及其安全装置维护和检修				
	1.3 设备设施安全警示标志				
2 特种设备管理	2.1 特种设备安全技术档案 *		10		
	2.2 特种设备登记 *				
	2.3 特种设备作业人员要求 *				
	2.4 特种设备检查 *				
	2.5 特种设备安全技术性能定期检验 *				
合计			15		

第十四部分　消防安全基础管理考核评价标准

考评项目	考评检查内容	考评说明	应得分	实得分	备注
1　消防安全管理机构、人员和制度	1.1　消防安全管理机构和人员 *	带 * 项无任何资料扣全部分值；资料或内容不全、运行的不符合，一处扣 1 分。 其他项内的不符合，一处扣 1 分。	5		
	1.2　消防安全管理制度和应急预案 *				
	1.3　动火审批制度 *				
2　建筑工程消防管理	2.1　消防设计审核或企业内部消防评审 *		5		
	2.2　消防验收和备案 *				
3　消防安全重点部位	3.1　消防重点部位的确定 *		5		
	3.2　消防重点部位的管理要求				
4　志愿和专职消防队、灭火方案	4.1　志愿消防队的组建 *		5		
	4.2　专职消防队（站）设置				
	4.3　灭火方案的制定和更新 *				
合计			20		

第十五部分　危险物品和危险作业管理考核评价标准

考评项目	考评检查内容	考评说明	应得分	实得分	备注
1　危险化学品通用管理要求	1.1　采购、运输、验收和登记 *	带 * 项无任何资料扣全部分值；资料或内容不全、运行的不符合，一处扣 1 分。 其他项内的不符合，一处扣 1 分。	5		
	1.2　危险化学品保管、领用人员 *				
2　剧毒品、放射源管理	2.1　剧毒品管理 *		10		
	2.2　放射源管理 *				
3　危险作业管理	3.1　危险作业审批、现场作业交底和监护 *		10		
	3.2　各类危险作业管理				
合计			25		

第十六部分　交通安全基础管理考核评价标准

考评项目	考评检查内容	考评说明	应得分	实得分	备注
1　交通安全管理机构、人员和制度	1.1　交通安全管理机构和人员 *	带 * 项无任何资料扣全部分值；资料或内容不全、运行的不符合，一处扣 1 分。 其他项内的不符合，一处扣 1 分。	5		
	1.2　交通安全管理制度和应急预案 *				
2　机动车管理	2.1　机动车管理资料 *		5		
	2.2　外租车辆管理				
	2.3　机动车检查、检验和保养要求				
3　驾驶员管理	3.1　驾驶员证照要求 *		5		
	3.2　机动车驾驶员管理档案 *				
	3.3　驾驶员安全教育和考核				

续表

考评项目	考评检查内容	考评说明	应得分	实得分	备注
3　驾驶员管理	3.4　新进驾驶员、重点帮教驾驶员管理	带＊项无任何资料扣全部分值；资料或内容不全、运行的不符合，一处扣1分。 其他项内的不符合，一处扣1分。	5		
	3.5　非专职驾驶员管理				
4　个人车辆及停车场所管理	4.1　个人车辆交通安全管理		5		
	4.2　停车场所管理				
合计			20		

第十七部分　职业危害和劳动防护用品管理考核评价标准

考评项目	考评检查内容	考评说明	应得分	实得分	备注
1　职业危害管理机构、人员和制度	1.1　职业危害管理机构和人员＊		5		
	1.2　职业危害管理制度和应急预案＊				
2　职业危害作业管理	2.1　新建、改建、扩建项目职业危害防护设施“三同时”	带＊项无任何资料扣全部分值；资料或内容不全、运行的不符合，一处扣1分。 其他项内的不符合，一处扣1分。	5		
	2.2　职业危害作业场所的确定＊				
	2.3　职业危害作业场所分级管理				
	2.4　职业危害申报、告知和防护设施管理＊				
	2.5　职业危害作业场所的日常监测＊				
	2.6　职业危害作业场所的定期检测＊				
	2.7　整改、治理及记录				
3　职业危害作业人员和职业健康监护	3.1　职业危害作业人员管理＊		5		
	3.2　职业健康监护制度和监护档案＊				
	3.3　职业危害作业人员职业健康监护要求				
	3.4　特种设备作业人员和特种作业人员健康体检和职业禁忌证管理				
4　劳动防护用品、急救药品和设施管理	4.1　劳动防护用品管理制度和发放标准＊		5		
	4.2　劳动防护用品采购和发放				
	4.3　急救药品和设施管理				
合计			20		

第十八部分　应急准备和响应考核评价标准

考评项目	考评检查内容	考评说明	应得分	实得分	备注
1　应急总体要求	1.1　应急体系	带＊项无任何资料扣全部分值；资料或内容不全、运行的不符合，一处扣1分。 其他项内的不符合，一处扣1分。	5		
	1.2　应急资源配置和管理＊				
2　各级各类应急预案要求	2.1　综合应急预案＊		5		
	2.2　专项应急预案＊				
	2.3　现场处置方案＊				
3　应急预案的演练和评审	3.1　应急预案的管理		5		
	3.2　应急预案的演练＊				
	3.3　应急预案的演练后评审与修订				
合计			15		

第十九部分　安全检查、内部审核和隐患管理考核评价标准

考评项目	考评检查内容	考评说明	应得分	实得分	备注
1　安全检查	1.1　安全检查制度＊	带＊项无任何资料扣全部分值；资料或内容不全、运行的不符合，一处扣1分。 其他项内的不符合，一处扣1分。	10		
	1.2　安全检查的分类及要求				
	1.3　安全检查的实施				
	1.4　安全检查的记录				
2　职业健康安全管理体系内部审核	2.1　内部审核制度和频次＊		5		
	2.2　审核方案和计划＊				
	2.3　审核实施及其资料＊				
3　事故隐患管理	3.1　事故隐患管理制度＊		5		
	3.2　事故隐患台账和治理				
合计			20		

第二十部分　事件、事故管理考核评价标准

考评项目	考评检查内容	考评说明	应得分	实得分	备注
1　事件、事故报告、调查和处理制度	1.1　事件、事故管理制度＊	带＊项无任何资料扣全部分值；资料或内容不全、运行的不符合，一处扣1分。 其他项内的不符合，一处扣1分。	5		
	1.2　事故控制指标				
	1.3　事件、事故报告和统计分析要求＊				
2　事件、事故调查、分析和处理要求	2.1　事故调查		5		
	2.2　事件调查				
	2.3　事件、事故原因分析				
	2.4　事件、事故处理				
3　工伤管理	3.1　工伤社会保险		5		
	3.2　工伤申报和鉴定				
合计			15		

第二十一部分　安全绩效考核和管理评审考核评价标准

考评项目	考评检查内容	考评说明	应得分	实得分	备注
1　安全绩效考核	1.1　考核制度	带＊项无任何资料扣全部分值；资料或内容不全、运行的不符合，一处扣1分。 其他项内的不符合，一处扣1分。	5		
	1.2　考核内容及其实施				
2　职业健康安全管理体系管理评审	2.1　管理评审频次、计划		5		
	2.2　管理评审的输入＊				
	2.3　管理评审的输出＊				
	2.4　持续改进				
合计			10		

四、烟草企业通用安全生产技术和现场规范考核评价标准

第一部分　库房、露天堆场和存放点考核评价标准

考评项目	考评检查内容	考评说明	应得分	实得分	备注
1　一般库房（只考评库房通用要求）	1.1　基础设施	带＊项下的不符合项，扣全部分值； 其他不符合项一处扣1分。	5		
	1.2　消防设施、器材和管理＊				
	1.3　出入和巡查				
	1.4　道路和车辆管理				
	1.5　库房灯具				
	1.6　库房线路和用电管理＊				
	1.7　库房、露天堆场定置管理和物品储存				
2　烟草及烟草制品库房	2.1　库房通用要求（同1）	带＊项下的不符合项，扣全部分值； 其他不符合项一处扣1分。	10		
	2.2　库房消防和电气＊				
	2.3　烟草及烟草制品堆放				
3　露天堆场	3.1　库房通用要求（同1）	带＊项下的不符合项，扣全部分值； 其他不符合项一处扣1分。	10		
	3.2　烟叶堆放				
	3.3　防火防雷＊				
4　高架库	4.1　消防、电气、定置管理和物品储存通用要求（同1）	带＊项下的不符合项，扣全部分值； 其他不符合项一处扣1分。	10		
	4.2　设备设施				
	4.3　安全运行＊				

续表

考评项目	考评检查内容	考评说明	应得分	实得分	备注
5　危险化学品库房	5.1　库房通用要求（同1）	带＊项下的不符合项，扣全部分值；其他不符合项一处扣1分。	10		
	5.2　建筑物				
	5.3　防火防爆＊				
	5.4　库房管理和作业				
	5.5　危险化学品储存				
	5.6　剧毒品储存和领用＊				
6　油库和加油点	6.1　危化品库通用要求（同5）	带＊项下的不符合项，扣全部分值；其他不符合项一处扣1分。	10		
	6.2　防火防爆＊				
	6.3　油罐设备设施＊				
	6.4　油桶储存和加油点				
7　生产现场油品、化学品存放点	7.1　存放点设置＊	带＊项下的不符合项，扣全部分值；其他不符合项一处扣1分。	5		
	7.2　油品、化学品存放				
合计			60		

第二部分　杀虫作业考核评价标准

考评项目	考评检查内容	考评说明	应得分	实得分	备注
1　杀虫作业人员和委外单位要求	1.1　自行杀虫要求	带＊项下的不符合项，扣全部分值；其他不符合项一处扣1分。	5		
	1.2　外包承揽方要求＊				
2　烟叶熏蒸杀虫	2.1　熏蒸作业计划和方案＊	带＊项下的不符合项，扣全部分值；其他不符合项一处扣2分。	10		
	2.2　作业区域防护要求＊				
	2.3　作业防护用具和监护要求				
	2.4　作业检测要求				
	2.5　熏蒸杀虫作业＊				
3　车间杀虫	3.1　杀虫剂的选择	带＊项下的不符合项，扣全部分值；其他不符合项一处扣1分。	5		
	3.2　杀虫作业＊				
4　磷化铝（镁）的采购和储存要求	4.1　采购和运输	带＊项下的不符合项，扣全部分值；其他不符合项一处扣2分。	10		
	4.2　库房设施				
	4.3　库房人员资质和管理＊				
	4.4　储存				
合计			30		

第三部分　复烤生产线考核评价标准

考评项目	考评检查内容	考评说明	应得分	实得分	备注
1　生产现场通用安全生产要求	1.1　生产现场电气安全	带*项下的不符合项，扣全部分值；其他不符合项一处扣2分。	10		
	1.2　生产现场消防安全*				
	1.3　生产现场设备设施安全				
	1.4　生产现场安全运行				
	1.5　生产现场职业危害控制				
2　复烤生产线安全生产要求	2.1　解包挑选	不符合项一处扣2分。	15		
	2.2　润叶加工				
	2.3　打叶风分				
	2.4　打叶复烤机				
	2.5　打包设备及作业				
	2.6　辅连设备及作业				
3　设备安全装置保养检修	3.1　设备安全装置通用要求	带*项下的不符合项，扣全部分值；其他不符合项一处扣2分。	5		
合计			30		

第四部分　物流运输考核评价标准

考评项目	考评检查内容	考评说明	应得分	实得分	备注
1　输送机械及作业	1.1　设备设施安全装置*	带*项下的不符合项，扣全部分值；其他不符合项一处扣1分。	5		
	1.2　机械化运输线路				
	1.3　垂直提升机				
	1.4　安全作业				
2　装卸场所	2.1　装卸平台和设备设施	带*项下的不符合项，扣全部分值；其他不符合项一处扣1分。	5		
	2.2　装卸作业管理				
	2.3　车辆装卸*				
3　运输车辆	3.1　车身外观	带*项下的不符合项，扣全部分值；其他不符合项一处扣2分。	15		
	3.2　车辆系统				
	3.3　车辆轮胎				
	3.4　车辆牌照及附件				
	3.5　车辆运行*				
	3.6　车辆检查、检验和保养				

续表

考评项目	考评检查内容	考评说明	应得分	实得分	备注
4 加油站	4.1 安全评价	带 * 项下的不符合项，扣全部分值； 其他不符合项一处扣2分。	15		
	4.2 建筑物和设施				
	4.3 储油罐、管线、加油机 *				
	4.4 防雷、防静电装置 *				
	4.5 消防设施和灭火器材				
	4.6 安全生产管理				
合计			40		

第五部分 工业梯台考核评价标准

考评项目	考评检查内容	考评说明	应得分	实得分	备注
1 钢直梯	1.1 钢直梯结构	不符合项一处扣1分。	3		
	1.2 钢直梯使用				
2 钢斜梯	2.1 钢斜梯结构	不符合项一处扣1分。	3		
	2.2 钢斜梯使用				
3 走台、平台	3.1 结构通用要求	不符合项一处扣1分。	3		
	3.2 防护栏				
	3.3 平台、走台使用和作业				
4 活动轻金属梯及木质梯、竹梯	4.1 结构要求	不符合项一处扣1分。	3		
	4.2 梯子使用				
5 轮式移动平台	5.1 操作平台结构	不符合项一处扣1分。	3		
	5.2 移动平台使用				
6 高处作业	6.1 高处作业人员和审批 *	带 * 项下的不符合项，扣全部分值； 其他不符合项一处扣2分。	10		
	6.2 高处作业要求				
	6.3 外墙清洁作业要求 *				
合计			25		

第六部分 空压、真空和通风空调系统考核评价标准

考评项目	考评检查内容	考评说明	应得分	实得分	备注
1 空压系统	1.1 空压设备	带 * 项下的不符合项，扣全部分值； 其他不符合项一处扣1分。	4		
	1.2 安全防护装置				
	1.3 压缩空气管道				
	1.4 储气罐压力容器 *				
	1.5 移动式空压机				
	1.6 安全运行				

续表

考评项目	考评检查内容	考评说明	应得分	实得分	备注
2　真空系统	2.1　设备资料和标识	带＊项下的不符合项，扣全部分值； 其他不符合项一处扣1分。	3		
	2.2　安全防护装置和报警装置＊				
	2.3　管道及附件				
	2.4　安全运行				
3　通风空调系统	3.1　机房	带＊项下的不符合项，扣全部分值； 其他不符合项一处扣1分。	3		
	3.2　氟利昂制冷机组				
	3.3　溴化锂机组				
	3.4　冷却塔				
	3.5　管道及通风机				
	3.6　安全运行				
	3.7　通风空调系统的检查和清洗＊				
合计			10		

第七部分　给排水系统考核评价标准

考评项目	考评检查内容	考评说明	应得分	实得分	备注
1　给水系统	1.1　技术资料	带＊项下的不符合项，扣全部分值； 其他不符合项一处扣1分。	5		
	1.2　设备设施				
	1.3　饮用水供水设施				
	1.4　水管道				
	1.5　安全管理和作业＊				
2　污水处理场	2.1　安全管理＊	带＊项下的不符合项，扣全部分值； 其他不符合项一处扣2分。	10		
	2.2　设备设施和作业环境				
	2.3　沉淀池和反应池				
	2.4　水质化验室				
	2.5　安全运行				
	2.6　地下池有限空间作业＊				
合计			15		

第八部分　变配电、电气线路和防雷系统考核评价标准

考评项目	考评检查内容	考评说明	应得分	实得分	备注
1　变配电设备设施	1.1　变配电站环境	不符合项一处扣2分。	10		
	1.2　门窗和相关设施				
	1.3　安全用具和防护用品				
	1.4　变压器				

续表

考评项目	考评检查内容	考评说明	应得分	实得分	备注
1 变配电设备设施	1.5 高低压配电	不符合项一处扣2分。	10		
	1.6 电容器				
2 变配电技术资料和运行检测	2.1 基本技术资料和	带*项下的不符合项，扣全部分值； 其他不符合项一处扣2分。	10		
	2.2 安全运行操作				
	2.3 设备检修				
	2.4 定期试验、检验和检测*				
3 固定电气线路	3.1 电缆	带*项下的不符合项，扣全部分值； 其他不符合项一处扣1分。	5		
	3.2 配电线路				
	3.3 架空线路				
	3.4 设备和照明线路				
	3.5 固定线路系统、技术资料和检测*				
4 临时低压电气线路	4.1 审批手续和监督检查*	带*项下的不符合项，扣全部分值； 其他不符合项一处扣2分。	10		
	4.2 临时线路敷设				
5 配电箱、柜、板	5.1 配电箱、柜、板配置	不符合项一处扣1分。	5		
	5.2 编号、识别标记				
	5.3 接地、线路和安装				
6 发电机	6.1 机房设置	不符合项一处扣1分。	5		
	6.2 发电机设备				
	6.3 安全运行要求				
7 防雷系统	7.1 防雷装置范围	带*项下的不符合项，扣全部分值； 其他不符合项一处扣2分。	10		
	7.2 管理和检测*				
	7.3 日常检查和维护				
合计			55		

第九部分　特种设备考核评价标准

考评项目	考评检查内容	考评说明	应得分	实得分	备注
1 锅炉	1.1 锅炉房建筑和设施	带*项下的不符合项，扣全部分值； 其他不符合项一处扣2分。	10		
	1.2 锅炉及其附件				
	1.3 定期检查检验*				
	1.4 给水设备和水质处理				
	1.5 管道及标识				
	1.6 燃煤、燃油和燃气设施				

续表

考评项目	考评检查内容	考评说明	应得分	实得分	备注
1　锅炉	1.7　日常安全管理	带 * 项下的不符合项，扣全部分值； 其他不符合项一处扣2分。	10		
	1.8　安全运行 *				
2　压力容器	2.1　登记和检验 *	带 * 项下的不符合项，扣全部分值； 其他不符合项一处扣2分。	10		
	2.2　设备设施				
	2.3　安全运行				
3　压力管道	3.1　登记和检查	带 * 项下的不符合项，扣全部分值； 其他不符合项一处扣2分。	10		
	3.2　漆色、色环，流向指示、危险标识				
	3.3　管道的架设、强度、保护层				
	3.4　输送可燃、易爆或者有毒介质压力管道 *				
4　工业气瓶	4.1　气瓶管理 *	带 * 项下的不符合项，扣全部分值； 其他不符合项一处扣2分。	10		
	4.2　气瓶				
	4.3　气瓶储存 *				
	4.4　气瓶使用				
	4.5　乙炔气瓶				
5　起重机械	5.1　安全管理和标识 *	带 * 项下的不符合项，扣全部分值； 其他不符合项一处扣1分。	5		
	5.2　设备设施				
	5.3　信号、照明和电气				
	5.4　滑轮和吊钩				
	5.5　吊索具 *				
	5.6　安全运行 *				
6　电梯	6.1　选购、安装和管理	带 * 项下的不符合项，扣全部分值； 其他不符合项一处扣2分。	10		
	6.2　电梯轿厢				
	6.3　轿厢门及安全装置 *				
	6.4　电梯机房				
	6.5　自动扶梯 *				
	6.6　安全运行				
7　厂内专用机动车	7.1　安全管理 *	带 * 项下的不符合项，扣全部分值； 其他不符合项一处扣2分。	10		
	7.2　车辆				
	7.3　属具和手把式搬运车				
	7.4　充电间				
	7.5　保养和运行				
	7.6　车辆装卸 *				
合计			65		

第十部分　除尘、异味处理设施考核评价标准

考评项目	考评检查内容	考评说明	应得分	实得分	备注
1　除尘系统	1.1　除尘间设置和现场	带 * 项下的不符合项，扣全部分值；其他不符合项一处扣2分。	10		
	1.2　设备设施 *				
	1.3　防火防爆				
	1.4　安全运行				
	1.5　设备安全保养检修				
2　异味处理	2.1　设备防护 *	带 * 项下的不符合项，扣全部分值；其他不符合项一处扣1分。	5		
	2.2　危险化学品储存和使用				
	2.3　安全运行				
	2.4　设备安全保养检修				
合计			15		

第十一部分　试验检测考核评价标准

考评项目	考评检查内容	考评说明	应得分	实得分	备注
1　化学试剂的采购、储存、使用和废弃	1.1　化学试剂采购、储存	带 * 项下的不符合项，扣全部分值；其他不符合项一处扣2分。	10		
	1.2　化学试剂使用 *				
	1.3　化学试剂废弃				
2　试验检测设备设施及作业	2.1　现场电气、消防、设备设施、安全运行、职业危害控制、设备检修	带 * 项下的不符合项，扣全部分值；其他不符合项一处扣1分。	5		
	2.2　专用设备设施及操作				
	2.3　高压试验装置及操作				
	2.4　高温装置及操作				
	2.5　液氮气瓶及使用 *				
	2.6　氢气发生器及氢气使用				
	2.7　粉尘作业				
合计			15		

第十二部分　维修和辅助设备设施考核评价标准

考评项目	考评检查内容	考评说明	应得分	实得分	备注
1　金属切削机床	1.1　防止夹具、卡具松动和脱落的装置	带 * 项下的不符合项，扣全部分值；其他不符合项一处扣1分。	3		
	1.2　设备防护装置 *				
	1.3　操作和维修				

续表

考评项目	考评检查内容	考评说明	应得分	实得分	备注
2 电焊机	2.1 通用安全要求	带 * 项下的不符合项，扣全部分值； 其他不符合项一处扣1分。	3		
	2.2 电气接地及检测				
	2.3 现场作业条件				
	2.4 安全操作和维修 *				
3 砂轮机	3.1 砂轮机设备 *	带 * 项下的不符合项，扣全部分值； 其他不符合项一处扣1分。	3		
	3.2 安装位置和作业条件				
	3.3 安全操作				
4 手持电动工具和移动电气装备	4.1 手持电动工具	带 * 项下的不符合项，扣全部分值； 其他不符合项一处扣1分。	3		
	4.2 移动电气设备				
	4.3 使用和维修 *				
5 其他维修和辅助设备设施	5.1 选用和配置 *	带 * 项下的不符合项，扣全部分值； 其他不符合项一处扣1分。	3		
	5.2 安全运行和安全装置				
合计			15		

第十三部分 后勤设施考核评价标准

考评项目	考评检查内容	考评说明	应得分	实得分	备注
1 食堂	1.1 食堂环境卫生和安全	带 * 项下的不符合项，扣全部分值； 其他不符合项一处扣2分。	10		
	1.2 燃气专用房 *				
	1.3 炊事机械和设施				
	1.4 专用电梯				
	1.5 安全操作				
	1.6 保养和维修				
2 绿化、保洁	2.1 绿化机械	不符合项一处扣1分。	5		
	2.2 农药的选购、存储				
	2.3 作业活动				
3 窨井作业	3.1 审批和安全交底、监护	带 * 项下的不符合项，扣全部分值； 其他不符合项一处扣1分。	5		
	3.2 作业安全 *				
合计			20		

第十四部分　办公设施考核评价标准

考评项目	考评检查内容	考评说明	应得分	实得分	备注
1　办公车辆	1.1　车身外观	不符合项一处扣2分。	10		
	1.2　车辆系统				
	1.3　车辆轮胎				
	1.4　车辆牌照及附件				
	1.5　车辆安全行驶				
2　计算机房	2.1　环境和设施	不符合项一处扣1分。	5		
	2.2　消防				
	2.3　管理和运行				
3　档案室	3.1　安全管理	带*项下的不符合项，扣全部分值； 其他不符合项一处扣1分。	5		
	3.2　电气和消防*				
合计			20		

第十五部分　消防设备设施考核评价标准

考评项目	考评检查内容	考评说明	应得分	实得分	备注
1　消防设施资料和日常管理	1.1　建筑物消防设计、验收资料	带*项下的不符合项，扣全部分值； 其他不符合项一处扣2分。	10		
	1.2　消防设施日常管理*				
	1.3　消防设施和灭火器的日常检查				
	1.4　建筑自动消防设施的全面检测*				
2　建筑物消防设施	2.1　火灾危险性分类资料	带*项下的不符合项，扣全部分值； 其他不符合项一处扣2分。	10		
	2.2　耐火等级				
	2.3　安全出口设置和数量*				
	2.4　疏散用门和防火门*				
3　固定消防设施	3.1　消防车道	带*项下的不符合项，扣全部分值； 其他不符合项一处扣2分。	10		
	3.2　室外消火栓				
	3.3　室内消火栓				
	3.4　消防供水系统				
	3.5　消防用电*				
4　建筑灭火器	4.1　火灾种类和危险等级确定	带*项下的不符合项，扣全部分值； 其他不符合项一处扣2分。	10		
	4.2　灭火器选择、设置和配置*				
	4.3　灭火器类型选择				
	4.4　现场灭火器和设置、配置相符情况*				

续表

考评项目	考评检查内容	考评说明	应得分	实得分	备注
4　建筑灭火器	4.5　现场灭火器完好有效情况	带＊项下的不符合项，扣全部分值； 其他不符合项一处扣2分。	10		
	4.6　灭火器定期检查和维修				
	4.7　灭火器报废				
5　火灾自动报警系统	5.1　设置和管理＊	带＊项下的不符合项，扣全部分值； 其他不符合项一处扣1分。	5		
	5.2　自动报警系统自行检查				
6　自动灭火系统	6.1　设置和管理＊	带＊项下的不符合项，扣全部分值； 其他不符合项一处扣1分。	5		
	6.2　自动喷水灭火系统自行检查				
	6.3　气体灭火系统自行检查				
7　消防控制室	7.1　消防控制室的设置＊	带＊项下的不符合项，扣全部分值； 其他不符合项一处扣1分。	5		
	7.2　消防控制室				
	7.3　报警装置和应急广播				
	7.4　消防专用电话系统				
8　消防队（站）	8.1　专职消防队（站）日常管理	带＊项下的不符合项，扣全部分值； 其他不符合项一处扣2分。	10		
	8.2　专职消防队（站）训练＊				
	8.3　设备设施				
合计			65		

第十六部分　作业环境考核评价标准

考评项目	考评检查内容	考评说明	应得分	实得分	备注
1　办公场所	1.1　防火和消防	不符合项一处扣1分。	5		
	1.2　电气设施				
2　厂区作业环境	2.1　厂区定置管理	带＊项下的不符合项，扣全部分值； 其他不符合项一处扣1分。	5		
	2.2　厂区道路				
	2.3　厂区标志＊				
	2.4　厂区照明				
3　车间作业环境	3.1　车间定置管理	带＊项下的不符合项，扣全部分值； 其他不符合项一处扣1分。	5		
	3.2　通道和作业环境＊				
	3.3　设备设施布局				
	3.4　安全标志				

续表

考评项目	考评检查内容	考评说明	应得分	实得分	备注
4 员工宿舍	4.1 宿舍管理*	带*项下的不符合项，扣全部分值； 其他不符合项一处扣1分。	5		
	4.2 设备设施				
	4.3 住宿人员行为				
合计			20		

五、烟草工业企业安全生产技术和现场规范考核评价标准

第一部分 制丝考核评价标准

考评项目	考评检查内容	考评说明	应得分	实得分	备注
1 作业现场通用安全生产要求	1.1 生产现场电气安全	带*项下的不符合项，扣全部分值； 其他不符合项一处扣2分。	10		
	1.2 生产现场消防安全*				
	1.3 生产现场设备设施安全				
	1.4 生产现场安全运行				
	1.5 生产现场职业危害控制				
	1.6 生产现场照明采光				
2 制丝线设备	2.1 拆箱、开包、选洗梗	不符合项一处扣2分。	10		
	2.2 切片机				
	2.3 微波松散				
	2.4 压梗机				
	2.5 切丝、切梗机				
	2.6 回潮加料和干燥设备				
	2.7 掺配作业				
	2.8 辅连设备				
	2.9 环烟机				
3 储叶（丝、梗）柜	3.1 储柜防护装置	不符合项一处扣1分。	5		
	3.2 分配、铺料小车				
	3.3 箱式储丝柜				
	3.4 安全运行				
4 香精糖料配料间	4.1 香精存储和配料	不符合项一处扣2分。	5		
	4.2 糖料存储和配料				
	4.3 安全运行				

续表

考评项目	考评检查内容	考评说明	应得分	实得分	备注
5　设备安全装置保养检修	5.1　设备安全装置通用要求 *	带 * 项下的不符合项，扣全部分值；其他不符合项一处扣1分。	5		
	5.2　放射源和放射装置等 *				
	5.3　微波松散设备安全联锁门				
合计			35		

第二部分　膨胀烟丝考核评价标准

考评项目	考评检查内容	考评说明	应得分	实得分	备注
1　作业现场通用安全要求	1.1　生产现场电气安全	带 * 项下的不符合项，扣全部分值；其他不符合项一处扣2分。	10		
	1.2　生产现场消防安全 *				
	1.3　生产现场设备设施安全				
	1.4　生产现场安全运行				
	1.5　生产现场职业危害控制				
	1.6　生产现场照明采光				
2　CO_2法膨丝冷端设备	2.1　罐体	带 * 项下的不符合项，扣全部分值；其他不符合项一处扣2分。	10		
	2.2　浸渍器				
	2.3　应急准备和报警装置 *				
	2.4　现场警示标志				
	2.5　安全运行 *				
3　CO_2法膨丝热端设备	3.1　焚烧炉	带 * 项下的不符合项，扣全部分值；其他不符合项一处扣2分。	10		
	3.2　干冰烟丝储存				
	3.3　应急准备和报警装置 *				
	3.4　安全运行 *				
4　在线膨丝设备	4.1　燃烧装置	不符合项一处扣1分。	5		
	4.2　烘丝机设备				
	4.3　烘丝机安全运行				
5　储丝柜	5.1　储柜防护装置	不符合项一处扣1分。	5		
	5.2　分配、铺料小车				
	5.3　箱式储丝柜				
	5.4　安全运行				
6　设备安全装置保养检修	6.1　设备安全装置通用要求 *	带 * 项下的不符合项，扣全部分值；其他不符合项一处扣1分。	5		
	6.2　放射源和放射装置等 *				
	6.3　燃气管道和阀门等				
合计			45		

第三部分　卷接包和滤棒成型考核评价标准

考评项目	考评检查内容	考评说明	应得分	实得分	备注
1　作业现场通用安全要求	1.1　生产现场电气安全	带＊项下的不符合项，扣全部分值； 其他不符合项一处扣2分。	10		
	1.2　生产现场消防安全＊				
	1.3　生产现场设备设施安全				
	1.4　生产现场安全运行				
	1.5　生产现场职业危害控制				
	1.6　生产现场照明采光				
2　卷接包	2.1　卷接机	不符合项一处扣2分。	5		
	2.2　包装机				
	2.3　装封箱机				
	2.4　喷码间（机）				
	2.5　集中供胶设施				
3　滤棒成型	3.1　滤棒成型机	不符合项一处扣1分。	5		
	3.2　三醋酸甘油酯加料				
	3.3　切刀操作				
	3.4　防尘				
	3.5　滤棒输送机				
4　运输和配料	4.1　运输线路	带＊项下的不符合项，扣全部分值； 其他不符合项一处扣1分。	5		
	4.2　材料输送系统				
	4.3　垂直提升机＊				
	4.4　智能小车				
5　设备安全装置保养检修	5.1　设备安全装置通用要求＊	带＊项下的不符合项，扣全部分值。	5		
	5.2　设备放射源和放射装置管理＊				
合计			30		

第四部分　薄片生产考核评价标准

考评项目	考评检查内容	考评说明	应得分	实得分	备注
1　作业现场通用安全要求	1.1　生产现场电气安全	带＊项下的不符合项，扣全部分值； 其他不符合项一处扣2分。	10		
	1.2　生产现场消防安全＊				
	1.3　生产现场设备设施安全				
	1.4　生产现场安全运行				
	1.5　生产现场职业危害控制				
	1.6　生产现场照明采光				

续表

考评项目	考评检查内容	考评说明	应得分	实得分	备注
2　造纸法薄片生产线	2.1　投料和萃取	带＊项下的不符合项，扣全部分值； 其他不符合项一处扣3分。	20		
	2.2　制浆				
	2.3　制涂布液				
	2.4　抄造				
	2.5　分切打包＊				
3　辊压法薄片设备	3.1　安全防护装置＊	带＊项下的不符合项，扣全部分值； 其他不符合项一处扣2分。	5		
	3.2　除尘装置				
	3.3　烘干机				
	3.4　设备运行和作业				
4　设备安全装置保养检修	4.1　设备安全装置通用要求＊	带＊项下的不符合项，扣全部分值； 其他不符合项一处扣1分。	5		
	4.2　罐体和筒类设备联锁装置管理＊				
合计			40		

六、烟草商业企业安全技术和现场规范考核评价表

第一部分　烟叶工作站考核评价标准

考评项目	考评检查内容	考评说明	应得分	实得分	备注
1　站区环境布局	1.1　站区环境	带＊项下的不符合项，扣全部分值； 其他不符合项一处扣3分。	15		
	1.2　站区道路				
	1.3　建筑物防雷装置＊				
2　站区管理	2.1　站区日常管理	不符合项一处扣3分。	20		
	2.2　宿舍管理				
	2.3　消防给水和供电				
3　分级打包作业	3.1　作业现场电气、消防、设备设施、安全运行、职业危害通用要求	不符合项一处扣3分。	10		
	3.2　设备设施和安全标志				
	3.3　作业安全				
4　库房、储存和装卸作业	4.1　库房、储存和装卸	不符合项一处扣3分。	15		
	4.2　装卸现场				
合计			60		

第二部分　卷烟分拣和配送考核评价标准

考评项目	考评检查内容	考评说明	应得分	实得分	备注
1　作业现场要求	1.1　生产现场电气安全	带*项下的不符合项，扣全部分值； 其他不符合项一处扣3分。	10		
	1.2　生产现场消防安全*				
	1.3　生产现场设备设施安全				
	1.4　生产现场安全运行				
2　分拣输送系统	2.1　自动开箱和分拣机	带*项下的不符合项，扣全部分值； 其他不符合项一处扣3分。	10		
	2.2　设备安全装置保养检修				
3　配送运输	3.1　车辆	不符合项一处扣3分。	20		
	3.2　配送运输				
4　货款结算安全要求	4.1　货款结算制度	不符合项一处扣3分。	10		
	4.2　现金结算				
	4.3　电子结算				
合计			50		

第三部分　烟草营销场所考核评价标准

考评项目	考评检查内容	考评说明	应得分	实得分	备注
1　环境和设施	1.1　建筑物和环境	带*项下的不符合项，扣全部分值； 其他不符合项一处扣3分。	25		
	1.2　电气				
	1.3　消防*				
2　安全管理和运行要求	2.1　银箱和防盗	不符合项一处扣3分。	15		
	2.2　值班和检查				
合计			40		

第六节　商场企业安全生产标准化评定标准

一、考评说明

(1) 本评定标准适用于商场企业（包括百货商场、超级市场等相关企业），其他商业企业可参照执行。

(2) 本评定标准共13项考评类目、47项考评项目和132条考评内容。

(3) 在本评定标准的“自评/评审描述”列中，企业及评审单位应根据“考评内容”和

“考评办法”的有关要求，针对企业实际情况，如实进行扣分点说明、描述，并在自评扣分点及原因说明汇总表中逐条列出。

（4）本评定标准中累计扣分的，直到该考评内容分数扣完为止，不得出现负分。有需要追加扣分的，在该考评类目内进行扣分，也不得出现负分。

（5）本评定标准共计1000分。最终评审评分换算成百分制，换算公式如下：

$$评审评分=\frac{评定标准实际得分总计}{1000-空项考评内容分数之和}\times 100$$

最后得分采用四舍五入，取小数点后一位数。

（6）标准化等级分为一级、二级和三级，一级为最高。评定所对应的等级须同时满足评审评分和安全绩效等要求，取最低的等级来确定标准化等级（见下表）。

评定等级	评审评分	安全绩效
一级	⩾90	考核年度内未发生轻伤两人以上的生产安全事故。
二级	⩾75	考核年度内未发生重伤以上的生产安全事故。
三级	⩾60	考核年度内未发生人员死亡的生产安全事故。

二、评定标准

自评/评审单位：____________________

自评/评审时间：从________年______月______日到________年______月______日

自评/评审组组长：____________　　自评/评审组主要成员：____________

考评类目	考评项目	考评内容	标准分值	考评办法	自评/评审描述	空项	实际得分
一、安全生产目标	1.1 目标	建立安全生产目标的管理制度，明确目标与指标的制定、分解、实施、考核等环节内容。	2	无该项制度的，不得分；未以文件形式发布生效的，不得分；安全生产目标管理制度缺少制定、分解、实施、绩效考核等任一环节内容的，扣1分；未能明确相应环节的责任部门或责任人相应责任的，扣1分。			
		按照安全生产目标管理制度的规定，制定文件化的年度安全生产目标与指标。	2	无年度安全生产目标与指标的，不得分；安全生产目标与指标未以企业正式文件印发的，不得分。			

续表

考评类目	考评项目	考评内容	标准分值	考评办法	自评/评审描述	空项	实际得分
一、安全生产目标	1.2 监测与考核	根据所属基层单位和部门在安全生产中的职能，分解年度安全生产目标与指标，并制订实施计划和考核办法。	2	无年度安全生产目标与指标分解的，不得分；无实施计划或考核办法的，不得分；实施计划无针对性的，不得分；缺一个基层单位和职能部门的指标实施计划或考核办法的，扣1分。			
		按照制度规定，对安全生产目标和指标实施计划的执行情况进行监测，并保存有关监测记录资料。	2	无安全目标与指标实施情况的检查或监测记录的，不得分；检查和监测不符合制度规定的，扣1分；检查和监测资料不齐全的，扣1分。			
		定期对安全生产目标的完成效果进行评估和考核，根据考核评估结果，及时调整安全生产目标和指标的实施计划。 评估结果、实施计划的调整、修改记录应形成文件并加以保存。	2	未定期进行效果评估和考核的，不得分；未及时调整实施计划的，不得分；调整后的目标与指标以及实施计划未以文件形式颁发的，扣1分；记录资料保存不齐全的，扣1分。			
		小计	10	得分小计			
二、组织机构和职责	2.1 组织机构和人员	按规定设置安全生产管理机构或配备安全生产管理人员。	4	未设置或配备的，不得分；未以文件形式进行设置或任命的，不得分；设置或配备不符合规定的，每处扣1分；扣满4分的，追加扣除10分。			
		根据有关规定和企业实际，设立安全生产领导机构。	3	未设立的，不得分；未以文件形式任命的，扣1分；成员未包括主要负责人、部门负责人等相关人员的，扣1分。			
		安全生产领导机构每季度应至少召开一次安全生产专题会，协调解决安全生产问题。会议纪要中应有工作要求并保存。	3	未定期召开安全生产专题会的，不得分；无会议记录的，扣2分；未跟踪上次会议工作要求的落实情况的或未制定新的工作要求的，不得分；有未完成项且无整改措施的，每一项扣1分。			

续表

考评类目	考评项目	考评内容	标准分值	考评办法	自评/评审描述	空项	实际得分
二、组织机构和职责	2.2　职责	建立、健全安全生产责任制，并对落实情况进行考核。	4	未建立安全生产责任制的，不得分；未以文件形式发布生效的，不得分；每缺一个部门、岗位的责任制的，扣1分；责任制内容与岗位工作实际不相符的，每处扣1分；没有对安全生产责任制落实情况进行考核的，扣1分。			
		企业主要负责人应按照安全生产法律、法规赋予的职责，全面负责安全生产工作，并履行安全生产义务。	3	主要负责人的安全生产职责不明确的，不得分；未按规定履行职责的，不得分，并追加扣除10分。			
		各级人员应掌握本岗位的安全生产职责。	3	未掌握岗位安全生产职责的，每人扣1分。			
		小计	20	得分小计			
三、安全生产投入	3.1　安全生产费用	建立安全生产费用提取和使用管理制度。	3	无该项制度的，不得分；制度中职责、流程、范围、检查等内容，每缺一项扣1分。			
		保证安全生产费用投入，专款专用，并建立安全生产费用使用台账。	3	未保证安全生产费用投入的，不得分；财务报表中无安全生产费用归类统计管理的，扣2分；无安全生产费用使用台账的，不得分；台账不完整齐全的，扣1分。			
		制订并实施包含以下方面的安全生产费用的使用计划： （1）完善、改造和维护安全健康防护设备设施。 （2）安全生产教育培训和配备个体防护装备。 （3）安全评价、职业危害评价、重大危险源监控、事故隐患排查和治理。 （4）职业危害防治，职业危害因素检测、监测和职业健康体检。 （5）设备设施安全性能检测检验。 （6）应急救援器材、装备的配备及应急救援演练。 （7）安全标志及标识和职业危害警示标识。 （8）其他与安全生产直接相关的物品或者活动。	8	无该使用计划的，不得分；计划内容缺失的，每缺一个方面扣1分；未按计划实施的，每一项扣1分；有超范围使用的，每次扣2分。			

续表

考评类目	考评项目	考评内容	标准分值	考评办法	自评/评审描述	空项	实际得分
三、安全生产投入	3.2 相关保险	缴纳足额的保险费（工伤保险、安全生产责任险）。	3	未缴纳的，不得分；无缴费相关资料的，不得分。			
		保障受伤害员工享受工伤保险待遇。	3	有关保险评估、年费、赔偿等资料不全的，每一项扣1分；未进行伤残等级鉴定的，不得分；赔偿不到位的，本项目不得分。			
		小计	20	得分小计			
四、法律、法规与安全生产管理制度	4.1 法律法规、标准规范	建立识别、获取、评审、更新安全生产法律、法规、标准规范与其他要求的管理制度。	5	无该项制度的，不得分；缺少识别、获取、评审、更新等环节要求以及部门、人员职责等内容的，每缺少一项扣1分；未以文件形式发布生效的，扣2分。			
		各职能部门和基层单位应定期、及时识别和获取本部门适用的安全生产法律、法规、标准规范与其他要求，向归口部门汇总，并发布清单。	5	未定期识别和获取的，不得分；不及时的，每次扣1分；每少一个部门和基层单位定期识别和获取的，扣1分；未及时汇总的，扣1分；无清单的，不得分；每缺一个安全生产法律、法规、标准规范与其他要求文本或电子版的，扣1分。			
		及时将识别和获取的安全生产法律、法规、标准规范与其他要求融入企业安全生产管理制度中。	5	未及时融入的，每项扣2分；制度与安全生产法律、法规与其他要求不符的，每项扣2分。			
		及时将适用的安全生产法律、法规、标准规范与其他要求传达给从业人员，并进行相关培训和考核。	5	未传达的，不得分；未培训考核的，不得分；无培训考核记录的，不得分；缺少培训和考核的，每人次扣1分。			

续表

考评类目	考评项目	考评内容	标准分值	考评办法	自评/评审描述	空项	实际得分
四、法律、法规与安全生产管理制度	4.2　规章制度	按照相关规定建立和发布健全的安全生产规章制度，至少包含下列内容：安全生产目标管理、安全生产责任制管理、法律法规标准规范管理、安全生产投入管理、文件和档案管理、风险评估和控制管理、安全教育培训管理、特种作业人员管理、设备设施安全管理、建设项目安全“三同时”管理、施工和检维修安全管理、危险物品及重大危险源管理、作业安全管理、相关方及外用工（单位）管理、职业健康管理、个体防护装备（具）和保健品管理、安全检查及隐患治理、应急管理、事故管理、安全绩效评定管理、安全生产考核及奖惩制度、消防管理、女职工劳动保护管理、促销活动安全管理、装饰装修安全管理、安全值班检查巡查管理、租赁承包安全资质审查及管理等。	15	未以文件形式发布的，不得分；每缺一项制度，扣2分（其他考评内容中已有的不重复扣分）；制度内容不符合规定或与实际不符的，每项制度扣1分；无制度执行记录的，每项制度扣1分。			
		将安全生产规章制度发放到相关工作岗位，员工应掌握相关内容。	5	未发放的，扣2分；发放不到位的，每处扣1分；员工未掌握相关内容的，每人次扣1分。			
	4.3　操作规程	基于岗位风险辨识，编制完善、适用的岗位安全操作规程。	10	无岗位安全操作规程的，不得分；岗位操作规程不完善、不适用的，每缺一个扣2分；内容没有风险分析、评估和控制的，每个扣1分。			
		向员工下发岗位安全操作规程，员工应掌握相关内容。	5	未发放至岗位的，不得分；发放不到位的，每处扣1分；员工未掌握相关内容的，每人次扣1分。			
		员工操作要严格按照操作规程执行。	5	现场发现违反操作规程的，每人次扣1分。			
	4.4　评估	每年至少一次对安全生产法律、法规、标准规范、规章制度、操作规程的执行情况和适用情况进行检查、评估。	10	未进行检查、评估的，不得分；无评估报告的，不得分；评估报告每缺少一个方面内容的，扣1分；评估结果与实际不符的，扣2分。			

续表

考评类目	考评项目	考评内容	标准分值	考评办法	自评/评审描述	空项	实际得分
四、法律、法规与安全生产管理制度	4.5 修订	根据评估情况、安全检查反馈的问题、生产安全事故案例、绩效评定结果等，对安全生产管理规章制度和操作规程进行修订，确保其有效和适用。	10	应组织修订而未组织进行的，不得分；该修订而未修订的，每项扣1分；无记录资料的，扣5分。			
	4.6 文件和档案管理	建立文件和档案的管理制度，明确职责、流程、形式、权限及各类安全生产档案及保存要求等事项。	5	无该项制度的，不得分；未以文件形式发布的，不得分；未明确安全生产规章制度和操作规程编制、使用、评审、修订等责任部门/人员、流程、形式、权限等的，每处扣1分；未明确具体档案资料、保存周期、保存形式等的，每处扣1分。			
		确保安全生产规章制度和操作规程编制、使用、评审、修订的效力。	5	未按文件管理制度执行的，不得分；缺少环节记录资料的，每处扣1分。			
		对下列主要安全生产资料实行档案管理：主要安全生产文件、安全生产会议记录、隐患管理信息、培训记录、资格资质证书、检查和整改记录、职业健康管理记录、安全生产活动记录、法定检测记录、关键设备设施档案、相关方信息、应急演练信息、事故管理记录、标准化系统评价报告、维护和校验记录、技术图纸等。	10	未实行档案管理的，不得分；档案管理不规范的，扣2分；每缺少一类档案，扣1分。			
	小计		100	得分小计			
五、教育培训	5.1 教育培训管理	建立安全教育培训的管理制度。	5	无制度的，不得分；未以文件形式发布的，不得分；制度中每缺少一类培训规定的，扣1分；培训要求不符合《生产经营单位安全培训规定》（国家安全生产监督管理总局令第3号）和《特种作业人员安全技术培训考核管理规定》（国家安全生产监督管理总局令第30号）等有关规定的，每处扣1分。			

续表

考评类目	考评项目	考评内容	标准分值	考评办法	自评/评审描述	空项	实际得分
五、教育培训	5.1　教育培训管理	确定安全教育培训主管部门，定期识别安全教育培训需求，制订各类人员的培训计划。	5	未明确主管部门的，不得分；未定期识别需求的，扣1分；识别不充分的，扣1分；无培训计划的，不得分；培训计划中每缺一类培训的，扣1分。			
		按计划进行安全教育培训，对安全培训效果进行评估和改进。做好培训记录，并建立档案。	20	未按计划进行培训的，每次扣2分；记录不完整的，每缺一项扣1分；未进行效果评估的，每次扣1分；未根据评估作出改进的，每次扣1分；未实行档案管理的，扣10分；档案资料不完整的，每个扣1分。			
	5.2　安全生产管理人员教育培训	主要负责人和安全生产管理人员，必须具备与本单位所从事的生产经营活动相应的安全生产知识和管理能力，须经考核合格后方可任职，并应按规定进行再培训。	10	主要负责人未经考核合格上岗的，不得分；主要负责人未按有关规定进行再培训的，扣2分；安全生产管理人员未经培训考核合格或未按有关规定进行再培训的，每人次扣2分。			
	5.3　操作岗位人员教育培训	对操作岗位人员进行安全教育和生产技能培训和考核，考核不合格的人员，不得上岗。 对新员工进行“三级”安全教育。 在新工艺、新技术、新材料、新设备设施投入使用前，应对有关操作岗位人员进行专门的安全教育和培训。 操作岗位人员转岗、离岗一年以上重新上岗者，应进行车间（工段）、班组安全教育培训，经考核合格后，方可上岗工作。	20	未经培训考核合格就上岗的，每人次扣2分；未进行“三级”安全教育的，每人次扣2分；在新工艺、新技术、新材料、新设备设施投入使用前，未对岗位操作人员进行专门的安全教育培训的，每人次扣2分；未按规定对转岗、离岗者进行培训考核合格就上岗的，每人次扣2分。			
	5.4　特种作业人员教育培训	从事特种作业的人员应取得特种作业操作资格证书，方可上岗作业。	15	无特种作业操作资格证书上岗作业的，每人次扣4分；证书过期未及时审核的，每人次扣2分；缺少特种作业人员档案资料的，每人次扣1分；扣满15分的，追加扣除10分。			

续表

考评类目	考评项目	考评内容	标准分值	考评办法	自评/评审描述	空项	实际得分
五、教育培训	5.5 其他人员教育培训	志愿消防员应参加消防安全培训；消防控制室的值班、操作人员、从事具有火灾危险性作业人员、仓库管理员、从事易燃易爆物品经营、储存、装卸、运输的工作人员必须经过有资质的专业培训单位组织的消防安全培训。 企业应对相关方的作业人员进行安全教育培训。作业人员进入作业现场前，应由作业现场所在单位对其进行进入现场前的安全教育培训。 对外来参观、学习等人员进行有关安全生产规定、可能接触到的危害及应急知识等内容的安全教育和告知，并由专人带领。	15	抽查有关岗位从业人员证书，没有培训的，每缺一人扣5分。扣完该项标准分为止。 未对相关方作业人员进行培训的，扣10分。相关方作业人员未经安全教育培训进入作业现场的，每人次扣2分；对外来人员未进行安全教育和危害告知的，每人次扣2分；内容与实际不符的，每处扣1分；未按规定正确使用个人防护用品的，每人次扣1分；无专人带领的，扣3分。			
	5.6 安全文化建设	采取多种形式的活动来促进企业的安全文化建设，促进安全生产工作。	10	未开展企业安全文化建设的，不得分；安全文化建设与《企业安全文化建设导则》（AQ/T 9004）不符的，每项扣1分。			
		小计	100	得分小计			
六、生产设备设施	6.1 生产设备设施建设	企业新、改、扩建工程应建立建设项目安全设施“三同时”管理制度。	3	无该项制度的，不得分；制度不符合有关规定的，每处扣1分。			
		新、改、扩建设项目应严格执行安全设施“三同时”制度，根据国家、地方及行业等规定执行建设项目安全预评价、安全专篇、安全验收评价和项目安全验收等审查、批复和备案等程序。 各类场所使用、开业前或改建、扩建、装修和改变用途应依法向公安消防机构申报，办理行政审批手续。	15	未执行“三同时”要求的，不得分；未按照规定进行安全预评价、安全专篇审查、安全验收评价和项目安全验收程序的，一个项目扣3分；未依法向公安消防机构申请办理行政审批的，不得分。			

续表

考评类目	考评项目	考评内容	标准分值	考评办法	自评/评审描述	空项	实际得分
六、生产设备设施	6.2　安全与消防设施要求	1. 建筑物： (1) 建筑物符合国家相关规定，并经有关部门验收合格。 (2) 室内装修、装饰，应当按照消防技术标准的要求，适用不燃、难燃材料。装修、装饰施工过程中，室内装修防火材料应当按照国家消防技术标准的要求进行见证取样和抽样检验。 (3) 不得在设有营运场所或仓库的建筑内设宿舍或饭堂。 (4) 普通仓库与营运场所应分楼层设置，确因需要而同层时，应用实体砖墙砌至梁板底部，且不留缝隙。 (5) 仓库、营运场所、办公室、员工宿舍不得用可燃材料装修、分隔。 (6) 孔洞口、楼板、基坑等临边应有防护设施。 (7) 建筑物应按规定安装避雷装置。	10	查阅资料和现场检查相结合，现场不符合要求的，每一处扣5分。			
		2. 仓储设施： (1) 危险化学品必须储存在专用仓库内，按国家标准、规范存放，并由专人管理。 (2) 堆放易潮物品仓库的地面必须高于本区的基准面，并有防潮防雨淋设施。 (3) 易燃、易潮物资仓库应有防水、防潮设施。 (4) 仓库安全通道必须符合消防安全要求，保持畅通。 (5) 仓库安全出口按消防设计要求设置，工作期间不得上锁；物品堆垛应严格按有关要求堆放；需夜间作业的仓库每个门口上方须安装应急照明灯。 (6) 安全通道门要符合消防设计要求。 (7) 库区内应有明显的交通行驶、安全警示等标志。	8	查阅资料和现场检查相结合，现场不符合要求的，每一处扣5分。			

续表

考评类目	考评项目	考评内容	标准分值	考评办法	自评/评审描述	空项	实际得分
六、生产设备设施	6.2　安全与消防设施要求	3. 人员密集场所： （1）人员密集场所应依据国家相关消防技术规范及地方消防强制性技术标准设置消防设施。 （2）不准擅自关闭、停用火灾自动报警系统以及相应的消防联动设备。 （3）应确保高位消防水箱、消防水池、气压水罐等消防储水设施水量充足；确保消防泵出水管阀门、自动喷水灭火系统管道上的阀门常开；确保消防水泵、防排烟风机等消防用电设备的配电柜开关处于自动（接通）位置；确保自动喷水灭火系统设置在自动状态。 （4）消防栓应有明显标识，不应埋压、圈占或遮挡。 （5）展品、商品、货柜、广告箱牌等的设置不应影响火灾探测器、手动火灾报警按钮、自动喷水灭火喷头等设施的正常使用。 （6）按规定设置安全疏散指示标志和应急照明设施，保证防火门、防火卷帘、消防安全疏散指示标志、应急照明、机械排烟送风、火灾事故广播等设施处于正常状态。 （7）保证疏散通道、安全出口的畅通。不得占用疏散通道或者在疏散通道、安全出口上设置影响疏散的障碍物，防火卷帘下不得堆放杂物；不得在营业、工作期间封闭安全出口，不得遮挡安全疏散指示标志。 （8）按规定配置消防器材，消防器材设置位置应在明显、便于取用的地点，不能埋压、遮挡灭火器材。并指定专人维护管理，保证消防设施、器材的正常、有效使用。 （9）消防控制室每班值班人员不应少于2人，必须持证上岗；值班人员要熟练掌握规章制度、操作规程及应急等内容，并对消防控制室的设备能够熟练使用、正确操作。消防控制室应有设备运行等情况记录。除值班用品、火情处置用品外，消防控制室不能堆放其他物品。 （10）人员密集场所应当在明显位置设置疏散示意图或者通过张贴图画、广播、视像等方式，向公众宣传防火、灭火、疏散、逃生等知识。	25	现场检查，不符合要求的，每一处扣2分。			

续表

考评类目	考评项目	考评内容	标准分值	考评办法	自评/评审描述	空项	实际得分
六、生产设备设施	6.3　设备设施运行管理	建立设备、设施运行、检修、维护、保养管理制度。	3	无该项制度的，不得分；缺少内容或操作性差的，扣1分。			
		建立设备设施运行台账，制订检维修计划。	5	无台账或检维修计划的，不得分；资料不齐全的，每次（项）扣1分。			
		按检维修计划定期对设备设施和安全设备设施进行检修。	10	未按计划检维修的，每项扣2分；未进行安全验收的，每项扣1分；检维修方案未包含作业危险分析和控制措施的，每项扣1分；未对检维修人员进行安全教育和施工现场安全交底的，每次扣1分；失修每处扣1分；检维修完毕未及时恢复安全装置的，每处扣1分；未经企业安全生产管理部门同意就拆除安全设备设施的，每处扣2分；检维修记录归档不规范、不及时的，每处扣1分；检维修完毕后未按程序试车的，每项扣2分。			
		建立特种设备（锅炉、压力容器、起重设备、安全附件及安全保护装置等）的管理制度。	5	无该项制度的，不得分；制度与有关规定不符的，扣1分。			
		特种设备应经专业资质的机构检验检测合格，向所属辖区的特种设备安全监督管理部门登记，取得使用证和登记证，方可投入使用。 特种设备应按规定使用、维护，定期检验，并建立特种设备安全技术档案。	10	使用无资质厂家生产的，不得分；未进行检验的，不得分；档案资料不全的（含生产、安装、验收、登记、使用、维护等），每台套扣2分；经检验不合格就使用的，每台套扣5分；安全装置不全或不能正常工作的，每处扣5分；检验周期超过规定时间的，每台套扣3分；检验标签未张贴悬挂的，每台套扣2分；超期使用或应淘汰仍继续使用的，不得分。			

续表

考评类目	考评项目	考评内容	标准分值	考评办法	自评/评审描述	空项	实际得分
六、生产设备设施	6.3 设备设施运行管理	1. 消防设备： （1）消防设备的选用及安装应符合国家标准和有关规定，设备档案完整，安全状态良好。 （2）建筑消防设施的产权单位或者使用单位应当建立和落实消防设施的管理、检查、检测、维修、保养、建档等工作制度，对建筑消防设施、电器设备、电气线路每年至少进行一次全面检测，检测报告存档备查。 （3）消防控制室的门应向疏散方向开启，且入口处应设置明显标志。地下的消防控制室门上的标志必须是带灯光的装置；消防控制室应设置一部外线电话、火灾事故应急照明、灭火器等消防器材，并配备相应的通信联络工具。 （4）设备档案完整。 （5）设备各项联动、操控及显示等功能良好。 （6）设备、设施、工具、配件等完整无缺陷。 （7）设备的防护、保险、信号等安全装置无缺陷。 （8）预备中英文紧急疏散广播词或录音广播。	12	现场检查、查阅资料，不符合要求或资料不全的，每发现一处扣2分；有缺陷的，每发现一处，扣2分。 注：对设备抽查以在册数（H）按比例抽取，抽查的数量应覆盖所有种类的设备，抽查数量按下列规定： $H \leqslant 10$，抽查H台。 $10 < H \leqslant 100$，抽查10台。 $100 < H \leqslant 500$，抽查15台。 $500 < H \leqslant 1\ 000$，抽查20台。 $H > 1\ 000$，抽查30台。			
		2. 安防设备： （1）设备选用及安装符合国家标准和有关规定。 （2）设备档案完整，资料数据保密。 （3）设备各项操控及显示等功能状态良好。 （4）设备、设施、工具、配件等完整无缺陷。 （5）设备的防护、保险、信号联动等安全装置无缺陷。	5	现场检查、查阅资料，不符合要求或资料不全的，每发现一处扣2分；有缺陷的，每发现一处，扣2分。			

续表

考评类目	考评项目	考评内容	标准分值	考评办法	自评/评审描述	空项	实际得分
六、生产设备设施	6.3　设备设施运行管理	3. 闭路电视监视系统： 应安装录像机和摄像头等监控设备，对公共安全部位进行监控，闭路电视监控区域应覆盖主要出入口，前厅、电梯间、通道和贵重物资集中场所（如收银处、保险柜、仓库等），厨房食品加工制作间，食品仓库门前通道、商场、地下车库及其他区域。	5	现场检查、查阅资料，不符合要求或资料不全的，每发现一处扣2分；有缺陷的，每发现一处，扣2分。			
		4. 计算机房设备： （1）设备选用及安装符合国家标准和有关规定。 （2）设备档案完整，安全保密性能良好。 （3）机房的环境符合设备正常运行的安全要求，各项操控及显示等功能状态良好。 （4）设备、设施、工具、配件等完整无缺陷。 （5）设备的防护、保险、信号等安全装置无缺陷。	5	现场检查、查阅资料，不符合要求或资料不全的，每发现一处扣2分；有缺陷的，每发现一处，扣2分。			
		5. 厨房设备： （1）机械运转部位有完好可靠的防护装置。 （2）搅拌操作的容器必须加盖密封且盖机联锁。 （3）PE（N）线连接可靠，电源线路完好。 （4）每台设备应有单独控制开关。 （5）凡有碾、绞、压、挤、切伤可能的部位均应有可靠防护。 （6）抽风和给排水系统完好无缺陷。 （7）燃气阀、燃气管、燃气瓶、温度控制器完好无缺陷，无气体泄漏。燃气存放或调压室内应安装防爆照明灯及报警装置，通风良好，使用完毕后由专人关闭阀门并做好记录。 （8）厨房灶台照明应使用防潮灯，厨房的烟道应至少每季度清洗一次，灶台附近应配备灭火毯和消防器材。	5	现场检查、查阅资料，不符合要求或资料不全的，每发现一处扣2分；有缺陷的，每发现一处，扣2分。			

续表

考评类目	考评项目	考评内容	标准分值	考评办法	自评/评审描述	空项	实际得分
六、生产设备设施	6.3 设备设施运行管理	6. 洗涤设备： (1) 机械运转部位有完好可靠的防护装置。 (2) 洗涤操作的容器必须加盖密封且盖机联锁，铰位灵活。 (3) PE (N) 线连接可靠，电源线路完好。 (4) 每台设备应有单独控制开关。 (5) 凡有碾、绞、压、挤、切伤可能的部位均应有可靠防护。 (6) 地毯机的泡箱出泡口畅通、泡箱内的隔网无堵塞，地毯刷完整、锁位无破损。 (7) 高速磨光机的针盘完整、配针坚固、磨光垫选用正确无烂损。 (8) 吸水泵应设有控制开关和漏电保护装置，应装设与负荷匹配的熔断器。	5	现场检查、查阅资料，不符合要求或资料不全的，每发现一处扣2分；有缺陷的，每发现一处，扣2分。			
		7. 梯台及防护栏杆： (1) 焊接处应无裂纹和可见的表面气孔。 (2) 结构的外型不应有歪斜、扭曲、变形，以及明显的锈蚀等缺陷。 (3) 梯台及防护栏杆的结构连接及固定支撑牢固。 (4) 在室外安装的梯台及防护栏杆的防雷电保护、防雷电连接和接地附件应符合 GB 50057 的要求。	5	现场检查、查阅资料，不符合要求或资料不全的，每发现一处扣2分；有缺陷的，每发现一处，扣2分。			

续表

考评类目	考评项目	考评内容	标准分值	考评办法	自评/评审描述	空项	实际得分
六、生产设备设施	6.3　设备设施运行管理	电气设备的选用及安装符合国家标准和有关部门规定，设备档案完整。 1. 变配电系统 （1）变配电室的门应向外开，相邻配电室的门应双向开，高压配电间的窗、门应装防护网，防护网的网孔尺寸应小于10 mm×10 mm。 （2）高、低压配电柜的母线相序标志正确，应设置接地母排和接地端子，且与接地系统连接，并有接地标志。 （3）电气运行指示仪表显示正确，控制装置完好，操纵机构和联锁机构可靠。 （4）双电源供电或自有发电应设有联锁安全装置。 （5）空气开关灭弧罩应完整。 （6）电力电容器外壳无膨胀，无漏油现象。 （7）设置有电气运行工作标志和安全警示标志。 （8）电气操作工具完好可靠，有定期检测记录和标志。 2. 电网接地系统 （1）电气系统连接符合设计的系统接地制式要求。 （2）电网接地装置的接地电阻值小于4 Ω，应保存定期检测记录。 （3）接地装置应有编号和识别标记。 3. 动力及照明配电柜（箱） （1）应按规定设有接地母排和/或接地端子，且与接地系统连接。 （2）动力及照明配电柜（箱）内设置的插座，其线路应配有漏电保护装置。 （3）电器元件的接线端子与导线连接坚固，无过热烧损现象。	20	现场检查、查阅资料，不符合要求或资料不全的，每发现一处扣2分；有缺陷的，每发现一处，扣2分。			

续表

考评类目	考评项目	考评内容	标准分值	考评办法	自评/评审描述	空项	实际得分
六、生产设备设施	6.3 设备设施运行管理	(4) 动力及照明配电柜（箱）内设置的导线应有相序标志。 (5) 动力及照明配电柜（箱）内无粉尘和油污污染。 (6) 动力及照明配电柜（箱）应设置安全警示标志。 4. 低压电气线路 (1) 固定线路 a) 线路架设位置、间距符合设计要求。 b) 线路导线型号、规格符合设计要求。 c) 线路的保护装置符合设计要求。 d) 线槽或桥架在电气不连贯处应装设电气跨接线，接地端子的连接导线与接地系统连接，并有接地标志；柜、箱有编号；有电气控制线路图。 e) 线路导线绝缘保护完好。 f) 线路相序、相色正确，标志齐全、清晰。 (2) 临时线路 a) 临时线路架设前应履行审批手续，设置的临时线路应有标识牌，超出使用批准期限的临时线路应及时拆除。 b) 线路导线型号规格符合设计要求，导线应有护套软管保护。 c) 临时线路应设有总控制开关和漏电保护装置，每一分路应装设与负荷匹配的熔断器。 d) 临时线路应设有与用电设备接地连接的接地保护导线，接地保护导线应与电网接地系统连接。 e) 应保存有临时线路架设审批、架设和使用安全检查的记录，以及按审批时效拆除临时线路的记录。 5. 防雷接地装置	20	现场检查、查阅资料，不符合要求或资料不全的，每发现一处扣2分；有缺陷的，每发现一处，扣2分。			

续表

考评类目	考评项目	考评内容	标准分值	考评办法	自评/评审描述	空项	实际得分
六、生产设备设施	6.3　设备设施运行管理	a）防雷装置完好，接闪器无损坏，引下线焊接可靠，接地电阻值小于10 Ω。 b）建筑物应按规定安装避雷装置，保存防雷装置定期检测记录。 c）接地装置应有编号和识别标记。 6. 易燃易爆场所必须使用防爆电器 a）线路应按规范敷设。 b）电气设备、开关、插座不得安装在可燃材料上。 c）电源开关箱应设立在库房外，不得使用闸刀开关。 d）电源开关箱前不得堆放杂物，架空线路下不得堆放可燃物。 e）仓库内除了固定的照明外，不允许使用其他电器。可燃物品仓库，可燃物品库房不应设置卤钨灯等高温照明器。	20	现场检查、查阅资料，不符合要求或资料不全的，每发现一处扣2分；有缺陷的，每发现一处，扣2分。			
		机电设备应按规定进行经常性维护、保养，并定期检测，保证正常运转；经维护、保养、检测后，应当做好记录，并由有关人员签字，建立使用、维护、保养、检查和试验记录档案，在进行机电设备维修（抢修）时，应执行严格申报、审批和维修完成后的验收制度，落实安全防护措施。	10	现场检查、查阅资料，资料不全的，每发现一处扣2分；现场检查，每发现一处不符合要求的，扣2分。			
		手持电动工具： （1）使用I类手持电动工具的电源插座和开头线路应配有漏电保护装置，接地保护导线与接地系统连接。 （2）定期检测手持电动工具的绝缘电阻值，并做好检测记录。 （3）电源线必须用护管软线，无接头和绝缘层无破损。	5	现场检查、查阅资料，资料不全的，每发现一处扣2分；现场检查，每发现一处不符合要求的，扣2分。			

续表

考评类目	考评项目	考评内容	标准分值	考评办法	自评/评审描述	空项	实际得分
六、生产设备设施	6.3 设备设施运行管理	车辆： （1）必须严格按公安、交通部门要求建立完善车辆管理制度和档案，车辆定期维护保养，对驾驶员定期进行安全教育。 （2）车辆整洁、资料齐全。 （3）动力系统运转平稳，线路、管路无漏电、漏水、漏油。 （4）灯光电气部分完好，仪表、照明、信号及各附属安全装置性能良好。 （5）传动系统运转平稳。 （6）转向系统轻便灵活。 （7）制动系统安全有效，制动距离符合要求。	10	现场检查、查阅资料，管理混乱，没有定期对车辆进行维护保养的扣5分。现场检查，每发现1处不符合要求的，扣2分。			
		安全设备设施不得随意拆除、挪用或弃置不用；确因检维修拆除的，应采取临时安全措施，检维修完毕后立即复原。	5	安全设备设施拆除、挪用或弃置不用，每处扣2分（不包括检维修时的拆除）；检维修拆除未采取切实可行的临时措施的，扣2分；检修后未立即复原的，扣2分。			
	6.4 新设备设施验收及旧设备设施拆除、报废	建立新设备设施验收和旧设备设施拆除、报废管理制度。	3	无该项制度的，不得分；缺少内容或操作性差的，扣1分。			
		按规定对新设备设施进行验收，确保使用质量合格、设计符合要求的设备设施。	5	未进行验收的（含其安全设备设施），每项扣1分；使用不符合要求的，每项扣1分。			
		按规定对不符合要求的设备设施进行报废或拆除。	6	未按规定进行报废或拆除的，不得分；涉及危险物品的生产设备设施的拆除，无危险物品处置方案的，不得分；未执行作业许可的，扣1分；未进行作业前的安全、技术交底的，扣1分；资料保存不完整的，每项扣1分。			
小计			200	得分小计			

续表

考评类目	考评项目	考评内容	标准分值	考评办法	自评/评审描述	空项	实际得分
七、作业安全	7.1　生产现场管理和生产过程控制	企业应加强生产现场安全管理和生产过程的控制。对动火作业、有限空间作业、临时用电作业、高处作业、其他危险作业等危险性较高的作业活动建立作业安全管理制度，实施作业许可管理，严格履行审批手续。作业许可应包含危害因素分析和安全生产措施等内容。	20	没有制度的，不得分；缺少一项危险作业规定的，扣5分；内容不全或操作性差的，每处扣2分；对危险性较高的作业没有实施作业许可，每次扣2分；许可手续不完备，每次扣2分；作业许可没有包含危害因素分析或安全措施的，每次扣2分；作业许可证中的危害因素分析不到位或安全措施无针对性的，每次扣2分；未按作业许可证中的要求进行作业，每次扣除2分。			
		在空气不畅、容易产生有毒有害气体，可能造成窒息、中毒的密室、洞室、井坑、管道、容器等场所进行作业的，应采取通风、检测、专人监护等防护措施，并配备相应的防护用品。	10	有一次不符合要求的，不得分。			
		进行危险性较高的作业时，应当安排专人进行现场安全生产管理，确保安全生产规程的遵守和安全生产措施的落实。	10	没有专人进行现场安全生产管理或现场管理不到位每次扣2分；不遵守安全生产规程和安全生产措施每次扣2分。			
		应对经营现场、后勤办公室、设备层工作室、经营过程、设备设施、器材、通道和作业环境等存在的隐患，进行排查、评估分级，并制定相应的控制措施。	25	未进行隐患排查、评估分级的，不得分；无记录、档案的，不得分；所涉及的范围未全部涵盖的，每少一处扣1分；排查、评估分级不符合规定的，每处扣1分；缺少控制措施或针对性不强的，每处扣1分；现场岗位人员不清楚岗位有关隐患及其控制措施的，每人次扣1分。			

续表

考评类目	考评项目	考评内容	标准分值	考评办法	自评/评审描述	空项	实际得分
七、作业安全	7.2 作业行为管理	对生产作业过程中人的不安全行为进行辨识，并制定相应的控制措施。需要规范的作业行为主要包括： （1）遵守劳动纪律。 （2）设备开机前按规定进行检查，确认无误后方可操作。 （3）运转中的设备禁止进行擦洗、清扫、拆卸和维护维修等可能直接接触运转部位的操作。 （4）工作过程中，如有故障，应停机，通知修理，待故障排除后再恢复工作状态。 （5）作业完成时按规定进行停机操作，关闭电源，清理岗位作业环境。	20	辨识不全的，每缺一个扣2分；缺少控制措施或针对性不强的，每个扣2分；作业人员不清楚风险及控制措施的，每人次扣2分。			
		对仓储作业、整理货品、搬运等作业进行专项管理。	10	未进行专项管理的，不得分；管理不到位的，每处扣一分。			
		电气、高速运转机械等设备，应实行操作牌制度。	10	未执行的，不得分；未挂操作牌就作业的，每处扣1分；操作牌污损的，每个扣1分。			
		按规定为从业人员配备与工作岗位相适应的个体防护装备，并监督、教育从业人员按照使用规则佩戴、使用。	10	无配备标准的，不得分；配备标准不符合有关规定的，每项扣1分；未及时发放的，不得分；购买、使用不合格个体防护装备的，不得分；员工未正确佩戴和使用的，每人次扣1分。			
	7.3 警示标志和安全防护	建立警示标志和安全防护管理制度。	5	无该项制度的，不得分。			
		在存在较大危险因素的作业场所或有关设备上，按照GB 2894及企业内部规定，设置安全警示标志。	5	不符合规定的，每处扣1分；累计扣满5分的，追加扣除10分。			
		在检维修、施工、吊装等作业现场设置警戒区域，以及厂区内的坑、沟、池、井、陡坡等设置安全盖板或护栏等。	5	不符合要求的，每处扣1分。			

续表

考评类目	考评项目	考评内容	标准分值	考评办法	自评/评审描述	空项	实际得分
七、作业安全	7.4 相关方管理	建立有关承包商、供应商等相关方的管理制度。	5	无该项制度的，不得分；未明确双方权责或不符合有关规定的，不得分。			
		对承包商、供应商等相关方的资格预审、选择、服务前准备、作业过程监督、提供的产品、技术服务、表现评估、续用等进行管理，建立相关方的名录和档案。	5	未建立名录和档案的，不得分；未将安全绩效与续用挂钩的，不得分；名录或档案资料不全的，每一个扣1分。			
		不得将经营项目、场所、设备发包（外包）或者租赁给不具备安全生产条件或者相应资质的单位和个人。	10	将经营项目、场所、设备发包（外包）或租赁给不具备安全生产条件或无资质的单位和个人的，不得分，并追加扣除10分；未签订协议的，不得分；协议中职责不明确的，每项扣1分。			
		经营项目、场所有多个承包单位、承租单位的，应当与承包单位、承租单位签定专门的安全生产管理协议，或者在承包合同、租赁合同中约定各自的安全生产管理职责，对承包单位、承租单位的安全生产工作统一协调、管理。	15	查阅资料，双方没有签定专门的安全生产管理协议，或者在承包合同、租赁合同中没有约定各自的安全生产管理职责的，每缺一份扣2分。 对承包单位、承租单位没有进行安全生产工作统一协调、管理，而是以“以包代管”的形式发包、出租的，不得分。			
		企业应定期或不定期对承包单位、承租单位进行安全检查，发现隐患督促整改；开展经常性安全宣传教育培训工作；组织开展安全生产管理工作的评议或考核。	15	查阅企业检查记录或隐患建档，教育培训记录、考核记录等，现场检查、询问，没有开展工作和没有任何记录的扣5分；只开展了部分工作的，扣2分。			
	7.5 变更	建立有关人员、机构、工艺、技术、设施、作业过程及环境变更管理制度。	5	无该项制度的，不得分；制度与实际不符的，扣1分。			
		对变更的设施进行审批和验收管理，并对变更过程及变更后所产生的隐患进行排查、评估和控制。	15	无审批和验收报告的，不得分；未对变更导致新的风险或隐患进行辨识、评估和控制的，每项扣1分。			
		小计	200	得分小计			

续表

考评类目	考评项目	考评内容	标准分值	考评办法	自评/评审描述	空项	实际得分
八、隐患排查和治理	8.1 隐患排查	建立隐患排查治理的管理制度，明确部门、人员的责任。	5	无该项制度的，不得分；制度与有关规定不符的，扣1分。			
		制定隐患排查工作方案，明确排查的目的、范围、方法和要求等。	5	无该方案的，不得分；方案不正确的，每项扣1分；方案内容缺项的，每项扣1分。			
		按照方案进行隐患排查工作。	10	未按方案排查的，不得分；有未排查出来的隐患的，每处扣1分；排查人员不能胜任的，每人次扣2分；未进行汇总总结的，扣2分。			
		对隐患进行分析评估，确定隐患等级，登记建档。	10	无隐患汇总登记台账的，不得分；无隐患评估分级的，不得分；隐患登记档案资料不全的，每处扣1分。			
	8.2 排查范围与方法	隐患排查的范围应包括所有与生产经营相关的场所、环境、人员、设备设施和活动。	5	范围每缺少一类，扣2分。			
		采用综合检查、专业检查、季节性检查、节假日检查、日常检查和其他方式进行隐患排查。	20	各类检查缺少一次，扣2分；未制定检查表的，扣10分；检查表制定和使用不全的，每个扣2分；检查表针对性不强的，每一个扣1分；检查表无人签字或签字不全的，每次扣1分；扣满20分的，追加扣除20分。			
	8.3 隐患治理	根据隐患排查的结果，及时进行整改。不能立即整改的，制定隐患治理方案，内容应包括目标和任务、方法和措施、经费和物资、机构和人员、时限和要求。 重大事故隐患在治理前应采取临时控制措施，并制定应急预案。隐患治理措施应包括工程技术措施、管理措施、教育措施、防护措施、应急措施等。	20	整改不及时的，每处扣2分；需制定方案而未制定的，扣10分；方案内容不全的，每缺一项扣1分；每项隐患整改措施针对性不强的，扣1分；重大事故隐患未采取临时措施和制定应急预案的，扣10分。			
		在隐患治理完成后对治理情况进行验证和效果评估。	10	未进行验证或效果评估的，每项扣1分。			

续表

考评类目	考评项目	考评内容	标准分值	考评办法	自评/评审描述	空项	实际得分
八、隐患排查和治理	8.3 隐患治理	按规定对隐患排查和治理情况进行统计分析，并向安全生产监督管理部门和有关部门报送书面统计分析表。	5	无统计分析表的，不得分；未及时报送的，不得分。			
	8.4 预测预警	企业应根据生产经营状况及隐患排查治理情况，采用技术手段、仪器仪表及管理方法等，建立安全预警指数系统，每月进行一次安全生产风险分析。	10	无安全预警指数系统的，不得分；未对相关数据进行分析、测算，实现对安全生产状况及发展趋势进行预报的，扣2分；未将隐患排查治理情况纳入安全预警系统的，扣1分；未对预警系统所反映的问题，及时采取针对性措施的，扣1分；未每月进行风险分析的，扣1分。			
		小计	100	得分小计			
九、重大危险源监控	9.1 辨识与评估	建立重大危险源的管理制度，明确辨识与评估的职责、方法、范围、流程、控制原则、回顾、持续改进等。	5	无该项制度的，不得分；制度中每缺少一项内容要求的，扣1分。			
		按规定对本单位的生产设施或场所进行重大危险源辨识、评估，确定重大危险源。	10	未进行辨识和评估的，不得分；未按规定进行的，不得分；未明确重大危险源的，不得分。			
	9.2 登记建档与备案	对确认的重大危险源及时登记建档。	5	无档案资料的，不得分；档案资料不全的，每处扣1分。			
		按照相关规定，将重大危险源向生产监督管理部门和相关部门备案。	5	未备案的，不得分；备案资料不全的，每个扣1分。			
	9.3 监控与管理	对重大危险源采取措施进行监控，包括技术措施（设计、建设、运行、维护、检查、检验等）和组织措施（职责明确、人员培训、防护器具配置、作业要求等）。	10	未监控的，不得分；有重大隐患或带病运行，严重危及安全生产的，除本分值扣完后外，追加扣除15分；监控技术措施和组织措施不全的，每项扣1分。			
		在重大危险源现场设置明显的安全警示标志和危险源点警示牌（内容包含名称、地点、责任人员、事故模式、控制措施等）。	3	无安全警示标志的，每处扣1分；内容不全的，每处扣1分；警示标志污损或不明显的，每处扣1分。			

续表

考评类目	考评项目	考评内容	标准分值	考评办法	自评/评审描述	空项	实际得分
九、重大危险源监控	9.3 监控与管理	相关人员应按规定对重大危险源进行检查，并做好记录。	2	未按规定进行检查的，不得分；检查未签字的，每次扣1分；检查结果与实际状态不符的，每处扣1分。			
		小计	40	得分小计			
十、职业健康	10.1 职业健康管理	建立职业健康管理制度。	5	无制度的，不得分；制度与有关规定不一致的，每处扣1分。			
		按有关要求，为员工提供符合职业健康要求的工作环境和条件。	5	有一处不符合要求的，扣1分；一年内有新增职业病患者的，不得分，并追加扣除20分。			
		对从事可能导致职业危害的从业人员，组织上岗前、在岗期间和离岗时的职业健康检查。 建立健全职业健康档案和员工健康监护档案。	5	未进行员工健康检查的，不得分；健康检查每少一人次，扣1分；无档案的，不得分；每缺少一人档案扣1分；档案内容不全的，每缺一项资料，扣1分。			
		定期对职业危害场所进行检测，并将检测结果公布、存入档案。	5	未定期检测的，不得分；检测的周期、地点、有毒有害因素等不符合要求的，每项扣1分；结果未公开公布的，不得分；结果未存档的，一次扣1分。			
		存在粉尘、有害物质、噪声、高温等职业危害因素的场所和岗位应按规定进行专门管理和控制。	10	未确定有关场所和岗位的，不得分；未进行专门管理和控制的，不得分；管理和控制不到位的，每一处扣2分。			
		对可能发生急性职业危害的有毒、有害工作场所，应当设置报警装置，制定应急预案，配置现场急救用品和必要的泄险区。	5	未确定场所的，不得分；无报警装置的，不得分；缺少报警装置或不能正常工作的，每处扣1分；无应急预案的，不得分；无急救用品、冲洗设备、应急撤离通道和必要泄险区的，不得分。			
		指定专人负责保管、定期校验和维护各种防护用具，确保其处于正常状态。	5	未指定专人保管或未全部定期校验维护的，不得分；未定期校验和维护的，每次扣1分；校验和维护记录未存档保存的，不得分。			

续表

考评类目	考评项目	考评内容	标准分值	考评办法	自评/评审描述	空项	实际得分
十、职业健康	10.1　职业健康管理	指定专人负责职业健康的日常监测及维护监测系统处于正常运行状态。	5	未指定专人负责的，不得分；人员不能胜任的（含无资格证书或未经专业培训的），不得分；日常监测每缺少一次，扣1分；监测装置不能正常运行的，每处扣1分。			
		对职业病患者按规定给予及时的治疗、疗养。对患有职业禁忌证的，应及时调整到合适岗位。	5	未及时给予治疗、疗养的，不得分；治疗、疗养每少一人的，扣1分；没有及时调换职业禁忌证人员岗位的，每人次扣1分。			
	10.2　职业危害告知和警示	与从业人员订立劳动合同（含聘用合同）时，应将工作过程中可能产生的职业危害及其后果、职业危害防护措施和待遇等如实以书面形式告知从业人员，并在劳动合同中写明。 企业不得安排有职业禁忌的员工从事其所禁忌的作业；不得安排未成年工从事繁重体力劳动和有害作业；不得安排未成年工从事接触职业病危害的作业；不得安排孕期、哺乳期的女职工从事对本人和胎儿、婴儿有危害的作业。企业应做好女工“五期”保护，并有相应措施。	5	未书面告知的，不得分；告知内容不全的，每缺一项内容，扣1分；未在劳动合同中写明的（含未签合同的），不得分；劳动合同中写明内容不全的，每缺一项内容，扣1分；安排有职业禁忌的员工从事其所禁忌的作业，或安排女工、未成年工从事不符合规定的有害作业的，不得分。			
		对员工及相关方宣传和培训生产过程中的职业危害、预防和应急处理措施。	5	未宣传和培训或无记录的，不得分；培训无针对性或缺失内容的，每次扣1分；员工及相关方不清楚的，每人次扣1分。			
		对存在严重职业危害的作业岗位，按照《工作场所职业病危害警示标识》（GBZ 158）的要求，在醒目位置设置警示标志和警示说明。	5	未设置标志和说明的，不得分；缺少标志和说明的，每处扣1分；标志和说明内容（含职业危害的种类、后果、预防以及应急救治措施等）不全的，每处扣1分。			
	10.3　职业危害申报	按规定及时、如实地向当地主管部门申报生产过程存在的职业危害因素。	10	未申报的，不得分；申报内容不全的，每缺少一类扣2分。			

续表

考评类目	考评项目	考评内容	标准分值	考评办法	自评/评审描述	空项	实际得分
十、职业健康	10.3 职业危害申报	下列事项发生重大变化时，应向原申报主管部门申请变更： （1）新、改、扩建项目。 （2）因技术、工艺或材料等发生变化导致原申报的职业危害因素及其相关内容发生重大变化。 （3）企业名称、法定代表人或主要负责人发生变化。	5	未申请变更的，不得分；每缺少一类变更申请的，扣2分。			
		小计	80	得分小计			
十一、应急救援	11.1 应急机构和队伍	建立事故应急救援制度。	5	无该项制度的，不得分；制度内容不全或针对性不强的，扣1分。			
		按相关规定建立安全生产应急管理机构或指定专人负责安全生产应急管理工作。	2	没有建立机构或专人负责的，不得分；机构或负责人员发生变化未及时调整的，每次扣1分。			
		建立与本单位安全生产特点相适应的专兼职应急救援队伍或指定专兼职应急救援人员。	3	未建立队伍或指定专兼职人员的，不得分；队伍或人员不能满足应急救援工作要求的，不得分。			
		定期组织专兼职应急救援队伍和人员进行训练。	5	无训练计划和记录的，不得分；未定期训练的，不得分；未按计划训练的，每次扣1分；训练科目不全的，每项扣1分；救援人员不清楚职能或不熟悉救援装备使用的，每人次扣1分。			
	11.2 应急预案	按规定制定安全生产事故应急预案，重点作业岗位有应急处置方案或措施。	10	无应急预案的，不得分；应急预案的格式和内容不符合有关规定的，不得分；无重点作业岗位应急处置方案或措施的，不得分；未在重点作业岗位公布应急处置方案或措施的，每处扣1分；有关人员不熟悉应急预案和应急处置方案或措施的，每人次扣1分。			
		根据有关规定将应急预案报当地主管部门备案，并通报有关应急协作单位。	5	未进行备案的，不得分；未通报有关应急协作单位的，每个扣1分。			

续表

考评类目	考评项目	考评内容	标准分值	考评办法	自评/评审描述	空项	实际得分
十一、应急救援	11.2 应急预案	定期评审应急预案，并进行修订和完善。	5	未定期评审或无相关记录的，不得分；未及时修订的，不得分；未根据评审结果或实际情况的变化修订的，每缺一项，扣1分；修订后未正式发布或培训的，扣1分。			
	11.3 应急设施、装备、物资	按应急预案的要求，建立应急设施，配备应急装备，储备应急物资。	5	每缺少一类，扣1分。			
		对应急设施、装备和物资进行经常性的检查、维护、保养，确保其完好可靠。	5	无检查、维护、保养记录的，不得分；每缺少一项记录的，扣1分；有一处不完好、可靠的，扣1分。			
	11.4 应急演练	按规定组织安全生产事故应急演练。	10	未进行演练的，不得分；无应急演练方案和记录的，不得分；演练方案简单或缺乏执行性的，扣1分；高层管理人员未参加演练的，每次扣1分。			
		对应急演练的效果进行评估。	5	无评估报告的，不得分；评估报告未认真总结问题或未提出改进措施的，扣1分；未根据评估的意见修订预案或应急处置措施的，扣1分。			
	11.5 事故救援	发生事故后，应立即启动相关应急预案，积极开展事故救援。 应急结束后应分析总结应急救援经验教训，提出改进应急救援工作的建议，编制应急救援报告。	10	未及时启动预案的，不得分；未达到预案要求的，每项扣1分；未全面总结分析应急救援工作的，每缺一项，扣1分；无应急救援报告的，扣5分。			
		小计	70	得分小计			
十二、事故报告、调查和处理	12.1 事故报告	按规定及时向上级单位和有关政府部门报告，并保护事故现场及有关证据。	5	未及时报告的，不得分；未有效保护现场及有关证据的，不得分；有瞒报、谎报、破坏现场的任何行为，不得分，并追加扣除20分。			
	12.2 事故调查和处理	按照相关法律、法规、管理制度的要求，组织事故调查组或配合政府和有关部门对事故、事件进行调查、处理。	10	无调查报告的，不得分；调查报告内容不全的，每处扣2分；相关的文件资料未整理归档的，每次扣2分；处理措施未落实的，扣5分。			

续表

考评类目	考评项目	考评内容	标准分值	考评办法	自评/评审描述	空项	实际得分
十二、事故报告、调查和处理	12.2 事故调查和处理	定期对事故、事件进行统计、分析。	3	未统计分析的，不得分；统计分析不完整的，扣1分。			
	12.3 事故案例教育	对员工进行有关事故案例的教育。	2	未进行教育的，不得分；有关人员对原因和防范措施不清楚的，每人次扣1分。			
小计			20	得分小计			
十三、绩效评定和持续改进	13.1 绩效评定	企业应每年至少一次对本单位安全生产标准化的实施情况进行评定，验证各项安全生产制度措施的适宜性、充分性和有效性，检查安全生产工作目标、指标的完成情况。	10	未进行评定的，不得分；少于每年一次的，扣5分；评定中缺少类目、项目和内容或其支撑性材料不全的，每个扣2分；未对前次评定中提出的纠正措施的落实效果进行评价的，扣2分。			
		主要负责人应对绩效评定工作全面负责。评定工作应形成正式文件，并将结果向所有部门、所属单位和从业人员通报，作为年度考评的重要依据。	10	主要负责人未组织和参与的，不得分；评定未形成正式文件的，扣5分；结果未通报的，扣5分；未纳入年度考评的，不得分。			
		发生死亡事故后应重新进行评定。	10	未重新评定的，不得分。			
	13.2 持续改进	企业应根据安全生产标准化的评定结果和安全生产预警指数系统所反映的趋势，对安全生产目标、指标、规章制度、操作规程等进行修改完善，持续改进，不断提高安全绩效。	10	未进行安全生产标准化系统持续改进的，不得分；未制定完善安全生产标准化工作计划和措施的，扣5分；修订完善的记录与安全生产标准化系统评定结果不一致的，每处扣1分。			
小计			40	得分小计			
总计			1 000	得分总计			

第七节　仓储物流企业安全生产标准化评定标准

一、考评说明

（1）本评定标准适用于仓储物流企业，不适用车站和码头、危险物品经营和储存、运输等企业。

（2）本评定标准共 13 项考评类目、47 项考评项目和 164 条考评内容。

（3）在本评定标准的“自评/评审描述”列中，企业及评审单位应根据“考评内容”和“考评办法”的有关要求，针对企业实际情况，如实进行扣分点说明、描述，并在自评扣分点及原因说明汇总表中逐条列出。

（4）本评定标准中累计扣分的，直到该考评内容分数扣完为止，不得出现负分。有需要追加扣分的，在该考评类目内进行扣分，也不得出现负分。

（5）本评定标准共计 1 000 分。最终评审评分换算成百分制，换算公式如下：

$$\text{评审评分}=\frac{\text{评定标准实际得分总计}}{1\ 000-\text{空项考评内容分数之和}}\times 100$$

最后得分采用四舍五入，取小数点后一位数。

（6）标准化等级分为一级、二级和三级，一级为最高。评定所对应的等级须同时满足评审评分和安全绩效等要求，取最低的等级来确定标准化等级（见下表）。

评定等级	评审评分	安全绩效
一级	⩾90	申请评审前一年内未发生重伤及以上的生产安全事故。
二级	⩾75	申请评审前一年内未发生人员死亡的生产安全事故。
三级	⩾60	申请评审前一年内发生生产安全事故死亡不超过 1 人。

二、评定标准

自评/评审单位：________________________________

自评/评审时间：从______年______月______日到______年______月______日

自评/评审组组长：____________　自评/评审组主要成员：____________

考评类目	考评项目	考评内容	标准分值	考评办法	自评/评审描述	空项	实际得分
一、安全生产目标	1.1 目标	建立安全生产目标的管理制度，明确目标与指标的制定、分解、实施、考核等环节内容。	2	无该项制度的，不得分；未以文件形式发布生效的，不得分；安全生产目标管理制度缺少制定、分解、实施、绩效考核等任一环节内容的，扣 1 分；未能明确相应环节的责任部门或责任人相应责任的，扣 1 分。			

续表

考评类目	考评项目	考评内容	标准分值	考评办法	自评/评审描述	空项	实际得分
一、安全生产目标	1.1 目标	按照安全生产目标管理制度的规定，制定文件化的年度安全生产目标与指标。	2	无年度安全生产目标与指标的，不得分；安全生产目标与指标未以企业正式文件印发的，不得分。			
	1.2 监测与考核	根据所属基层单位和部门在安全生产中的职能，分解年度安全生产目标与指标，并制定实施计划和考核办法。	2	无年度安全生产目标与指标分解的，不得分；无实施计划或考核办法的，不得分；实施计划无针对性的，不得分；缺一个基层单位和职能部门的指标实施计划或考核办法的，扣1分。			
		按照制度规定，对安全生产目标和指标实施计划的执行情况进行监测，并保存有关监测记录资料。	2	无安全生产目标与指标实施情况的检查或监测记录的，不得分；检查和监测不符合制度规定的，扣1分；检查和监测资料不齐全的，扣1分。			
		定期对安全生产目标的完成效果进行评估和考核，根据考核评估结果，及时调整安全生产目标和指标的实施计划。 评估结果、实施计划的调整、修改记录应形成文件并加以保存。	2	未定期进行效果评估和考核的，不得分；未及时调整实施计划的，不得分；调整后的目标与指标以及实施计划未以文件形式颁发的，扣1分；记录资料保存不齐全的，扣1分。			
小计			10	得分小计			
二、组织机构和职责	2.1 组织机构和人员	按规定设置安全生产管理机构或配备安全生产管理人员。	4	未设置或配备的，不得分；未以文件形式进行设置或任命的，不得分；设置或配备不符合规定的，每处扣1分；扣满4分的，追加扣除10分。			
		根据有关规定和企业实际，设立安全生产领导机构。	3	未设立的，不得分；未以文件形式任命的，扣1分；成员未包括主要负责人、部门负责人等相关人员的，扣1分。			
		安全生产领导机构每季度应至少召开一次安全生产专题会，协调解决安全生产问题。会议纪要中应有工作要求并保存。	3	未定期召开安全生产专题会的，不得分；无会议记录的，扣2分；未跟踪上次会议工作要求的落实情况的或未制定新的工作要求的，不得分；有未完成项且无整改措施的，每一项扣1分。			

续表

考评类目	考评项目	考评内容	标准分值	考评办法	自评/评审描述	空项	实际得分
二、组织机构和职责	2.2　职责	建立健全安全生产责任制，并对落实情况进行考核。	4	未建立安全生产责任制的，不得分；未以文件形式发布生效的，不得分；每缺一个部门、岗位的责任制的，扣1分；责任制内容与岗位工作实际不相符的，每处扣1分；没有对安全生产责任制落实情况进行考核的，扣1分。			
		企业主要负责人应按照安全生产法律、法规赋予的职责，全面负责安全生产工作，并履行安全生产义务。	3	主要负责人的安全生产职责不明确的，不得分；未按规定履行职责的，不得分，并追加扣除10分。			
		各级人员应掌握本岗位的安全生产职责。	3	未掌握岗位安全生产职责的，每人扣1分。			
		小计	20	得分小计			
三、安全生产投入	3.1　安全生产费用	建立安全生产费用提取和使用管理制度。	3	无该项制度的，不得分；制度中职责、流程、范围、检查等内容，每缺一项扣1分。			
		保证安全生产费用投入，专款专用，并建立安全生产费用使用台账。	3	未保证安全生产费用投入的，不得分；财务报表中无安全生产费用归类统计管理的，扣2分；无安全生产费用使用台账的，不得分；台账不完整齐全的，扣1分。			
		制定并实施包含以下方面的安全生产费用的使用计划： （1）完善、改造和维护安全健康防护设备设施。 （2）安全生产教育培训和配备个体防护装备。 （3）安全评价、职业危害评价、重大危险源监控、事故隐患排查和治理。 （4）职业危害防治，职业危害因素检测、监测和职业健康体检。 （5）设备设施安全性能检测检验。 （6）应急救援器材、装备的配备及应急救援演练。 （7）安全标志及标识和职业危害警示标识。 （8）其他与安全生产直接相关的物品或者活动。	8	无该使用计划的，不得分；计划内容缺失的，每缺一个方面扣1分；未按计划实施的，每一项扣1分；有超范围使用的，每次扣2分。			

续表

考评类目	考评项目	考评内容	标准分值	考评办法	自评/评审描述	空项	实际得分
三、安全生产投入	3.2 相关保险	缴纳足额的保险费（工伤保险、安全生产责任险）。	3	未缴纳的，不得分；无缴费相关资料的，不得分。			
		保障受伤害员工享受工伤保险待遇。	3	有关保险评估、年费、赔偿等资料不全的，每一项扣1分；未进行伤残等级鉴定的，不得分；赔偿不到位的，本项目不得分。			
		小计	20	得分小计			
四、法律、法规与安全生产管理制度	4.1 法律、法规、标准规范	建立识别、获取、评审、更新安全生产法律、法规、标准规范与其他要求的管理制度。	5	无该项制度的，不得分；缺少识别、获取、评审、更新等环节要求以及部门、人员职责等内容的，每缺少一项扣1分；未以文件形式发布生效的，扣2分。			
		各职能部门和基层单位应定期、及时识别和获取本部门适用的安全生产法律、法规、标准规范与其他要求，向归口部门汇总，并发布清单。	5	未定期识别和获取的，不得分；不及时的，每次扣1分；每少一个部门和基层单位定期识别和获取的，扣1分；未及时汇总的，扣1分；无清单的，不得分；每缺一个安全生产法律、法规、标准规范与其他要求文本或电子版的，扣1分。			
		及时将识别和获取的安全生产法律、法规、标准规范与其他要求融入企业安全生产管理制度中。	5	未及时融入的，每项扣2分；制度与安全生产法律、法规与其他要求不符的，每项扣2分。			
		及时将适用的安全生产法律、法规、标准规范与其他要求传达给从业人员，并进行相关培训和考核。	5	未传达的，不得分；未培训考核的，不得分；无培训考核记录的，不得分；缺少培训和考核的，每人次扣1分。			
	4.2 规章制度	按照相关规定建立和发布健全的安全生产规章制度，至少包含下列内容：安全生产责任制管理、法律法规和标准规范管理、安全生产投入管理、文件和档案管理、安全教育培训管理、特种作业人员管理、设备设施安全管理、建设项目安全设施“三同时”管理、生产设备设施验收管理、生产设备设施报废管理、施工和检维修安全管理、车辆安全管理、危险物品及重大危险源管理、作业安全管理、相关方及外用工（单位）管理、职业健康管理、个体防护装备管理、安全检查、隐患排查治理、消防安全管理、应急管理、事故管理、安全绩效评定管理等。	15	未以文件形式发布的，不得分；每缺一项制度，扣2分（其他考评内容中已有的不重复扣分）；制度内容不符合规定或与实际不符的，每项制度扣1分；无制度执行记录的，每项制度扣1分。			

续表

考评类目	考评项目	考评内容	标准分值	考评办法	自评/评审描述	空项	实际得分
四、法律、法规与安全生产管理制度	4.2　规章制度	将安全生产规章制度发放到相关工作岗位，员工应掌握相关内容。	5	未发放的，扣2分；发放不到位的，每处扣1分；员工未掌握相关内容的，每人次扣1分。			
	4.3　操作规程	基于岗位风险辨识，编制完善、适用的岗位安全操作规程。	10	无岗位安全操作规程的，不得分；岗位操作规程不完善、不适用的，每缺一个扣2分；内容没有风险分析、评估和控制的，每个扣1分。			
		向员工下发岗位安全操作规程，员工应掌握相关内容。	5	未发放至岗位的，不得分；发放不到位的，每处扣1分；员工未掌握相关内容的，每人次扣1分。			
		员工操作要严格按照操作规程执行。	5	现场发现违反操作规程的，每人次扣1分。			
	4.4　评估	每年至少一次对安全生产法律、法规、标准规范、规章制度、操作规程的执行情况和适用情况进行检查、评估。	10	未进行检查、评估的，不得分；无评估报告的，不得分；评估报告每缺少一个方面内容的，扣1分；评估结果与实际不符的，扣2分。			
	4.5　修订	根据评估情况、安全检查反馈的问题、生产安全事故案例、绩效评定结果等，对安全生产管理规章制度和操作规程进行修订，确保其有效和适用。	10	应组织修订而未组织进行的，不得分；该修订而未修订的，每项扣1分；无记录资料的，扣5分。			
	4.6　文件和档案管理	建立文件和档案的管理制度，明确职责、流程、形式、权限及各类安全生产档案及保存要求等事项。	5	无该项制度的，不得分；未以文件形式发布的，不得分；未明确安全规章制度和操作规程编制、使用、评审、修订等责任部门/人员、流程、形式、权限等的，每处扣1分；未明确具体档案资料、保存周期、保存形式等的，每处扣1分。			
		确保安全规章制度和操作规程编制、使用、评审、修订的效力。	5	未按文件管理制度执行的，不得分；缺少环节记录资料的，每处扣1分。			

续表

考评类目	考评项目	考评内容	标准分值	考评办法	自评/评审描述	空项	实际得分
四、法律、法规与安全生产管理制度	4.6 文件和档案管理	对下列主要安全生产资料实行档案管理：主要安全生产文件、安全生产会议记录、隐患管理信息、培训记录、资格资质证书、检查和整改记录、职业健康管理记录、安全生产活动记录、法定检测记录、关键设备设施档案、相关方信息、应急演练信息、事故管理记录、标准化系统评价报告、维护和校验记录、技术图纸等。	10	未实行档案管理的，不得分；档案管理不规范的，扣2分；每缺少一类档案，扣1分。			
		小计	100	得分小计			
五、教育培训	5.1 教育培训管理	建立安全教育培训的管理制度。	5	无该项制度的，不得分；未以文件形式发布生效的，不得分；制度中每缺少一类培训规定的，扣1分；培训要求不符合《生产经营单位安全培训规定》（国家安全生产监督管理总局令第3号）和《特种作业人员安全技术培训考核管理规定》（国家安全生产监督管理总局令第30号）等有关规定的，每处扣1分。			
		确定安全教育培训主管部门，定期识别安全教育培训需求，制定各类人员的培训计划。	5	未明确主管部门的，不得分；未定期识别需求的，扣1分；识别不充分的，扣1分；无培训计划的，不得分；培训计划中每缺一类培训的，扣1分。			
		按计划进行安全教育培训，对安全培训效果进行评估和改进。做好培训记录，并建立档案。	20	未按计划进行培训的，每次扣2分；记录不完整的，每缺一项扣1分；未进行效果评估的，每次扣1分；未根据评估作出改进的，每次扣1分；未实行档案管理的，扣10分；档案资料不完整的，每个扣1分。			

续表

考评类目	考评项目	考评内容	标准分值	考评办法	自评/评审描述	空项	实际得分
五、教育培训	5.2　安全生产管理人员教育培训	主要负责人和安全生产管理人员，必须具备与本单位所从事的生产经营活动相应的安全生产知识和管理能力，须经考核合格后方可任职，并应按规定进行再培训。	10	主要负责人未经考核合格上岗的，不得分；主要负责人未按有关规定进行再培训的，扣2分；安全生产管理人员未经培训考核合格或未按有关规定进行再培训的，每人次扣2分。			
	5.3　操作岗位人员教育培训	对操作岗位人员进行安全教育和生产技能培训和考核，考核不合格的人员，不得上岗。 对新员工进行“三级”安全教育。 在新工艺、新技术、新材料、新设备设施投入使用前，应对有关操作岗位人员进行专门的安全教育和培训。 操作岗位人员转岗、离岗6个月以上重新上岗者，应进行车间（工段）、班组安全教育培训，经考核合格后，方可上岗工作。	20	未经培训考核合格就上岗的，每人次扣2分；未进行“三级”安全教育的，每人次扣2分；在新工艺、新技术、新材料、新设备设施投入使用前，未对岗位操作人员进行专门的安全教育培训的，每人次扣2分；未按规定对转岗、离岗者进行培训考核合格就上岗的，每人次扣2分。			
	5.4　特种作业人员教育培训	从事特种作业的人员应取得特种作业操作资格证书，方可上岗作业。	15	无特种作业操作资格证书上岗作业的，每人次扣4分；证书过期未及时审核的，每人次扣2分；缺少特种作业人员档案资料的，每人次扣1分；扣满15分的，追加扣除10分。			
	5.5　其他人员教育培训	企业应对相关方的作业人员进行安全教育培训。作业人员进入作业现场前，应由作业现场所在单位对其进行进入现场前的安全教育培训。 对外来参观、学习等人员进行有关安全生产规定、可能接触到的危害及应急知识等内容的安全教育和告知，并由专人带领。	15	未对相关方作业人员进行培训的，扣10分。相关方作业人员未经安全教育培训进入作业现场的，每人次扣2分；对外来人员未进行安全教育和危害告知的，每人次扣2分；内容与实际不符的，每处扣1分；未按规定正确使用个体防护用品的，每人次扣1分；无专人带领的，扣3分。			
	5.6　安全文化建设	采取多种形式的活动来促进企业的安全文化建设，促进安全生产工作。	10	未开展企业安全文化建设的，不得分；安全文化建设与《企业安全文化建设导则》（AQ/T 9004）不符的，每项扣1分。			
小计			100	得分小计			

续表

考评类目	考评项目	考评内容	标准分值	考评办法	自评/评审描述	空项	实际得分
六、生产设备设施	6.1 生产设备设施建设	企业新改扩工程应建立建设项目安全设施“三同时”管理制度。	5	无该项制度的，不得分；制度不符合有关规定的，每处扣1分。			
		新、改、扩建设项目应严格执行安全设施“三同时”制度，根据国家、地方及行业等规定执行建设项目安全预评价、安全专篇、安全验收评价和项目安全验收等审查、批复和备案等程序；按照《建设工程消防监督管理规定》（公安部令第106号）的要求，进行消防设计审核和消防验收。 各类仓储场所装修和改变用途应依法向公安消防机构申报，办理行政审批手续。	15	未执行“三同时”要求的，不得分；未按照规定进行安全预评价、安全专篇审查、安全验收评价和项目安全验收程序的，一个项目扣3分；未按照《建设工程消防监督管理规定》进行消防设计审核和消防验收的，不得分；装修和改变用途未向公安消防机构申报的，不得分。			
		仓库选址： （1）仓库宜选择在常年主导风向上风或侧风方向，选址时要避开风口。 （2）土壤承载力要高，避免在地质条件不良的地方建仓库。 （3）远离容易泛滥的河川流域与上溢的地下水区域。 （4）不宜靠近易燃、易爆场所。	10	不符合规定的，每处扣2分。			
		建筑设施： （1）室内装修、装饰，应当按照消防技术标准的要求，使用不燃、难燃材料。装修、装饰施工过程中，室内装修防火材料应当按照国家消防技术标准的要求进行见证取样和抽样检验。 （2）禁止在设有营运场所或仓库的建筑内设宿舍或饭堂。 （3）普通仓库与营运场所应分楼层设置，确因需要而同层时，应用实体砖墙砌至梁板底部，且不留缝隙。 （4）仓库、营运场所、办公室、员工宿舍不得用可燃材料装修、分隔。 （5）孔洞口、楼板、基坑等临边应有防护设施。	10	不符合规定的，每处扣2分。			

续表

考评类目	考评项目	考评内容	标准分值	考评办法	自评/评审描述	空项	实际得分
六、生产设备设施	6.1　生产设备设施建设	库区布置、主要场所的火灾危险性分类及建构筑物防火最小安全间距、设备设施、变配电等电气设施、爆炸危险场所通风设施、防爆型电气设施设备、设施设备双重接地保护、防雷设施、集中监视和显示的防控中心、照明、场内交通路线等应符合有关法律、法规、标准规范的要求。	10	不符合规定的，每项扣2分；构成重大隐患的，不得分，并追加扣除20分。			
	6.2　设备设施运行管理	建立设备、设施的运行、检修、维护、保养的管理制度。	3	无该项制度的，不得分；缺少内容或操作性差的，扣1分。			
		建立设备设施运行台账，制订检维修计划。 检维修计划（方案）应包含作业危险分析和控制措施。	3	无台账或检维修计划的，不得分；资料不齐全的，每次（项）扣1分。检维修计划（方案）没有作业危险分析和控制措施的，每项扣1分。			
		按检维修计划定期对设备设施和安全设备设施进行检修。 安全、消防设备设施不得随意拆除、挪用或弃置不用。确因检维修需要而拆除的，必须经企业安全、消防主管部门同意，并采取临时安全措施，检维修完毕后立即复原。	6	未按计划检维修的，每项扣2分；未对检修人员进行安全教育和作业现场安全交底的，每次扣1分；失修每处扣1分；未经企业安全、消防主管部门同意就拆除安全设备设施的，每处扣2分；未采取临时措施的，每处扣2分；检修完毕未及时恢复的，每处扣1分；检维修记录归档不规范、不及时的，每处扣1分；检修完毕后未按程序试车的，每项扣2分。			
		生产现场的机电、操控设备应有安全联锁、快停、急停等本质安全设计与装置。	3	不符合规定的，每处扣1分。			
		立体库： （1）在进行大跨度的库房设计时，应考虑到跨度大易变形，必须保证足够的安全。跨度应符合相关标准或要求以保证库房能够在地震中承受水平冲击力。 （2）库房的基础及地面要有足够的承载力。 （3）立体库房的消防系统、照明系统、通风及水暖系统、配电系统等都应符合国家相关标准规范的规定。	3	不符合规定的，每处扣1分。			

续表

考评类目	考评项目	考评内容	标准分值	考评办法	自评/评审描述	空项	实际得分
六、生产设备设施	6.2 设备设施运行管理	冷库： (1) 制冷系统的密封和冷库的密封要符合安全规范。 (2) 如果制冷剂具有腐蚀性或者毒性，应具备防腐和防毒安全防护设施和装备。 (3) 对有毒性或者腐蚀性的制冷剂的泄漏，应装设相应的检测装置。 (4) 对工作人员及冷库内的其他设施设备应做好防寒保暖工作。	3	不符合规定的，每处扣1分。			
		货架： (1) 货架的安装应符合有关标准和规定要求。 (2) 货架各个结合处必须固定牢固。 (3) 钢货架表面加涂防火涂料或采取其他保护措施。 (4) 货架周围应按相关要求配置灭火装置。 (5) 货架在使用过程中防超高超宽，防超载，防撞击，防头重脚轻。	3	不符合规定的，每处扣1分。			
		堆垛机： (1) 堆垛机的安装应符合有关标准和规定要求。 (2) 堆垛机所有带电部分的外壳均可靠接地。 (3) 堆垛机具有各机构终端限位保护，巷道两端限速保护，货叉与运行、起升机构的联锁，限制货叉在货格内微升降的行程，入库时货物要虚实探测，钢丝绳松绳和过载保护，载货台断绳保护，声光信号，超越限制器，货架上货物不正报警等多种安全保护装置。 (4) 在切断电源前，禁止打开控制箱和电气装置。 (5) 堆垛机操作必须由专人负责，与操作无关人员均不得进行操作或进入司机室；操作人员每次开机前必须发出警告信号，司机室搭载人数不得超过2人；在堆垛机运行中，司机不得将身体的任何部位伸出司机室以外。	3	不符合规定的，每处扣1分。			

续表

考评类目	考评项目	考评内容	标准分值	考评办法	自评/评审描述	空项	实际得分
六、生产设备设施	6.2　设备设施运行管理	垂直输送机： (1) 垂直输送机安装应符合有关标准和规定要求。 (2) 垂直输送机应具备货态异常检测装置，装货异常检测装置，升降异常检测装置，手动停止装置，超量检测装置，安全栅，货叉停止器，闸门联锁装置，热敏继电器等安全装置。 (3) 上述未说明的按相关规定执行。	3	不符合规定的，每处扣1分。			
		带式输送机： (1) 具有防尘装置。 (2) 具有防火、防爆要求的仓库禁止采用塑料、增强尼龙等材料的输送带。 (3) 倾斜的带式输送机必须装有停止器和制动器作为安全装置。 (4) 带式输送机工作时，检查胶带松紧程度，并进行空载起动。 (5) 带式输送机的进料必须保持均匀。 (6) 带式输送机必须在停止进料且待机上物料卸完后才能停机。如中途突然停车，应在事故排除后，卸下带上的物料再启动。 (7) 带式输送机不使用时应盖上油布。	3	不符合规定的，每处扣1分。			
		螺旋式输送机： (1) 螺旋式输送机各节必须在全部调整稳妥后再拧紧地脚螺栓或固定在支架上。 (2) 驱动装置的低速轴和螺旋输送机的前轴应在同一轴线上。 (3) 螺旋输送机各悬挂轴承应可靠地支撑连接轴，不得使螺旋卡住或压弯。 (4) 加料时应当均匀。 (5) 螺旋机应空载起动，起动后方可加料。 (6) 确保吊轴承两侧的连接螺栓无松动、不会掉下或剪断。 (7) 不能在输送机运转时取下螺旋机的机盖。	3	不符合规定的，每处扣1分。			

续表

考评类目	考评项目	考评内容	标准分值	考评办法	自评/评审描述	空项	实际得分
六、生产设备设施	6.2 设备设施运行管理	非自行移动式输送机： （1）产品设计和制造必须符合国家相关标准的要求。 （2）当输送机处于工作位置时应将轮子垫稳。 （3）输送机移动前应停车，并且必须切断动力源，移动到工作位置后再运转。 （4）输送机移动时不得超过制造厂所表明的最大牵引速度。 （5）当输送机移动时不允许任何人坐在机器上或吊在其下面。	3	不符合规定的，每处扣1分。			
		斗式提升机： （1）斗式提升机的设计和建造应符合有关标准的要求。 （2）斗式提升机头轮主轴与尾轮主轴应在同一垂直面内，两轴线应与水平面平行。 （3）室内斗式提升机泄压管应直通室外，材料选用容易冲开或破坏的薄金属板或纤维板制作，机头上部可设卸爆口或卸爆管。 （4）斗式提升机罩壳处应装有清扫门，门的开启不能是瞬时的。 （5）当搬运有害性质的物料时，提升机壳体应密闭，如有必要应安装排烟和吸尘装置。 （6）对无罩壳的斗式提升机在物料易掉落地段应设有防护装置，否则应禁止进入该区域。	3	不符合规定的，每处扣1分。			

续表

考评类目	考评项目	考评内容	标准分值	考评办法	自评/评审描述	空项	实际得分
六、生产设备设施	6.2　设备设施运行管理	刮板输送机： (1) 机头、机尾必须牢固安装在头、尾支架上，头部进料口的高度必须保证物料有足够的自留角。 (2) 中间段支架间距不得大于4 m，支架距机壳法兰口的距离应符合相关标准或要求。 (3) 刮板链条首尾连接，用连接板、连接销接起来，或用销轴连接，连接牢固转动灵活，且必须对中。 (4) 主动链轮和从动链轮应在同一平面。 (5) 未安装液力耦合器的刮板输送机一般不得满载起动。 (6) 运行过程中如有物料或粉尘泄漏，应调整或更换密封垫。 (7) 运行过程中严禁打开盖板，严禁在设备上行走。 (8) 禁止接近设备的活动部件。如必须在设备运转时接近活动部件进行工作，则必须有一工作人员职守在停止装置旁边，注视着正在工作的人员，以便随时停车。	3	不符合规定的，每处扣1分。			
		悬挂式输送机： (1) 确保使用的悬挂式输送机的设计和建造应符合有关标准的要求。 (2) 离地面小于2.5 m的链条或滚轮的轨道，正常情况下人员可能进入的区域必须加以防护。 (3) 必须在所有规定通道上用可见信号提醒人们注意，避免与运行车辆相撞。 (4) 在线路倾斜的地方应采取措施防止货物及承载装置失去控制。 (5) 严禁将任何部件依靠或放置在链条或滚轮的轨道上。管理和维护人员确实需要在链条上或轨道上工作时，应采取必要的防护措施，并确保输送机处于停机状态。	3	不符合规定的，每处扣1分。			

续表

考评类目	考评项目	考评内容	标准分值	考评办法	自评/评审描述	空项	实际得分
六、生产设备设施	6.2 设备设施运行管理	连续搬运设备移动式支承装置： (1) 确保使用的连续搬运设备移动式支承装置的设计和建造应符合有关标准的要求。 (2) 在每个通往移动式支承装置的通道应设置“未经批准，禁止入内”的警示。 (3) 移动式支撑装置的轨道上应装有缓冲停止器或其他相应的装置。 (4) 移动部件与固定平台的距离不应小于0.5 m，中间必须设有防护栏或类似装置。 (5) 每次换班时，司机应检查制动系统，必须随时注意移动式支撑装置可能会出现的缺陷，如发现有影响设备作业安全的缺陷时，必须立即停止作业。 (6) 当有人处在危险时，司机应开动警报装置。 (7) 当轨道式移动支撑装置用储料时，必须确保所有运动部件和储存物料之间间隙符合相关规定。	3	不符合规定的，每处扣1分。			
		分拣机： (1) 分拣机的安装应符合有关标准和规定要求。 (2) 确保设备各联结部分紧固。 (3) 分拣机应有自动停止装置、报警装置以及防静电、防滑等装置。 (4) 分拣机应具有防尘、防噪声装置。 (5) 在分拣辊子处、推出装置处以及分拣口周围架设安全网装置，防止人接触。	3	不符合规定的，每处扣1分。			

续表

考评类目	考评项目	考评内容	标准分值	考评办法	自评/评审描述	空项	实际得分
六、生产设备设施	6.2 设备设施运行管理	裹包机： （1）选购的裹包机的生产厂商必须具备相应的生产资质。 （2）确保机器转盘上没有物品或人员。 （3）确保设定裹包高度的接触开关的凸轮轨道上无障碍物。 （4）确保转盘周围安全距离内无人。	3	不符合规定的，每处扣1分。			
		填充机： （1）选购的填充机的生产厂商必须具备相应的生产资质。 （2）在压力下进行充填时必须对填充机装设防护装置，阻挡一旦发生爆炸时被包装产品或包装容器飞出伤害。 （3）在充填有毒或有害物品时，在充填工位上装设有效的吸尘装置、保护罩、喷淋装置等。 （4）在充填易燃易爆物品时，必须有防火、防爆、防静电装置，并设置通风或吸尘装置。 （5）与充填物接触的机械零部件的表面温度必须低于充填物的燃点。	3	不符合规定的，每处扣1分。			
		真空包装机： （1）选购的真空包装机的生产厂商必须具备相应的生产资质。 （2）真空包装机在安装时必须符合安全规范，有可靠接地装置。 （3）严格按照操作规程操作，以免意外事故的发生。	3	不符合规定的，每处扣1分。			

续表

考评类目	考评项目	考评内容	标准分值	考评办法	自评/评审描述	空项	实际得分
六、生产设备设施	6.2 设备设施运行管理	托盘： （1）托盘的结构、尺寸设计应符合相关方面及专业领域已有的安全技术要求。 （2）以托盘为集装单元的货物不能超过托盘的最大承载力。 （3）根据货物的物化属性选择合适的托盘。 （4）确保集装单元与其配套的装卸搬运设备在货物空间转移上的良好配合、平滑过渡。 （5）托盘的堆码要平衡，防止货物倾斜、塌落。	3	不符合规定的，每处扣1分。			
		封口机： （1）各类防护罩、防护盖等完备可靠，安装符合要求。 （2）传送带的速度在合适的范围内。	3	不符合规定的，每处扣1分。			
		搬运机器人： （1）设立安全防护空间和限定空间，预设安全补偿措施，以防有人闯入安全防护空间。 （2）控制柜应安装在安全防护空间外。当控制柜安装在安全防护空间内时，控制柜定位和安装应符合有关安全防护空间内人员的安全要求。 （3）机器人运动部件和周围环境中的物体之间（如结构支柱、平顶隔栅、防护栏、电源线等）要有足够的安全间距。 （4）机器人系统布局应考虑操作员执行与机器人有关的手动操作时的安全，或通过采用一定的措施，使操作人员不必进入危险区，或为手动操作提供适当的安全防护装置。 （5）应设警示信号装置，以给接近或处于危险中的人员提供可识别的视听信号。 （6）操作人员严格执行安全操作规程，启动时确认操作现场安全。 （7）遇到突发故障时应该按照故障处理办法采取相应操作。	3	不符合规定的，每处扣1分。			

续表

考评类目	考评项目	考评内容	标准分值	考评办法	自评/评审描述	空项	实际得分
六、生产设备设施	6.2　设备设施运行管理	安防设备： （1）设备选用及安装符合国家标准和有关规定。 （2）设备档案完整，资料数据保密。 （3）对设备的各项操控必须确保在安全状态水平显示为良好时进行。 （4）设备、设施、工具、配件等完整无缺陷。 （5）设备的防护、保险、信号联动等安全装置无缺陷。	3	不符合规定的，每处扣1分。			
		防雷设备： （1）库房应安装避雷针、避雷线、避雷网和避雷带。 （2）将建筑设施内的金属设备、金属管道、电缆钢铠外皮及钢筋构架等电位良好接地，钢筋混凝土层面要将钢筋焊接成避雷网，且每隔18～24 m采用引下线与接地装置连接。 （3）运输工具在运输危险化学品时也必须有防雷措施。 （4）建筑物宜利用钢筋混凝土屋面板、梁、柱和基础的钢筋作为防雷装置。 （5）在入户处应将绝缘子铁脚接到防雷及电气设备的接地装置上。 （6）进入建筑物的架空金属管道在入户处宜和上述接地装置相连。	3	不符合规定的，每处扣1分。			
		除尘系统： （1）风机转子转动灵活，无擦碰。 （2）联轴器或带轮安装可靠，电机轴和风机主轴的同轴度应符合技术要求。 （3）电气系统正常，接地良好。 （4）空压机压力正常。 （5）排气口不得有明显灰尘泄漏。	3	不符合规定的，每处扣1分。			

续表

考评类目	考评项目	考评内容	标准分值	考评办法	自评/评审描述	空项	实际得分
六、生产设备设施	6.2 设备设施运行管理	烘干系统： (1) 烘干系统应该设置防雷设施。 (2) 设备所有运转部分应设置保护罩，应有警示或提示标志。 (3) 已装货或正在作业的烘前、烘后仓及烘干储货段不允许进人。 (4) 烘干机排送畅通。	3	不符合规定的，每处扣1分。			
		机械通风系统： (1) 空气分配系统向货堆内送风应均匀，通风设施应安全可靠。 (2) 通风系统完好，风道内不得有积水和异物，地上笼风道衔接部位牢固合缝。 (3) 多台风机同时使用时，应逐台单独启动。禁止同时启动。 (4) 应安装防噪声装置。	3	不符合规定的，每处扣1分。			
		消防设备设施： (1) 选用及安装应符合国家标准和有关规定，设备档案完整，安全状态良好。 (2) 建筑消防设施的产权单位或者使用单位应当建立和落实消防设施的管理、检查、检测、维修、保养、建档等工作制度，对建筑消防设施、电器设备、电气线路每年至少进行一次全面检测，检测报告存档备查。 (3) 消防控制室的门应向疏散方向开启，且入口处应设置明显标志。地下的消防控制室门上的标志必须是带灯光的装置；消防控制室应设置一部外线电话、火灾事故应急照明、灭火器等消防器材，并配备相应的通信联络工具。 (4) 对设备的各项操控必须确保在安全状态水平显示为良好时进行。 (5) 设备的防护、保险、信号等安全装置无缺陷。 (6) 预备中英文紧急疏散广播词或录音广播。	8	使用无资质厂家生产的消防设备设施的，不得分；未进行检验的，不得分；档案资料不全的（含生产、安装、验收、登记、使用、维护等），每台套扣2分；经检验不合格就使用的，每台套扣2分；安全装置不全或不能正常工作的，每处扣2分；检验周期超过规定时间的，每台套扣2分；检验标签未张贴悬挂的，每台套扣2分；超期使用或应淘汰仍继续使用的，不得分。			

续表

考评类目	考评项目	考评内容	标准分值	考评办法	自评/评审描述	空项	实际得分
六、生产设备设施	6.2　设备设施运行管理	变配电系统： (1) 各高、低压供电系统图注明变配电站位置、架空线路和地下电缆走向、坐标、编号及型号、规格、长度、杆型和敷设方式等。 (2) 应有配电室、变压器室、电容室、发电机室平面布置图；降压站、中央变电室、高压配电室及各分变电室和发电站的接地网络图。 (3) 应有主要电气设备和安全防护用品的绝缘强度、继电保护、接地电阻、安全工具的试验报告和测试数据。 (4) 位置不应在危险源的正上方或正下方，地势不应低洼，现场无漏雨、无积水。 (5) 变配电间门向外开，高压间门应向低压间开，相邻配电间门应双向开。门应为非燃烧体或难燃烧体材料制作的实体门。 (6) 门、窗、自然通风的孔洞都应采用金属网和建筑材料封闭，金属网孔应小于10 mm×10 mm。 (7) 油浸式变压器应设有100%变压器油量的储油池或排油设施。 (8) 加设遮栏、护板、箱闸，安全距离符合规定；遮栏高度不低于1.7 m，固定式遮栏网孔不应大于40 mm×40 mm。 (9) 高压配电室、电容器室、控制室应隔离，电缆通道用防火材料封堵。 (10) 保存完整规定存档期限内的工作票、操作票。	3	不符合规定的，每处扣1分。			

续表

考评类目	考评项目	考评内容	标准分值	考评办法	自评/评审描述	空项	实际得分
六、生产设备设施	6.2 设备设施运行管理	固定式低压电气线路： (1) 线路布线安装应符合电气线路安装规程。 (2) 架空绝缘导线各种安全距离应符合要求。 (3) 线路保护装置齐全可靠，装有能满足线路通、断能力的开关、短路保护、过负荷保护和接地故障保护等。 (4) 线路穿墙、楼板或地埋敷设时，都应穿管或采取其他保护；穿金属管时管口应装绝缘护套；室外埋设，上面应有保护层；电缆沟应有防火、排水设施。 (5) 地下线路应有清晰坐标或标志以及施工图。	3	不符合规定的，每处扣 1 分。			
		动力照明箱（柜、板）： (1) 触电危险性大或作业环境差的生产车间、锅炉房等场所，应采用与环境相适应的防尘、防水、防爆等动力照明箱、柜。 (2) 符合电气设计安装规范要求，各类电气元件、仪表、开关和线路排列整齐，安装牢固，操作方便，内外无积尘、积水和杂物。 (3) 各种电气元件及线路接触良好，连接可靠，无严重发热、烧损或裸露带电体现象。	3	不符合规定的，每处扣 1 分。			
		在正常情况下所有用电、配电设备金属外壳及电缆桥架、支架、保护管等均须可靠接保护地线(PE)。低压电气设备非带电的金属外壳和电动工具的接地电阻，不应大于 4 Ω。	3	不符合规定的，每处扣 1 分。			

续表

考评类目	考评项目	考评内容	标准分值	考评办法	自评/评审描述	空项	实际得分
六、生产设备设施	6.2　设备设施运行管理	临时用电线路： (1) 有完备的临时电气线路审批制度和手续，其中应明确架设地点、用电容量、用电负责人、审批部门意见、准用日期等内容。 (2) 临时电气线路审批期限：一般场所使用不超过 15 天；建筑、安装工程按计划施工周期确定。 (3) 不得在易燃、易爆等危险作业场所架设临时电气线路。 (4) 必须按照电气线路安装规程进行布线。 (5) 必须装有总开关控制和剩余电流保护装置，每一个分路应装设与负荷匹配的熔断器。	3	不符合规定的，每处扣 1 分。			
		电焊机： (1) 电源线、焊接电缆与电焊机连接处的裸露接线板，应采取安全防护罩或防护板进行隔离，以防止人员或金属物体接触。 (2) 电焊机外壳必须接地或接零保护，接地或接零装置连接良好，并定期检查。 (3) 电焊机一次侧电源线长度不超过 5 m，电源进线处必须设置防护罩。电焊机二次线必须连接紧固，无松动，接头不超过 3 个，长度不超过 30 m。 (4) 每半年应对电焊机绝缘电阻检测一次，且记录完整。 (5) 电焊钳夹紧力好，绝缘良好，手柄隔热层完整，电焊钳与导线连接可靠。	3	不符合规定的，每处扣 1 分。			

续表

考评类目	考评项目	考评内容	标准分值	考评办法	自评/评审描述	空项	实际得分
六、生产设备设施	6.2 设备设施运行管理	手持电动工具： (1) 手持电动工具根据使用的环境不同选择相应的绝缘等级。 (2) 手持电动工具至少每3个月进行一次绝缘电阻检测，且记录完整有效。 (3) 手持电动工具的防护罩、盖板及手柄应完好，无破损，无变形，不松动。 (4) 电源线中间不允许有接头和破损。 (5) 不得跨越通道使用。	3	不符合规定的，每处扣1分。			
		管线： (1) 应有管网平面布置图，标记完整，位置准确，管网设计、安装、验收技术资料齐全。 (2) 不同介质的管线，应按照《工业管道的基本识别色、识别符号和安全标识》(GB 7231) 的规定涂上不同的颜色，并注明介质名称和流向。 (3) 埋地管道敷层完整无破损，架空管道支架牢固合理，无严重腐蚀、无泄漏，设置限高警示，有隔热措施。	3	不符合规定的，每处扣1分。			
		作业场所应划出人员行走的安全路线，其宽度一般不小于1.5 m。 下列工作场所应设置应急照明：主要通道及主要出入口、通道楼梯、变配电室、中控室。	3	不符合规定的，每处扣1分。			
		设备裸露的转动或快速移动部分，应设有结构可靠的安全防护罩、防护栏杆或防护挡板。	3	不符合规定的，每处扣1分。			

续表

考评类目	考评项目	考评内容	标准分值	考评办法	自评/评审描述	空项	实际得分
六、生产设备设施	6.3　特种设备管理	建立特种设备（锅炉、压力容器、压力管道、电梯、起重机械、场或厂内专用机动车辆、安全附件及安全保护装置等）的管理制度。	5	无该项制度的，不得分；制度与有关规定不符的，每处扣1分。			
		按规定登记、建档、使用、维护保养和每月自检，按期由特种设备检验检测机构定期检验。	10	未进行检验的，不得分；档案资料不全的（含生产、安装、验收、登记、使用、维护等），每台套扣1分；使用无资质厂家生产的，每台套扣2分；未经检验合格或检验不合格就使用的，每台套扣2分；检验周期超过规定时间的，每台套扣2分。本考评内容已经扣分的，后面4个考评内容中相同情况不再重复扣分。			
		压力容器等设备（包括空气压缩机、气泵、储气罐等）： （1）应有《压力容器使用登记证》、注册证件、质量证明书、出厂合格证、年检报告等。 （2）本体、接口、焊接接头等部位无裂纹、变形、过热、泄漏、腐蚀现象等缺陷。 （3）相邻管件或构件无异常振动、响声或相互摩擦等现象。 （4）压力表指示灵敏，刻度清晰，安全阀每年检验一次，记录齐全，且铅封完整，在检验周期内使用。 （5）生产过程中使用的压缩空气、循环水、润滑油等管路，应安装压力表，储气罐应安装安全阀，各种阀门应采用不同颜色和不同几何形状的标志，还应有表明开、闭状态的标志。	3	不符合规定的，每处扣1分。			

续表

考评类目	考评项目	考评内容	标准分值	考评办法	自评/评审描述	空项	实际得分
六、生产设备设施	6.3 特种设备管理	工业气瓶： (1) 对购入气瓶入库和发放实行登记制度，登记内容包括气瓶类型、编号、检验周期、外观检查、入出库日期、领用单位、管理责任人。 (2) 在检验周期内使用。 常用气瓶的检验周期为：一般气瓶（氧气、乙炔）每3年检验一次。惰性气体（氮气）每5年检验一次。超过30年的应按报废处理。 (3) 外观无机械性损伤及严重腐蚀，表面漆色、字样和色环标记正确、明显；瓶阀、瓶帽、防震圈等安全附件齐全、完好。 (4) 气瓶立放时应有可靠的防倾倒装置或措施；瓶内气体不得用尽，按规定留有剩余重量。 (5) 氧气瓶、乙炔气瓶应分库存放，并存放在气瓶专用库中，库房应符合建筑防火规范。 (6) 同一作业点气瓶放置不超过5瓶；若超过5瓶，但不超过20瓶应有防火防爆措施；超过20瓶以上，应设置二级瓶库。 (7) 气瓶不得靠近热源，可燃、助燃气瓶与明火距离应大于10 m。 (8) 不得有地沟、暗道，严禁明火和其他热源，有防止阳光直射措施，通风良好，保持干燥。 (9) 空、实瓶应分开放置，保持1.5 m以上距离，且有明显标记；存放整齐，瓶帽齐全。立放时妥善固定，卧放时头朝一个方向，库内应设置足量消防器材。	3	不符合规定的，每处扣1分。			

续表

考评类目	考评项目	考评内容	标准分值	考评办法	自评/评审描述	空项	实际得分
六、生产设备设施	6.3　特种设备管理	起重机械设备（吊机、吊车、吊具等）： （1）吊车应设有下列安全装置并正常使用： 1）吊车之间防碰撞装置。 2）大、小行车端头缓冲以及防冲撞装置。 3）过载保护装置。 4）主、副卷扬限位、报警装置。 5）登吊车信号装置及门联锁装置。 6）露天作业的防风装置。 7）电动警报器或大型电铃以及警报指示灯。 （2）吊车应装有能从地面辨别额定荷重的标识，不应超负荷作业。 （3）吊运物行走的安全路线，不应跨越有人操作的固定岗位或经常有人停留的场所，且不应随意越过主体设备。 （4）与机动车辆通道相交的轨道区域，应有必要的安全措施。 （5）起重机械的定期检验周期为一年，应在检验周期内使用，合格的检验报告，要长期完整保存。 （6）应有吊索具管理制度，车间有吊索具管理办法，明确规定集中存放地点，存放点有选用规格与对应载荷的标牌，有专人管理和保养。 （7）普通麻绳和白棕绳只能用于轻质物件捆绑和吊运，有断股、割伤、磨损严重的应报废。 （8）钢丝绳编接长度应大于15倍绳直径，且不小于300 mm，卡接绳卡间距离应不小于6倍绳直径，压板应在主绳侧。 （9）链条有裂纹、塑性变形、伸长达原长度的5%或下链环直径磨损达原直径的10%时应报废。 （10）报废吊索具不得在现场存放或使用。	3	不符合规定的，每处扣1分。			

续表

考评类目	考评项目	考评内容	标准分值	考评办法	自评/评审描述	空项	实际得分
六、生产设备设施	6.3 特种设备管理	场（厂）内专用机动车辆： (1) 安装厂内机动车辆牌照并粘贴安全检验合格标志。 (2) 技术资料和档案、台账齐全，无遗漏。 (3) 进行日常检查、保养和维护，保证正常的安全状态。 (4) 每年检验一次，检验数据齐全有效。	3	不符合规定的，每处扣1分。			
		叉车： (1) 叉车载重不超过额定能力，产品标志清楚。 (2) 动力系统性能良好、运转平稳、无异响。 (3) 叉车的操纵符合规定。 (4) 车架不得变形，螺栓不得缺少或松动；车轮防护装置齐全、牢固、无损坏。 (5) 车辆转向系统良好，自由角满足额定要求。 (6) 刹车系统灵敏，脚制动器踏板力均匀，手刹车完整、有效。 (7) 升降架属具齐全、完好；门架前倾上下动作平稳。 (8) 货叉安装可靠、牢固；货叉无裂纹、开焊。 (9) 货叉两叉尖高度差，水平长度差，货叉磨损长度满足额定要求。	3	不符合规定的，每处扣1分。			
	6.4 新设备设施验收及旧设备设施拆除、报废	建立新设备设施验收和旧设备设施拆除、报废的管理制度。	5	无该项制度的，不得分；缺少内容或操作性差的，扣1分。			
		按规定对新设备设施进行验收，确保使用质量合格、设计符合要求的设备设施。	5	未进行验收的（含其安全设备设施），每项扣1分；使用不符合要求的，每项扣1分。			
		按规定对不符合要求的设备设施进行报废或拆除。	5	未按规定进行报废或拆除的，不得分；涉及危险物品的生产设备设施的拆除，无危险物品处置方案的，不得分；未执行作业许可的，扣1分；未进行作业前的安全、技术交底的，扣1分；资料保存不完整的，每项扣1分。			
小计			220	得分小计			

续表

考评类目	考评项目	考评内容	标准分值	考评办法	自评/评审描述	空项	实际得分
七、作业安全	7.1 生产现场管理和生产过程控制	建立至少包括下列危险作业的作业安全管理制度，明确责任部门、人员、许可范围、审批程序、许可签发人员等： （1）危险区域动火作业。 （2）进入受限空间作业。 （3）高处作业。 （4）大型吊装作业。 （5）临时用电作业。 （6）其他危险作业。	10	没有制度的，不得分；缺少一项危险作业规定的，扣5分；内容不全或操作性差的，每处扣2分。			
		应对生产现场和生产过程、环境存在的事故隐患进行排查、评估分级，并制定相应的控制措施。	10	未进行隐患排查、评估分级的，不得分；无记录、档案的，不得分；所涉及的范围未全部涵盖的，每少一处扣1分；排查、评估分级不符合规定的，每处扣1分；缺少控制措施或针对性不强的，每处扣1分；现场岗位人员不清楚岗位有关隐患及其控制措施的，每人次扣1分。			
		应禁止与生产无关人员进入生产操作现场。	5	有与生产无关人员进入生产操作现场的，不得分。			
		仓库作业要求： （1）库区内严禁烟火。 （2）库区内按规定设置交通安全标志和设备设施。 （3）库区和仓库内路面平坦，无积油积水，无障碍物。 （4）消防通道和疏散通道畅通，应急指示和照明完好。 （5）特殊仓储物必须储存在专用仓库内，按国家标准、规范存放，并由专人管理。 （6）库内保持良好通风条件。 （7）堆放易潮物品仓库的地面必须高于本区的基准面，并有防潮防雨淋设施。 （8）易燃、易潮物资仓库应有防水、防潮设施。	10	未按要求做到的，每处扣2分。			

续表

考评类目	考评项目	考评内容	标准分值	考评办法	自评/评审描述	空项	实际得分
七、作业安全	7.1 生产现场管理和生产过程控制	存储要求： （1）物品应分类储存，定置区域线清晰，数量和区域不超限。 （2）对于不采用托盘货架存储方式的物料，制定堆放要求，设置最高堆放高度，规定摆放方式，不得随意堆高。堆高的方式应该采用物流码数堆放，保证货物堆放的稳定性。 （3）对于采用托盘货架存储方式的物料，应定期检查货架的稳固性，安全性。使用设备存取货物时，应将货物放置到位。	10	未按要求做到的，每处扣2分。			
		危险化学品使用安全要求： （1）企业应建立危险化学品安全管理制度。 （2）储存、使用危险化学品应符合国家或行业有关法规、标准要求。 （3）企业使用的清洗剂、消毒剂、杀虫剂以及其他有毒有害化学品必须粘贴安全标签，在盛装、输送、储存危险化学品的设备附近，采用颜色、标牌、标签等形式标明其危险性。 （4）企业使用的化学品必须按规定储存，设置明显标志，由专人负责保管。危险化学品专用仓库或专用储存室的储存设备和安全设施应定期进行检测。 （5）应按相关要求在储存和使用危险化学品的场所设置应急救援器材、通信报警装置，并保证处于完好状态。	10	未建立制度的，不得分；未按要求做到的，每处扣2分。			

续表

考评类目	考评项目	考评内容	标准分值	考评办法	自评/评审描述	空项	实际得分
七、作业安全	7.1 生产现场管理和生产过程控制	生产过程控制： (1) 企业应建立交接班制度并做好交接班记录。发现潜在的或已发生的危及作业人员安全的状况，在交接班时应交代清楚，并做好记录。 (2) 在作业现场配备相应的安全防护用品（具）及消防设施与器材，进入作业现场前，应按规定使用个体防护装备。 作业前应先检查作业场所和设备、设施的安全状况，发现异常及时处理。 (3) 作业活动的负责人应严格按照作业文件的规定组织和指挥生产作业活动，作业人员应严格执行安全操作规程，不违章作业，作业人员在进行危险作业时，应持相应的作业许可证作业。 (4) 生产作业必须落实安全防护措施。作业监护人员应具备基本救护技能和作业现场的应急处理能力，作业过程中不得擅离职守。	10	未按要求做到的，每处扣1分。			
	7.2 作业行为管理	对生产作业过程中人的不安全行为进行辨识，并制定相应的控制措施。需要规范的作业行为主要包括： (1) 遵守劳动纪律。 (2) 设备开机前按规定进行检查，确认无误后方可操作。 (3) 运转中的设备禁止进行擦洗、清扫、拆卸和维护维修等可能直接接触运转部位的操作。 (4) 工作过程中，如有故障，停机通知修理，待故障排除后再恢复工作状态。 (5) 作业完成时按规定进行停机操作，关闭电源，清理岗位作业环境。	20	辨识不全的，每缺一个扣1分；缺少控制措施或针对性不强的，每个扣1分；作业人员不清楚风险及控制措施的，每人次扣1分。			

续表

考评类目	考评项目	考评内容	标准分值	考评办法	自评/评审描述	空项	实际得分
七、作业安全	7.2 作业行为管理	人力作业安全要求： (1) 人力作业仅限制于轻负荷的作业。男工人力搬举货物每件不超过80 kg，集体搬运时每人负荷不超过40 kg，女工不超过25 kg。搬运作业距离不宜过长。 (2) 作业前应使作业人员明确作业要求、了解作业环境、清楚危险有害因素。 (3) 合理安排工间休息。	10	未按要求做到的，每处扣2分。			
		落实危险作业管理制度，执行工作票制度。	10	未执行的，不得分；工作票中危险分析和控制措施不全的，每个工作票扣1分；授权程序不清或签字不全的，每个扣2分；工作票未有效保存的，扣2分。			
		电气、高速运转机械等设备，应实行操作牌制度。	5	未执行的，不得分；未挂操作牌就作业的，每处扣1分；操作牌污损的，每个扣1分。			
		按规定为从业人员配备与工作岗位相适应的个体防护装备，并监督、教育从业人员按照使用规则佩戴、使用。	10	无配备标准的，不得分；配备标准不符合有关规定的，每项扣1分；未及时发放的，不得分；购买、使用不合格个体防护装备的，不得分；员工未正确佩戴和使用的，每人次扣1分。			
	7.3 警示标志和安全防护	建立警示标志和安全防护的管理制度。	5	无该项制度的，不得分。			
		在存在较大危险因素的作业场所或有关设备上，按照GB 2894及企业内部规定，设置安全警示标志。	5	不符合规定的，每处扣1分；累计扣满5分的，追加扣除10分。			
		在检维修、施工、吊装等作业现场设置警戒区域，以及厂区内的坑、沟、池、井、陡坡等设置安全盖板或护栏等。	5	不符合要求的，每处扣1分。			
	7.4 相关方管理	建立有关承包商、供应商等相关方的管理制度。	5	无该项制度的，不得分；未明确双方权责或不符合有关规定的，不得分。			

续表

考评类目	考评项目	考评内容	标准分值	考评办法	自评/评审描述	空项	实际得分
七、作业安全	7.4　相关方管理	对承包商、供应商等相关方的资格预审、选择、服务前准备、作业过程监督、提供的产品、技术服务、表现评估、续用等进行管理，建立相关方的名录和档案。	5	未建立名录和档案的，不得分；未将安全绩效与续用挂钩的，不得分；名录或档案资料不全的，每一个扣1分。			
		不应将工程项目发包给不具备相应资质的单位。与承包、承租单位签订安全生产管理协议，并在协议中明确各方对事故隐患排查、治理和防控的管理职责。	10	发包给无相应资质的相关方的，除不得分外，追加扣除10分；未签订协议的，不得分；协议中职责不明确的，每项扣1分。			
		根据相关方提供的服务作业性质和行为定期识别服务行为风险，采取行之有效的风险控制措施，并对其安全绩效进行监测。 企业应统一协调管理同一作业区域内的多个相关方的交叉作业。	10	以包代管的，不得分；相关方在企业场所内发生工亡事故的，除不得分外，追加扣除5分；未定期进行风险评估的，每一次扣1分；风险控制措施缺乏针对性、操作性的，每一个扣1分；未对其进行安全绩效监测的，每次扣1分；企业未进行有效统一协调管理交叉作业的，扣3分。			
	7.5　变更	建立有关人员、机构、工艺、技术、设施、作业过程及环境变更的管理制度。	5	无该项制度的，不得分；制度与实际不符的，扣1分。			
		对变更的设施进行审批和验收管理，并对变更过程及变更后所产生的隐患进行排查、评估和控制。	10	无审批和验收报告的，不得分；未对变更导致新的风险或隐患进行辨识、评估和控制的，每项扣1分。			
		小计	180	得分小计			
八、隐患排查和治理	8.1　隐患排查	建立隐患排查治理的管理制度，明确部门、人员的责任。	5	无该项制度的，不得分；制度与有关规定不符的，扣1分。			
		制定隐患排查工作方案，明确排查的目的、范围、方法和要求等。	5	无该方案的，不得分；方案依据缺少或不正确的，每项扣1分；方案内容缺项的，每项扣1分。			
		按照方案进行隐患排查工作。	10	未按方案排查的，不得分；有未排查出来的隐患的，每处扣1分；排查人员不能胜任的，每人次扣2分；未进行汇总总结的，扣2分。			

续表

考评类目	考评项目	考评内容	标准分值	考评办法	自评/评审描述	空项	实际得分
八、隐患排查和治理	8.1 隐患排查	对隐患进行分析评估，确定隐患等级，登记建档。	10	无隐患汇总登记台账的，不得分；无隐患评估分级的，不得分；隐患登记档案资料不全的，每处扣1分。			
	8.2 排查范围与方法	隐患排查的范围应包括所有与生产经营相关的场所、环境、人员、设备设施和活动。	5	范围每缺少一类，扣2分。			
		采用综合检查、专业检查、季节性检查、节假日检查、日常检查和其他方式进行隐患排查。	20	各类检查缺少一次，扣2分；未制定检查表的，扣10分；检查表制定和使用不全的，每个扣2分；检查表针对性不强的，每一个扣1分；检查表无人签字或签字不全的，每次扣1分；扣满20分的，追加扣除20分。			
	8.3 隐患治理	根据隐患排查的结果，及时进行整改。不能立即整改的，制定隐患治理方案，内容应包括目标和任务、方法和措施、经费和物资、机构和人员、时限和要求。 重大事故隐患在治理前应采取临时控制措施，并制定应急预案。隐患治理措施应包括工程技术措施、管理措施、教育措施、防护措施、应急措施等。	20	整改不及时的，每处扣2分；需制定方案而未制定的，扣10分；方案内容不全的，每缺一项扣1分；每项隐患整改措施针对性不强的，扣1分；重大事故隐患未采取临时措施和制定应急预案的，扣10分。			
		在隐患治理完成后对治理情况进行验证和效果评估。	10	未进行验证或效果评估的，每项扣1分。			
		按规定对隐患排查和治理情况进行统计分析，并向安全生产监督管理部门和有关部门报送书面统计分析表。	5	无统计分析表的，不得分；未及时报送的，不得分。			
	8.4 预测预警	企业应根据生产经营状况及隐患排查治理情况，采用技术手段、仪器仪表及管理方法等，建立安全预警指数系统，每月进行一次安全生产风险分析。	10	无安全预警指数系统的，不得分；未对相关数据进行分析、测算，实现对安全生产状况及发展趋势进行预报的，扣2分；未将隐患排查治理情况纳入安全预警系统的，扣1分；未对预警系统所反映的问题，及时采取针对性措施的，扣1分；未每月进行风险分析的，扣1分。			
		小计	100	得分小计			

续表

考评类目	考评项目	考评内容	标准分值	考评办法	自评/评审描述	空项	实际得分
九、重大危险源监控	9.1 辨识与评估	建立重大危险源的管理制度，明确辨识与评估的职责、方法、范围、流程、控制原则、回顾、持续改进等。	5	无该项制度的，不得分；制度中每缺少一项内容要求的，扣1分。			
		按规定对本单位的生产设施或场所进行重大危险源辨识、评估，确定重大危险源。	10	未进行辨识和评估的，不得分；未按规定进行的，不得分；未明确重大危险源的，不得分。			
	9.2 登记建档与备案	对确认的重大危险源及时登记建档。	5	无档案资料的，不得分；档案资料不全的，每处扣1分。			
		按照相关规定，将重大危险源向安全生产监督管理部门和相关部门备案。	5	未备案的，不得分；备案资料不全的，每个扣1分。			
	9.3 监控与管理	对重大危险源采取措施进行监控，包括技术措施（设计、建设、运行、维护、检查、检验等）和组织措施（职责明确、人员培训、防护器具配置、作业要求等）。	10	未监控的，不得分；有重大隐患或带病运行，严重危及安全生产的，除本分值扣完后外，追加扣除15分；监控技术措施和组织措施不全的，每项扣1分。			
		在重大危险源现场设置明显的安全警示标志和危险源点警示牌（内容包含名称、地点、责任人员、事故模式、控制措施等）。	3	无安全警示标志的，每处扣1分；内容不全的，每处扣1分；警示标志污损或不明显的，每处扣1分。			
		相关人员应按规定对重大危险源进行检查，并做好记录。	2	未按规定进行检查的，不得分；检查未签字的，每次扣1分；检查结果与实际状态不符的，每处扣1分。			
		小计	40	得分小计			
十、职业健康	10.1 职业健康管理	建立职业健康的管理制度。	5	无制度的，不得分；制度与有关规定不一致的，每处扣1分。			
		按有关要求，为员工提供符合职业健康要求的工作环境和条件。	5	有一处不符合要求的，扣1分；一年内有新增职业病患者的，不得分，并追加扣除20分。			
		建立健全职业健康档案和员工健康监护档案。	5	未进行员工健康检查的，不得分；未进行入厂和离职健康检查的，不得分；健康检查每少一人次，扣1分；无档案的，不得分；每缺少一人档案扣1分；档案内容不全的，每缺一项资料，扣1分。			

续表

考评类目	考评项目	考评内容	标准分值	考评办法	自评/评审描述	空项	实际得分
十、职业健康	10.1 职业健康管理	定期对职业危害场所进行检测，并将检测结果公布、存入档案。	5	未定期检测的，不得分；检测的周期、地点、有毒有害因素等不符合要求的，每项扣1分；结果未公开公布的，不得分；结果未存档的，一次扣1分。			
		存在粉尘、有害物质、噪声、高温、低温等职业危害因素的场所和岗位应按规定进行专门管理和控制。	10	未确定有关场所和岗位的，不得分；未进行专门管理和控制的，不得分；管理和控制不到位的，每一处扣2分。			
		对可能发生急性职业危害的有毒、有害工作场所，应当设置报警装置，制定应急预案，配置现场急救用品和必要的泄险区。	5	未确定场所的，不得分；无报警装置的，不得分；缺少报警装置或不能正常工作的，每处扣1分；无应急预案的，不得分；无急救用品、冲洗设备、应急撤离通道和必要泄险区的，不得分。			
		指定专人负责保管、定期校验和维护各种防护用具，确保其处于正常状态。	5	未指定专人保管或未全部定期校验维护的，不得分；未定期校验和维护的，每次扣1分；校验和维护记录未存档保存的，不得分。			
		指定专人负责职业健康的日常监测及维护监测系统处于正常运行状态。	5	未指定专人负责的，不得分；人员不能胜任的（含无资格证书或未经专业培训的），不得分；日常监测每缺少一次，扣1分；监测装置不能正常运行的，每处扣1分。			
		对职业病患者按规定给予及时的治疗、疗养。对患有职业禁忌证的，应及时调整到合适岗位。	5	未及时给予治疗、疗养的，不得分；治疗、疗养每少一人的，扣1分；没有及时调换职业禁忌证人员岗位的，每人次扣1分。			
	10.2 职业危害告知和警示	与从业人员订立劳动合同（含聘用合同）时，应将工作过程中可能产生的职业危害及其后果、职业危害防护措施和待遇等如实以书面形式告知从业人员，并在劳动合同中写明。	5	未书面告知的，不得分；告知内容不全的，每缺一项内容，扣1分；未在劳动合同中写明的（含未签合同的），不得分；劳动合同中写明内容不全的，每缺一项内容，扣1分。			

续表

考评类目	考评项目	考评内容	标准分值	考评办法	自评/评审描述	空项	实际得分
十、职业健康	10.2 职业危害告知和警示	对员工及相关方宣传和培训生产过程中的职业危害、预防和应急处理措施。	5	未宣传和培训或无记录的，不得分；培训无针对性或缺失内容的，每次扣1分；员工及相关方不清楚的，每人次扣1分。			
		对存在严重职业危害的作业岗位，按照《工作场所职业病危害警示标识》（GBZ 158）的要求，在醒目位置设置警示标志和警示说明。	5	未设置标志和说明的，不得分；缺少标志和说明的，每处扣1分；标志和说明内容（含职业危害的种类、后果、预防以及应急救治措施等）不全的，每处扣1分。			
	10.3 职业危害申报	按规定及时、如实地向当地主管部门申报生产过程存在的职业危害因素。	10	未申报的，不得分；申报内容不全的，每缺少一类扣2分。			
		下列事项发生重大变化时，应向原申报主管部门申请变更： （1）新、改、扩建项目。 （2）因技术、工艺或材料等发生变化导致原申报的职业危害因素及其相关内容发生重大变化。 （3）企业名称、法定代表人或主要负责人发生变化。	5	未申请变更的，不得分；每缺少一类变更申请的，扣2分。			
	小计		80	得分小计			
十一、应急救援	11.1 应急机构和队伍	建立事故应急救援制度。	5	无该项制度的，不得分；制度内容不全或针对性不强的，扣1分。			
		按相关规定建立安全生产应急管理机构或指定专人负责安全生产应急管理工作。	2	没有建立机构或专人负责的，不得分；机构或负责人员发生变化未及时调整的，每次扣1分。			
		建立与本单位安全生产特点相适应的专兼职应急救援队伍或指定专兼职应急救援人员。	3	未建立队伍或指定专兼职人员的，不得分；队伍或人员不能满足应急救援工作要求的，不得分。			
		定期组织专兼职应急救援队伍和人员进行训练。	5	无训练计划和记录的，不得分；未定期训练的，不得分；未按计划训练的，每次扣1分；训练科目不全的，每项扣1分；救援人员不清楚职能或不熟悉救援装备使用的，每人次扣1分。			

续表

考评类目	考评项目	考评内容	标准分值	考评办法	自评/评审描述	空项	实际得分
十一、应急救援	11.2 应急预案	按规定制定生产安全事故应急预案，重点作业岗位有应急处置方案或措施。	10	无应急预案的，不得分；应急预案的格式和内容不符合有关规定的，不得分；无重点作业岗位应急处置方案或措施的，不得分；未在重点作业岗位公布应急处置方案或措施的，每处扣1分；有关人员不熟悉应急预案和应急处置方案或措施的，每人次扣1分。			
		根据有关规定将应急预案报当地主管部门备案，并通报有关应急协作单位。	5	未进行备案的，不得分；未通报有关应急协作单位的，每个扣1分。			
		定期评审应急预案，并进行修订和完善。	5	未定期评审或无相关记录的，不得分；未及时修订的，不得分；未根据评审结果或实际情况的变化修订的，每缺一项，扣1分；修订后未正式发布或培训的，扣1分。			
	11.3 应急设施、装备、物资	按应急预案的要求，建立应急设施，配备应急装备，储备应急物资。	5	每缺少一类，扣1分。			
		对应急设施、装备和物资进行经常性的检查、维护、保养，确保其完好可靠。	5	无检查、维护、保养记录的，不得分；每缺少一项记录的，扣1分；有一处不完好、可靠的，扣1分。			
	11.4 应急演练	按规定组织生产安全事故应急演练。	10	未进行演练的，不得分；无应急演练方案和记录的，不得分；演练方案简单或缺乏执行性的，扣1分；高层管理人员未参加演练的，每次扣1分。			
		对应急演练的效果进行评估。	5	无评估报告的，不得分；评估报告未认真总结问题或未提出改进措施的，扣1分；未根据评估的意见修订预案或应急处置措施的，扣1分。			
	11.5 事故救援	发生事故后，应立即启动相关应急预案，积极开展事故救援。 应急结束后应分析总结应急救援经验教训，提出改进应急救援工作的建议，编制应急救援报告。	10	未及时启动的，不得分；未达到预案要求的，每项扣1分；未全面总结分析应急救援工作的，每缺一项，扣1分；无应急救援报告的，扣5分。			
		小计	70	得分小计			

续表

考评类目	考评项目	考评内容	标准分值	考评办法	自评/评审描述	空项	实际得分
十二、事故报告、调查和处理	12.1 事故报告	按规定及时向上级单位和有关政府部门报告，并保护事故现场及有关证据。	5	未及时报告的，不得分；未有效保护现场及有关证据的，不得分；有瞒报、谎报、破坏现场的任何行为的，不得分，并追加扣除20分。			
	12.2 事故调查和处理	按照相关法律、法规、管理制度的要求，组织事故调查组或配合政府和有关部门对事故、事件进行调查、处理。	10	无调查报告的，不得分；调查报告内容不全的，每处扣2分；相关的文件资料未整理归档的，每次扣2分；处理措施未落实的，扣5分。			
		定期对事故、事件进行统计、分析。	3	未统计分析的，不得分；统计分析不完整的，扣1分。			
	12.3 事故案例教育	对员工进行有关事故案例的教育。	2	未进行教育的，不得分；有关人员对原因和防范措施不清楚的，每人次扣1分。			
		小计	20	得分小计			
十三、绩效评定和持续改进	13.1 绩效评定	企业应每年至少一次对本单位安全生产标准化的实施情况进行评定，验证各项安全生产制度措施的适宜性、充分性和有效性，检查安全生产工作目标、指标的完成情况。	10	未进行评定的，不得分；少于每年一次的，扣5分；评定中缺少类目、项目和内容或其支撑性材料不全的，每个扣2分；未对前次评定中提出的纠正措施的落实效果进行评价的，扣2分。			
		主要负责人应对绩效评定工作全面负责。评定工作应形成正式文件，并将结果向所有部门、所属单位和从业人员通报，作为年度考评的重要依据。	10	主要负责人未组织和参与的，不得分；评定未形成正式文件的，扣5分；结果未通报的，扣5分；未纳入年度考评的，不得分。			
		发生死亡事故后应重新进行评定。	10	未重新评定的，不得分。			
	13.2 持续改进	企业应根据安全生产标准化的评定结果和安全生产预警指数系统所反映的趋势，对安全生产目标、指标、规章制度、操作规程等进行修改完善，持续改进，不断提高安全绩效。	10	未进行安全标准化系统持续改进的，不得分；未制定完善安全标准化工作计划和措施的，扣5分；修订完善的记录与安全生产标准化系统评定结果不一致的，每处扣1分。			
		小计	40	得分小计			
		总计	1 000	得分总计			

第五章　工贸企业安全生产标准化建设实施指南

第一节　工贸企业安全生产标准化建设原则

在全面推进安全生产标准化建设工作中，要坚持“政府推动、企业为主，总体规划、分步实施，立足创新、分类指导，持续改进、巩固提升”的建设原则。

一、政府推动、企业为主

安全生产标准化是企业安全生产工作满足国家安全法律、法规、标准规范要求，落实主体责任的重要途径，是企业安全生产管理的自身需求。因此要明确建设的责任主体是企业。企业在安全生产标准化建设过程中，重在建设和自评阶段，通过建立健全各项安全生产制度、规程、标准等，在实际生产过程中贯彻执行，通过自我检查、自我纠正和自我完善的过程来实现自主建设工作。

在现阶段，许多企业的安全生产管理水平、人员自身能力和素质还做不到主动建设、自主评审，需要政府有关部门的推动、帮助和服务。有关部门在企业安全生产标准化建设工作中要通过出台法律、法规、文件以及约束激励机制政策，加大舆论宣传，加强对企业主要负责人安全生产标准化内涵和意义的宣贯培训工作，推动企业主动、积极开展安全生产标准化建设工作，建立完善的安全生产管理体系，提升本质安全水平。

二、总体规划、分步实施

各级政府在制定安全生产标准化达标方案时，必须摸清辖区内企业的规模、种类、数量等基本信息，按照分级属地原则，依据企业大小、素质、能力、时限等实际情况，进行总体规划，整体推动所有企业全面开展建设工作。做到在扎实推进的基础上，按照企业安全生产状况及建设进度，通过分期分批达标，才能实现所有企业达标，确保取得实效。要防止出现“创建搞运动，评审走过场”、“好企业先创建、差企业等着看”的现象。

三、立足创新、分类指导

各地在推进安全生产标准化建设过程中，存在企业量多面广、工作任务重的问题，因此要从本地的实际出发，充分发挥市、县安全生产监督管理部门的主动性和积极性，创新评审模式，提高创建质量。

针对部分小微企业从业人员少、设备简单等情况，各地即可简化国家安全生产监督管理总局已发布的专业标准，也可创造性地制定地方安全生产标准化小微企业的达标标准。从把握属地小微企业性质、安全生产特点，突出建立企业基本安全生产规章制度、提高企业员工基本安全生产技能、岗位达标、重点生产设备安全生产状况及现场条件等角度，简化达标要素和评审程序，全面指导小微企业开展安全生产标准化建设达标工作。

四、持续改进、巩固提升

企业安全生产标准化的重要步骤是建设、运行、检查和持续改进，是一项长期工作。外部评审定级仅仅是检验建设效果的手段之一，不是安全生产标准化建设的最终目的。企业建设工作不是简单整理文件的过程，需要根据安全生产规章制度，实施运行，不可能一蹴而就。达标之后，每年需要通过进行自评和改进，不断检验建设效果。一方面，对安全生产标准一级达标企业要重点抓巩固，在运行过程中不断提高发现问题和解决问题的能力；二级企业着力抓提升，企业生产规模、经营收入等条件满足要求的，在运行一段时间后鼓励向一级企业提升；三级企业督促抓改进，对于建设、自评和评审过程中存在的问题、隐患要及时进行整改，不断提高企业安全绩效，做到持续改进。另一方面，各专业评定标准也会根据我国企业安全生产状况，学习借鉴国际上先进的安全生产管理理念和方法，不断进行修订、完善和提升。

第二节　工贸企业安全生产标准化评定标准体系

工贸行业企业安全生产标准化标准体系由《企业安全生产标准化基本规范》（以下简称《基本规范》）、专业评定标准、评分细则等构成，适用于冶金、有色、建材、机械、轻工、纺织、烟草、商贸等八个行业企业安全生产标准化创建评审工作。

一、《基本规范》

《基本规范》是目前工贸行业企业安全生产标准化评定标准、考评办法制定的基本依据，指导企业建立和保持安全生产标准化系统；规定安全生产标准化系统建设的原则、过程和方式；规范企业安全生产标准化达标分级标准；明确安全生产标准化系统的核心内容和要求。

《基本规范》共分为范围、规范性引用文件、术语和定义、一般要求、核心要求等五章。其核心要求是工贸行业企业的安全生产标准化评定标准制定的主要依据，共包括13项一级要素、42项二级要素、87条具体条款要求，对企业安全生产工作的目标，组织机构和职责，安全生产投入，法律、法规与安全生产管理制度，教育培训，生产设备设施，作业安全，隐患排查和治理，重大危险源监控，职业健康，应急救援，事故报告、调查和处理，绩效评定和持续改进等 13 个方面的内容做了具体规定。

二、专业评定标准

针对工贸行业包含小行业量多、安全风险参差不齐的状况，不可能也不必要对所有行业均制定专业评定标准。因此在专业评定标准制定中，优先选择工贸行业中危险性较大的行业和重点领域制定了专业评定标准，其他行业根据工作实际需要，再补充制定。同时，制定了《冶金等工贸企业安全生产标准化基本规范评分细则》（以下简称《评分细则》），作为通用标准使用。确保企业开展安全生产标准化建设工作有章可循，有据可依。

工贸行业企业安全生产标准化专业评定标准是各行业企业开展安全生产标准化建设、自评、申请评审、外部评审以及安全生产监督管理部门监督管理的依据，明确了各评定指标和达标分数。各专业评定标准均按照《基本规范》的有关要求，设置了 13 项一级要素，与核心要求中的一级要素相同；按照各行业特点，在《基本规范》的基础上，根据行业特点，对二级要素和具体条款内容进行了扩充。各专业评定标准总分值各不相同，但最终均转换为百分制。

根据实际工作需要，国家一直在补充、制定和修订专业标准。目前的专业标准均是以国家安全生产监督管理总局规范性文件发布的。

三、评定标准的使用

工贸行业企业各专业评定标准和《评分细则》，仅适用于工贸行业企业及未明确行业主管部门的企业进行安全生产标准化自评、咨询及评审工作；有行业主管部门的企业及进行安全生产许可的有关企业，在安全生产标准化建设过程中要使用各行业主管部门及国家安全生产监督管理总局负有安全许可职能的有关司局制定印发的评定标准（评分办法），进行达标建设。

凡国家安全生产监督管理总局已发布的专业评定标准，企业须严格依据专业评定标准进行建设；对国家安全生产监督管理总局尚未发布专业评定标准的行业，可依据国家安全生产监督管理总局发布的《评分细则》或地方制定的专业评定标准建设。

对企业多种业务经营范围，涉及其他行业领域的安全生产标准化建设工作，如矿山、危化品、建筑、电力、港口等，不属于工贸行业安全生产标准化管理范畴，在安全生产标准化建设过程中要使用各行业主管部门及国家安全生产监督管理总局制定的相关评定标准（评分办法、评审标准），进行达标建设。企业主体工艺按照专业评定标准进行建设的，其余生产环节未发布专业评定标准的，以《评分细则》为基础，可由企业自行推动、建设和评定。

第三节 工贸企业安全生产标准化建设流程

企业安全生产标准化建设流程包括策划准备及制定目标、教育培训、现状梳理、管理文件制修订、实施运行及整改、企业自评、评审申请、外部评审八个阶段。

1. 策划准备及制定目标

策划准备阶段首先要成立领导小组，由企业主要负责人担任领导小组组长，所有相关的职能部门的主要负责人作为成员，确保安全生产标准化建设组织保障；成立执行小组，由各部门负责人、工作人员共同组成，负责安全生产标准化建设过程中的具体问题。

制定安全生产标准化建设目标，并根据目标来制定推进方案，分解落实达标建设责任，确保各部门在安全生产标准化建设过程中任务分工明确，顺利完成各阶段工作目标。

2. 教育培训

安全生产标准化建设需要全员参与。教育培训首先要解决企业领导层对安全生产标准化建设工作重要性的认识，加强其对安全生产标准化工作的理解，从而使企业领导层重视该项工作，加大推动力度，监督检查执行进度；其次要解决执行部门、人员操作的问题，培训评定标准的具体条款要求是什么，本部门、本岗位、相关人员应该做哪些工作，如何将安全生产标准化建设和企业日常安全生产管理工作相结合。

同时，要加大安全生产标准化工作的宣传力度，充分利用企业内部资源广泛宣传安全生产标准化的相关文件和知识，加强全员参与度，解决安全生产标准化建设的思想认识和关键问题。

3. 现状梳理

对照相应专业评定标准（或评分细则），对企业各职能部门及下属各单位安全生产管理情况、现场设备设施状况进行现状摸底，摸清各单位存在的问题和缺陷；对于发现的问题，定责任部门、定措施、定时间、定资金，及时进行整改并验证整改效果。现状摸底的结果作为企业安全生产标准化建设各阶段进度任务的针对性依据。

企业要根据自身经营规模、行业地位、工艺特点及现状摸底结果等因素及时调整达标目标，注重建设过程，真实有效可靠，不可盲目一味追求达标等级。

4. 管理文件制修订

安全生产标准化对安全生产管理制度、操作规程等要求，核心在其内容的符合性和有效性，而不是对其名称和格式的要求。企业要对照评定标准，对主要安全生产管理文件进行梳理，结合现状摸底所发现的问题，准确判断管理文件亟待加强和改进的薄弱环节，提出有关文件的制修订计划；以各部门为主，自行对相关文件进行制修订，由标准化执行小组对管理文件进行把关。

5. **实施运行及整改**

根据制修订后的安全生产管理文件，企业要在日常工作中进行实际运行。根据运行情况，对照评定标准的条款，按照有关程序，将发现的问题及时进行整改及完善。

6. **企业自评**

企业在安全生产标准化系统运行一段时间后，依据评定标准，由标准化执行小组组织相关人员，开展自主评定工作。

企业对自主评定中发现的问题进行整改，整改完毕后，着手准备安全生产标准化评审申请材料。

7. **评审申请**

企业要通过《冶金等工贸企业安全生产标准化达标信息管理系统》完成评审申请工作。具体办法，请与相关安全生产监督管理部门或评审组织单位联系，在国家安全生产监督管理总局政府网站（www.chinasafety.gov.cn）上完成。企业在自评材料中，应当将每项考评内容的得分及扣分原因进行详细描述，要通过申请材料反映企业工艺及安全生产管理情况；根据自评结果确定拟申请的等级，按相关规定到属地或上级安全生产监督管理部门办理外部评审推荐手续后，正式向相应的评审组织单位（承担评审组织职能的有关部门）递交评审申请。

8. **外部评审**

接受外部评审单位的正式评审，在外部评审过程中，积极主动配合，由参与安全生产标准化建设执行部门的有关人员参加外部评审工作。企业应对评审报告中列举的全部问题，形成整改计划，及时进行整改，并配合评审单位上报有关评审材料。外部评审时，可邀请属地安全生产监督管理部门派员参加，便于安全生产监督管理部门监督评审工作，掌握评审情况，督促企业整改评审过程中发现的问题和隐患。

第四节　工贸企业安全生产标准化评审管理

一、考评办法和评审管理办法

为了进一步规范和推进工贸行业企业安全生产标准化建设工作，国家安全生产监督管理总局制定了《全国冶金等工贸企业安全生产标准化考评办法》（安监总管四〔2011〕84 号，以下简称《考评办法》）和《冶金等工贸企业安全生产标准化建设评审工作管理办法》（安监总管四〔2011〕87 号，以下简称《评审管理办法》），与各专业评定标准、《评分细则》等形成了一套较为完善的安全生产标准化建设体系。原则上按照《评分细则》和地方标准评审的企业不评一级。

《考评办法》中规定了工贸行业企业申请安全生产标准化评审的条件、分级标准、考评程序、评审方式、牌匾证书样式、颁发过程等内容，规范了全国工贸企业安全生产标准化考评工作；《评审管理办法》针对安全生产标准化一级企业的评审组织单位、评审单位和评审人员的管理进行了规定，指导各省级安全生产监督管理部门参照本办法，针对二、三级评审组织单位、评审单位及人员制定切合实际的评审实施办法，对安全生产标准化外部评审工作进行了规范。

企业要按照专业评定标准开展建设，评审单位要按照专业开展评审工作，评审组织单位要按照专业颁发证书和牌匾。

二、一级企业申请条件

安全生产标准化一级企业承担着行业企业示范引领、标准提升、与国际同类企业对标的责任。按照《考评办法》要求，申请安全生产标准化一级企业应为大型企业集团、上市公司或行业领先企业。工贸行业企业申请安全生产标准化一级企业分别应具备的条件从产量、主营业务收入、排名等方面进行了规定，将以文件形式下发。

使用《评分细则》进行安全生产标准化建设的企业，除行业领先企业外，原则上不参评安全生产标准化一级企业。

各省级安全生产监督管理部门要积极指导帮助一级企业的创建，对一级企业的创建，要依据“一级企业达标条件”进行；企业提出评审申请后，各省级安全生产监督管理部门在对企业安全绩效进行考核后，及时通知企业申请评审，不得对企业进行各种形式的评审。

三、二、三级企业评审指导

《国务院安委会关于深入开展企业安全生产标准化建设的指导意见》（安委〔2011〕4号）中明确“二、三级企业的评审、公告、授牌等具体办法，由省级有关部门制定”。各地要统筹兼顾，在全面推动企业安全生产标准化建设工作的前提下，规范二、三级评审单位的评审行为，合理安排达标进度。

1. 规模以上企业

要重点规范规模以上企业在安全生产标准化建设、达标工作。地方安全生产监督管理部门在推动指导安全生产标准化二、三级评审工作中，要严格按照国家安全生产监督管理总局和地方有关考评办法规定的程序执行。地方安全生产监督管理部门要有针对性地做好对安全生产标准化二级达标企业评审过程及结果的抽查和考核工作，保证企业建设和外部评审的工作质量；《考评办法》明确规定“安全生产标准化二级企业由企业所在地省（自治区、直辖市）及新疆生产建设兵团安全生产监督管理部门审核公告；三级企业由所在地设区的市

（州、盟）安全生产监督管理部门审核公告”，因此对于安全生产标准化三级企业的达标评审，一般应交由市级安全生产监督管理部门负责，充分发挥和调动其安全生产标准化工作的主动性和创新性，省级安全生产监督管理部门应给予指导、帮助和监督。

2. 规模以下企业（包括小微企业）

针对规模以下企业尤其是小微企业数量多的状况，地方可结合本地情况适当简化评审标准和程序，创新方式方法，注重创建效果，提高评审效率，解决评审周期长、评审费用多等问题，适度将评审权限下发到县级安全生产监督管理部门，充分发挥县级安全生产监督管理部门的工作效能，全面推进安全生产标准化达标建设工作。

3. 评审收费问题

要严格评审收费管理，负有评审组织职能的单位和安全生产监督管理部门在安全生产标准化建设工作中不得收取任何费用。负有评审组织职能的单位通过“行业自律”的方式，依据有关法律、法规和财政收费规定，按照“保本微利”的原则，对所管理的评审单位的评审收费行为进行统一指导和监督，一旦发现违法违规乱收费等行为，报请有关安全生产监督管理部门取消其评审单位的资格。

四、集团达标指导

《考评办法》规定了集团整体达标条件：“申请一级企业的，申请评审之日前一年内，大型企业集团、上市集团公司未发生较大以上生产安全事故，集团所属成员企业90%以上无死亡生产安全事故；申请二级企业的，申请评审之日前一年内，大型企业集团、上市集团公司未发生较大以上生产安全事故，集团所属成员企业80%以上无死亡生产安全事故。”

集团所属成员企业应分别按照其工艺所对应专业的安全生产标准化评定标准、《评分细则》进行建设达标，在规定时间内分期分批完成外部评审工作，最终实现集团公司整体达标。

大型企业集团要充分利用产业链传导优势，通过上游企业在安全生产标准化建设的积极影响，促进中下游企业、供应商和合作伙伴安全管理水平的整体提升。

五、安全生产标准化工作信息化管理平台

为加快建立安全生产标准化工作信息化管理平台，利用信息化手段，加强对考评工作管理，及时掌握工作动态信息，提高工作效率和服务水平，全面推进工贸企业安全生产标准化创建工作，国家安全生产监督管理总局组织开发了冶金等工贸企业安全生产标准化达标信息管理系统。具体应用见《国家安全生产监督管理总局办公厅关于启用冶金等工贸企业安全生产标准化达标信息管理系统的通知》（安监总厅管四函〔2012〕69号）。

信息管理系统是为全国冶金等工贸企业安全生产标准化管理工作服务的信息支撑系统，

对安全生产标准化各级企业达标申请、评审组织、评审结果上报、核准公告、达标企业查询等功能进行信息化管理。根据用户权限和功能的不同，主要分为安全生产监督管理部门、评审组织单位、评审单位、申请企业四大模块。

1. 安全生产监督管理部门

通过系统对评审组织单位进行管理，并可查询所辖区域内安全生产标准化企业达标情况。

省、市两级安全生产监督管理局登录系统后，在“评审组织单位管理”栏中创建和增减所管理的评审组织单位的用户名和密码；在“评审申请审核”栏中核准经评审组织单位初审通过的企业评审申请、“核准报告”栏中核准评审组织单位报告。

各省（自治区、直辖市）及新疆生产建设兵团安全生产监督管理局等系统二级用户，设区的市（州、盟）安全生产监督管理局等三级用户，登录系统用户名和密码由系统统一建立并激活；安全生产“省直管县”、上级部门授权的经济技术开发区、工业园区安全生产监督管理部门等三级用户，由所在地主管安全生产监督管理局提出需求，另行创建。

2. 评审组织单位

通过系统完成评审组织管理工作，实现对评审单位的管理工作。

评审组织单位登录信息系统后，须在“评审组织单位管理”栏中为本级评审单位创建用户名及密码，完善本单位和评审专家库信息；在“评审审核”栏中处理本级申请企业的评审申请；在“证书管理”栏中，完成对相应等级已公告的企业打印安全生产标准化证书。

3. 评审单位

通过系统完成评审工作，并将评审报告等材料进行网上提交。

评审单位登录信息系统后，可在“评审报告管理”栏中接收评审组织单位下发的“评审通知书”和上报评审方案、评审报告；在“评审单位管理”栏中完善本单位和评审员库信息。

4. 申请企业

通过系统完成评审申请提交，并可查询各阶段评审流程的受理情况。

申请企业首次使用“系统”，点击首页的“注册”按钮，根据提示如实填写企业基本信息完成注册，使用已注册的用户名和密码登录。登录系统后，可在主界面左侧“注册信息维护”栏中修改完善企业基本信息；在“评审企业管理”栏的“评审申请”中，填写评审申请信息，上传相关附件，提交申请。

申请企业成功提交评审申请后，应密切关注审批进度，对评审组织单位由于申请材料不符合要求等原因退回的申请，及时通过“新增”功能，重新提交评审申请。同一企业、相同行业（专业）不接受重复提交评审申请，若填写信息有误，可在正式提交申请前，通过“修改”功能完善。

省、市两级安全生产监督管理局要充分认识信息化建设在安全生产标准化建设工作中的重要作用，督促申请企业、评审组织单位、评审单位正确使用本信息系统。

六、评审相关单位和人员管理

评审组织单位、评审单位和评审人员是企业安全生产标准化建设过程的重要组成部分，其工作内容、质量事关标准化建设工作的成效。因此评审组织单位、评审单位、评审人员要按照“服务企业、公正自律、确保质量、力求实效”的原则开展工作，为提高企业安全生产管理水平，推动企业安全生产标准化建设做出贡献。

1. 评审组织单位管理

评审组织单位的职责是统一负责工贸行业企业安全生产标准化建设评审组织工作，由各级安全生产监督管理部门考核确定。因此各地要严格甄选评审组织单位，可选择行业协会、所属事业单位等，或由安全生产监督管理部门直接承担评审组织职能。负有评审组织职能的有关单位（以下统称评审组织单位）在承担安全生产标准化评审组织工作中不得收取任何费用。

评审组织单位应制定与安全生产监督管理部门、评审单位衔接的评审组织工作程序。工作程序中应明确初审企业申请材料、报送安全生产监督管理部门核准申请、通知评审单位评审、审核评审报告、报送安全生产监督管理部门核准报告、颁发证书和牌匾等环节的工作程序，并形成文件，实现评审组织工作程序规范化；建立评审档案管理制度并做好档案管理工作；做好评审人员培训、考核与管理工作，建立相关行业安全生产标准化评审人员信息库，做好评审人员档案管理工作。

评审组织单位要及时通知申请企业通过“冶金等工贸企业安全生产标准化达标信息管理系统”提交申请；指导申请企业正确使用信息系统，确保填报材料的真实性、完整性和准确性；严格执行申请材料在线审核、证书在线打印等工作，做到各环节审核人明确、审核流程明晰；做好评审专家、评审单位的管理工作。

评审组织单位要着力培养内部工作人员全局意识和敬业精神。从全局出发，认识自身所承担工作的重要意义，结合安全生产工作的中心工作和主要任务，不断提升专业业务水平，更好地为申请企业和评审单位提供指导和服务。

2. 评审单位管理

安全生产监督管理部门对于评审单位的认定，可优先考虑行业协会、科研院所、大专院校及中介机构等。在满足评审工作需求的前提下，控制评审单位数量，避免出现过多过滥等现象。

评审单位要通过外部、内部培训等方式，加强评审员业务培训，不断提高整体素质和业务水平，使其真正理解和掌握安全生产标准化的内涵。积极服务于企业安全生产工作，从减轻企业负担出发，帮助企业开展隐患排查和治理，消除事故隐患，为推动和规范企业安全生产标准化建设积极献计献策。

3. 评审人员管理

各地要做好各级评审人员的管理工作。充分发挥本地区注册安全工程师、相关行业技术专家的作用，加大安全生产标准化培训力度，使其成为合格的安全生产标准化评审人员，避免由于评审人员对安全生产标准化运行理解不准确，造成对企业的误导。建立各行业安全生产标准化评审专家库，调动评审专家的积极性，充分发挥其现场工作经验。

七、外部评审程序

外部评审工作是评审工作的重要组成部分，评审单位可采取召开首次会议、现场评审、内部会议及沟通、末次会议等程序进行。现场评审前，按照申请企业所涉及评定标准中的管理、技术、工艺等要求，配足相应的评审人员，组成评审组。

1. 首次会议

在企业开展现场评审前，需召开首次会议。首次会议应包括介绍现场评审的目的、依据、评审组成员、听取企业基本情况及安全生产标准化建设的情况、确定现场评审的方法与具体安排等内容。首次会议要求评审组全体成员和企业主要负责人及相关人员参加，并进行签到。同时企业可以邀请所在地安全生产监督管理部门负责人参加首次会议。

评审单位要做好首次会议的相关记录。

2. 现场评审

评审组至少由 5 名（一般不超过 7 名）评审人员组成，其中至少包括 2 名由评审组织单位备案的评审专家；指定 1 名评审员担任评审组长，负责现场评审工作；按照企业规模、生产工艺情况及评审人员专业情况，进行评审分组，至少分为资料组和现场组，现场组应配有至少 2 名评审专家。在分组确定后，要求评审人员和陪同人员在评审分组表上进行签字。

现场评审采用资料核对、人员询问、现场考核和查证的方法进行。现场评审时各评审小组应由企业相关人员进行陪同。

现场评审前，应由申请单位相关人员对评审组人员进行进入现场前的相关安全培训或安全告知，并提供相应的劳动防护用品。

3. 内部会议及沟通

现场分组评审结束后，评审组需要独立召开内部会议。各小组分别召开碰头会，完成小组评审意见；各小组将意见汇总后，对照适用的评定标准及有关规定，对得分点、扣分点、不符合项等进行汇总，形成一致的、公正客观的评审组意见，并给出现场评审结论和等级推荐意见。企业须为评审组提供独立的会议场所。

在评审组内部会议形成了现场评审结论后、末次会议前，根据需要，评审组可就现场评审结论与企业主要负责人进行沟通；若在现场评审中发现存在较大原则性问题而导致无法通过现场评审时，由评审组组长与接受评审企业主要领导充分沟通后，达成一致意见。

4. 末次会议

末次会议主要是由各小组组长宣布小组评审意见及评审组组长宣读现场评审结论以及对下一步工作安排。参加首次会议的人员应全部参加。

宣读现场评审结论后，评审组全体成员须在现场评审结论上签字，并要求企业在规定时间内制定整改计划报评审单位备案。

评审组应对整改计划的有关内容是否满足整改效果进行材料验证。

八、评审材料编写

外部评审全部结束后，由评审单位主要负责人审核后，评审单位应向评审组织单位提交评审报告、评审工作总结、评审结论、评审得分表、评审人员信息及企业整改计划等评审相关材料。

1. 评审报告

评审报告应按照有关要求，如实进行编写，包含评审报告表和评审报告。评审报告应对评审企业概况、评审内容等进行描述：评审企业概况应包含企业基本情况、年经营收入、主体工艺流程、从业人员数量等内容；评审内容应表述企业安全生产标准化建设工作的内容、成效，将每个一级要素进行有针对性的概括描述。

2. 评审工作总结

评审工作总结包括评审情况概况、资料评审综述、现场评审综述、其他须说明的问题等内容。

3. 评审结论

评审结论应能体现企业是否通过申请等级的外部评审，企业不符合评定标准要求的扣分项及建议项。

4. 评审得分表

评审得分表为企业实得分数和扣除分数的汇总表，根据各评定标准制定。

5. 评审人员信息

评审人员信息为实际参加外部评审人员基本信息及分工情况，评审人员应为由相应评审组织单位进行备案的有关人员，并按照其专业情况从事评审工作。

6. 企业整改计划

企业整改计划为企业针对安全生产标准化外部评审末次会议中提出的扣分项及建议项的整改计划。